Ti-Al系金属间化合物的热加工理论及应用

江海涛　田世伟　著

Hot Working Theory and Application of Ti-Al Intermetallic Compounds

U0196743

化学工业出版社

·北京·

内容简介

航空、航天科技快速发展的同时，对材料轻量化提出了越来越迫切的需求。Ti-Al系金属间化合物具有轻质、高强等优点，有望替代镍基高温合金，从而实现某些零部件的减重。本书以Ti-Al系金属间化合物中的典型代表TiAl合金、Ti_2AlNb合金作为研究对象，介绍了其发展历程、微观组织特征及力学性能。同时，针对其化学成分设计、热加工制备、服役与应用等方面展开研究，给出了合金具体成分设计范围、包套轧制、涂层防护等关键工艺参数，为Ti-Al系金属间化合物的生产及应用提供了理论指导。

本书是金属材料类专业技术书籍，主要读者对象为高校科研工作者、材料加工工程专业硕/博士研究生，也可供企业工程技术人员参考。

图书在版编目（CIP）数据

Ti-Al系金属间化合物的热加工理论及应用/江海涛，田世伟著. —北京：化学工业出版社，2022.12
ISBN 978-7-122-42284-2

Ⅰ.①T⋯ Ⅱ.①江⋯ ②田⋯ Ⅲ.①钛合金-金属间化合物结构-热加工-研究②铝合金-金属间化合物结构-热加工-研究 Ⅳ.①TG146.2

中国版本图书馆CIP数据核字（2022）第181362号

责任编辑：张海丽 装帧设计：刘丽华
责任校对：宋 玮

出版发行：化学工业出版社（北京市东城区青年湖南街13号 邮政编码100011）
印 装：大厂聚鑫印刷有限责任公司
710mm×1000mm 1/16 印张17¼ 彩插5 字数347千字 2023年1月北京第1版第1次印刷

购书咨询：010-64518888 售后服务：010-64518899
网 址：http://www.cip.com.cn
凡购买本书，如有缺损质量问题，本社销售中心负责调换。

定 价：128.00元

前言

PREFACE

    Ti-Al 系金属间化合物密度低、比强度高且具有较好的高温力学性能，被认为是 650～900℃内最佳的候选高温结构材料，并在航空、航天、汽车等领域显示出了巨大的应用潜力。目前，Ti-Al 系金属间化合物压气机叶片已经在 PW1100G、BR715 航空发动机上得到了初步应用。此外，Ti-Al 系金属间化合物板材还可用于制造高超声速飞行器的隔板、热区蒙皮、机翼等关键部件，在当前国际背景下，具有十分重要的研究价值。

    目前，Ti-Al 系金属间化合物中最贴近大批量应用的有两类合金，分别是 TiAl 合金和 Ti_2AlNb 合金。TiAl 合金已经发展至第三代，代表成分有北京科技大学陈国良院士团队提出的高铌 TNB 合金、奥地利学者 Clemens 等提出的 TNM 合金；Ti_2AlNb 合金的代表成分则有 Ti-25Al-17Nb、Ti-22Al-25Nb 和 Ti-22Al-27Nb 等。针对 Ti-Al 系金属间化合物的加工制备，目前已经衍生出精密铸造、粉末冶金、铸锭冶金以及增材制造等成形方式，国内的北京科技大学、哈尔滨工业大学、西北工业大学、中南大学以及中国科学院金属研究所等单位都对 Ti-Al 系金属间化合物的开发和应用做出了重要贡献。

    需要认识到，Ti-Al 系金属间化合物在拥有低密度、高强度的同时，仍旧摆脱不了金属间化合物塑性差的限制。国内外学者通过合金化、近等温成形等方式来改善 Ti-Al 系金属间化合物的热加工成形能力，但其依然表现出对加工工艺、初始微观组织的敏感性。因此，有必要开展合金成分设计—微观组织演变—力学性能调控等方面的研究，以进一步丰富 Ti-Al 系金属间化合物的热加工理论；在服役和应用过程中，当温度高于750℃时，Ti-Al 系金属间化合物的抗氧化性能显著下降。同时，高温结构件常常经受循环温度和循环载荷变化，进而发生开裂、断裂等失效现象。因此，需要对 Ti-Al 系金属间化合物的服役与应用进行深入研究。

    本书共分为六章。第 1 章系统介绍了 TiAl 合金和 Ti_2AlNb 合金的发展历程、组织性能、应用前景以及制备加工方法；第 2 章综述了合金元素对 TiAl 合金组织性能的影响，并详细分析了 Mo 元素对 TiAl 合金相变点、微观组织、力学性能的作用规律。第 3 章介绍了 TiAl 合金高温变形行为研究方法，分析了 TiAl 合金热变形过程中的本构模型、再结晶机制、热加工图等，基于循环热处理工艺对包套轧制后的 TiAl 合金板材进行组织性能调控。第 4 章针对 TiAl 合金的服役性能，开展了关于氧化机制、热冲击致裂、高温涂层防护等方面的研究工作。第 5 章介绍了合金元素与 Ti_2AlNb 合金组织性能的内在关联，系统研究了 Mo 元素对铸态、热等静压态 Ti_2AlNb 合金组织及热压缩行为的影响规律。第 6 章则针对 Ti_2AlNb 合金的锻造成形、动态力学行为以及包套轧制进行了系统性研究。通过上述研究，期望能够对 TiAl 合金、Ti_2AlNb 合金的热加工成形及服役应用提供理论指导。

本书由江海涛研究员组织并负责全书统稿。参加编写工作的有：江海涛研究员（第 1、2、5 章）、田世伟博士（第 3、4、6 章），参加本书实验和文字整理工作的还有张贵华博士、曾尚武博士、张韵博士、杨永刚博士、张业飞博士生，以及硕士生张思远、杨佳琛、杨祯彧等。本书在编写过程中还参考并引用了国内外相关专业学者的研究成果，在此向这些作者表示诚挚感谢。

由于水平有限，加之时间仓促，本书难免存在不足之处，敬请各位读者批评指正。

著者
2022 年 7 月

目录
CONTENTS

3 TiAl 合金热加工行为及板材制备

4 TiAl 合金服役性能研究

5　Ti$_2$AlNb 合金成分设计及 Mo 元素作用机制

6 Ti₂AlNb 合金的热加工及组织性能

1

Ti-Al 系金属间化合物的理论基础

1.1　Ti-Al 系金属间化合物

金属间化合物（InterMetallic Compound, IMC）是指金属与金属、金属与类金属间形成的化合物[1]。一般金属材料都是以相图内端际固溶体为基体，而金属间化合物则以相图中间部分的有序金属间化合物为基体。金属间化合物可以具有特定的组成成分，也可以在一定范围内变化，从而形成以化合物为基体的固溶体。金属间化合物原子间的键合方式既有金属键，又包含离子键和共价键[2]。由于其原子键合能力强，适用于较高的温度环境，同时金属间化合物具有更高的比强度、比刚度等优点，在航空、航天、汽车等领域具有广阔的应用前景。

20 世纪 70 年代以来，人们将提高材料工作温度以及减轻零部件重量作为开发新型高温结构材料的两项重要目标，并视金属间化合物为潜在的高温结构材料[1]。在材料基础理论以及开发应用两个方面，对具有良好高温性能的金属间化合物进行了大量的探索研究，特别是镍-铝（Ni-Al）、钛-铝（Ti-Al）和铁-铝（Fe-Al）等系列的金属间化合物[3,4]。在这些金属间化合物中，Ti-Al 系金属间化合物由于其高温强度、刚度都高于 Ni 基和 Ti 基合金，有着巨大的潜力应用于航空航天结构件，以实现轻量化目标[5]。

目前作为结构材料使用的 Ti-Al 系金属间化合物主要有三种：α_2-Ti$_3$Al、γ-TiAl、δ-TiAl$_3$，其化学成分、合金状态及物相反应均可根据图 1-1 所示的 Ti-Al 二元相图进行分析[6]。在 γ-TiAl 的基础上衍生出 TiAl 基合金；在 α_2-Ti$_3$Al 的基础上衍生出 Ti$_2$AlNb 基合金。这两种 Ti-Al 系金属间化合物已经在航空航天等领域有了初步应用。

然而，金属间化合物原子长程有序排列和金属键/共价键共存带来优异高温性能的同时，也会带来可动滑移系数量有限、位错交滑移困难等问题，从而导致金属间化合物塑性和韧性较低。对于 Ti-Al 系金属间化合物，有必要对其成分设计、加工制备以及服役失效等方面进行深入研究，以进一步推动 Ti-Al 系金属间化合物在更广泛的场合得到应用。

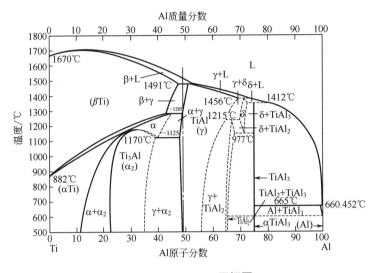

图 1-1　Ti-Al 二元相图

1.2　TiAl 合金

TiAl 合金有多种金属间化合物，将 Al 含量大于 49%（原子分数）的 TiAl 合金称为单相 γ-TiAl 合金。单相 γ-TiAl 合金的室温塑性很低，室温拉伸应变仅为 0.5%～1.0%[7]；将 Al 含量小于 49%（原子分数）时的 TiAl 合金称为 $\gamma+\alpha_2$ 双相合金，双相 TiAl 合金中 γ 相等轴晶与 γ/α_2 片层组织之间的比例取决于合金的成分和相应的热处理工艺。下面就 TiAl 合金的发展历程、组织性能及应用前景做简要介绍。

1.2.1　TiAl 合金发展历程

迄今为止，TiAl 合金发展了三代，典型的合金成分体系如表 1-1[8]所示。TiAl 金属间化合物的研究可以追溯到 20 世纪 50 年代初，Duwez 等[9]第一次在 Ti-Al 二元系中发现了具有 L1$_0$ 有序结构 γ 相的存在。随后几年，研究人员陆续发现该合金具有低密度、高强度、优异抗氧化性、抗蠕变性能以及高弹性模量的特点。但同时也发现该合金具有严重的室温脆性，以至于暂停了该合金的研究。80 年代初，美国空军材料实验室对锻造态 TiAl 合金的塑性变形能力和抗蠕变能力进行了研究，并确定了第一代 TiAl 合金的成分为 Ti-48Al-1V-0.1C[10]。此时，该合金的室温延伸率达到了 1.5%左右。90 年代，GE 公司研制出 Ti-48Al-2Nb-2Cr 合金，Howmet 公司开发出了 Ti-45/47Al-2Nb-2Mn-0.8TiB$_2$ 合金[11]，这两种合金是第二代 TiAl 合金的代表成分，并且已经在航空发动机上得到了实际应用。

表 1-1　三代典型的 TiAl 合金[8]

合金代别	合金成分体系	工艺	国家
第一代	Ti-48Al-1V-(Cr、C)	铸、锻造	美国
第二代	Ti-48Al-2Nb-2Cr	铸造	美国
	Ti-45/47Al-2Nb-2Mn-0.8TiB2	铸造	美国
第三代	Ti-(40-45)Al-(2-8)Nb-(1-8)(Cr, Mn, V, Mo)-(0-0.5)(B,C)	锻造	美国
	Ti-46.2Al-3Nb-2Cr-0.2C-0.2B-0.15Si	锻造	美国
	Ti-(40-45)A1-(2-7)Nb-(1-10)(Mn, Cr, V, Mo)	锻造	奥地利
	Ti-(40-45)Al-(5-10)Nb-(B,C)	锻造	中国

为提高 TiAl 合金的高温性能并扩大应用范围，经过最近二十多年的研究，发展了第三代 TiAl 合金。目前第三代 TiAl 合金主要有两类：一类是以添加 Nb 元素来提高合金的蠕变性能和抗氧化性能，这种合金简称为含铌 TiAl 合金（Nb-containing TiAl, TNB），北京科技大学新金属材料国家重点实验室对其做了大量研究[12]；另一类是奥地利莱奥本矿业大学 Clemens 提出的在 TiAl 合金中引入 β 相稳定元素，成分为 Ti-(43-47)Al-x(Nb, Mo, B, C)，简称为 TNM 合金；在 TNM 合金的基础上，进一步降低 Al 含量并增加β相稳定元素含量，成分范围在 Ti-(40-45)Al-(2-7)Nb-(1-10)(Mn, Cr, V, Mo)的合金称为 β-γTiAl 合金[13]。目前，德国 GKSS 研究中心、日本三菱重工，国内的哈尔滨工业大学、西北工业大学以及北京科技大学都对 β-γTiAl 合金进行了研究。

β-γTiAl 合金是一种新型 TiAl 合金，由于具有优异的高温变形能力而备受关注。20 世纪 90 年代，Kimura 等[14]发现 TiAl 合金中加入 Nb、Mo、Mn、V、Cr 等元素后，会出现 γ、α$_2$ 以及稳定 β 相的共存。Naka 等[15]首次发现 β 相凝固对铸造 TiAl 合金的强度和塑性具有改善作用。

常用 β 相稳定元素主要有 Cr、Mn、V、Nb、Mo 和 W 六种。不同元素在 TiAl 合金中占据不同位置：Nb、W、Mo 主要替代 Ti 原子；Cr、Mn、V 主要替代 Al 原子，也可以同时替代 Ti 和 Al 两种原子[2]。根据元素对合金力学性能的影响，这六种元素又可以分为两类。一类是 Cr、Mn、V 等塑性元素，通过添加适量塑性元素有利于改善合金的室温塑性。目前关于 Cr、Mn、V 对塑性的改善机制还存在一定分歧。Wang 等[16]通过研究富 Al 的 TiAl 合金体系，发现当 Cr、Mn 和 V 的添加量在 4%（原子分数）以内时，能降低 γ 相晶格的轴比，提高晶格正方度，促进位错滑移和孪晶变形，有利于合金的室温塑性。还有研究认为 Cr 和 Mn 占据 Al 原子位置，能降低 Ti-Al 共价键键能，促进孪晶变形，从而提高合金的塑性变形能力[17]。另一类是 Nb、Mo、W 等高熔点元素，这类元素能够提高合金的强度、抗蠕变性能和高温抗氧化能力。

组织细化能够有效提高 TiAl 合金的强度和塑性等力学性能。目前常用的组织细化元素主要有 B、C 和 Y 三种。B 是最常用的组织细化元素，但关于 B 的细化机制还存在一定争议。最为人们所接受的是，B 加入合金中会形成熔点极高的硼化物（TiB_2 或 TiB），钉扎在晶界处阻碍颗粒粗化，或作为异质形核剂，促进形核来细化晶粒。B 在 α 相和 β 相中的固溶度很低，并不会显著影响相变温度。稀土元素 Y 也是重要的组织细化元素。在低真空条件下，Y 先和氧反应生成 Y_2O_3。在高真空条件下，Y 能够和 Al 反应生成 YAl_2，YAl_2 具有高弹性模量、高硬度和相对低的热胀系数。Y 能够显著细化合金的片层晶团尺寸、降低片层间距[18]。

通过向 TiAl 合金中添加适量的 β 相稳定元素，可以有效避免包晶反应，使凝固路径通过单一的 β 相区，然后通过 β→α 相变转化为单一 α 相。由于 α 相从 β 相析出时两相遵循晶体学关系{110}β/(0001)α，<111>β//<1120>α，可以沿 12 个不同的晶体学取向进行，进而可以产生 12 个不同取向的 α 晶粒，这样就显著细化了组织并减弱了铸态织构。这种现象在晶体学上叫作"晶体分割"[19]，最终凝固组织的取向完全取决于预先存在的 α 晶粒。γ 相和 $α_2$ 相只有唯一的位相关系：$(0001)α_2//\{111\}γ$，$<1120>α_2/<110>γ$。

为了获得含有大量 β 相的合金，TiAl 合金的设计需要满足以下条件[20]：

① 铸造合金为没有明显铸造织构的细小等轴晶粒；

② 设计合金的成分，以保证其凝固路径是 L→L+β→β→……，而不是 L→L+β→α→……，从而避开包晶区，避免严重偏析的产生；

③ 在热变形过程中，需要足够的 β 相来保证高温时的塑性变形能力，但此 β 相在低温时会转变为有序 B2 相，破坏室温塑性，因此后续需要采取有效手段减少 B2 相；

④ 热处理过程中，要避开高温区域，以防止晶粒粗大。

1.2.2　TiAl 合金组织性能

目前广泛应用的 TiAl 合金是一种双相中间合金，其主要由 γ-TiAl 基体和少量 $α_2$-Ti_3Al 相构成。其中，γ 相为 $L1_0$ 型有序面心四方结构（图 1-2），其有序温度约为 1440℃。在理想配比成分下，其晶格常数为：$a=b=0.3976nm$，$c=0.4049nm$，轴比 $c/a=1.02$，且 c/a 值随着 Al 含量增加而在 1.01～1.03 变化。$α_2$-Ti_3Al 相晶体结构为 $D0_{19}$ 型，是有序的密排六方结构，其有序化温度约为 1125℃。$α_2$ 相晶格常数为：$a=b=0.577nm$，$c=0.462nm$。除了 γ-TiAl 和 $α_2$-Ti_3Al 相外，在一些添加 β 相稳定元素的 TiAl 合金中还含有少量的 β 相，该相在高温时为无序的体心立方结构（Body-Centered

Cubic, BCC），低温时转变为有序体心立方结构 B2 相，B2 相晶格常数 a=0.312～0.326nm，低温有序的 B2 相不利于室温塑性。

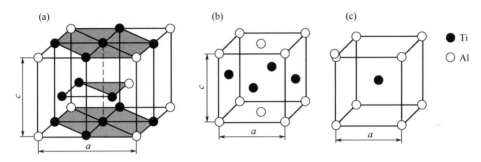

图 1-2　TiAl 合金各相晶体结构

（a）α_2 相；（b）γ 相；（c）β 相

　　TiAl 合金中有四种典型组织[21]，如图 1-3 所示，包括：完全由 $\gamma+\alpha_2$ 片层构成的全片层组织（Fully lamellae，FL），$\gamma+\alpha_2$ 片层和少量等轴 γ 相组成的近片层组织（Nearly lamellae，NL），γ 等轴相和 α_2 片层组成的双态组织（Duplex，DP），γ 等轴相和少量 α_2 颗粒构成的等轴近 γ 组织（Nearly gamma，NG）。

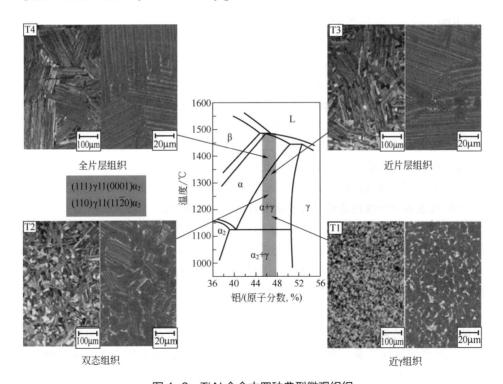

图 1-3　TiAl 合金中四种典型微观组织

全片层组织：在高于 α 转变温度的 T_α 处进行热处理并缓慢冷却，合金在 α 单相区进行热处理时，晶粒长大速度较快，得到粗大的片层组织，保温温度越高，晶粒越粗大。

近片层组织：在 γ+α 两相区内、低于 T_α 温度 20℃左右进行热处理时，经过空冷或者炉冷，在 α 相晶界三角区和高 Al 含量区会析出小块 γ 相，最终形成 γ/α$_2$ 片层团和少量分布于片层间的 γ 晶粒组成的近片层组织。

双态组织：在 TiAl 相图上体积分数大致相等的 γ+α 两相区进行热处理，获得 γ/α$_2$ 片层团和等轴 γ 晶粒组成的双态组织。由于 α$_2$ 相和 γ 相在热处理时相互钉扎，导致晶粒生长速度较慢，其晶粒尺寸小于全片层组织。

等轴近 γ 组织：在略高于共析温度的 γ+α 两相区进行退火并缓慢冷却至室温，得到近 γ 组织，通常还有少量晶粒细小的 α$_2$ 颗粒分布在相边界。

研究表明，TiAl 合金的显微组织和力学性能密切相关。全片层组织由于晶粒较为粗大，且片层取向分明，具有较好的断裂韧性及抗疲劳、蠕变性能，但塑性相对较差；近片层组织有最高的强度，并有一定的塑性；双态组织塑性较好，但断裂韧性和抗蠕变能力较差；而近 γ 相组织各方面性能都较低。可以通过合金化、热处理、热机械处理的方式对 TiAl 合金的显微组织进行控制，并通过调控片层组织比例、片层间距、晶粒尺寸、晶界特征等来调控其力学性能。

Kim[22]提出了优化的 TiAl 合金显微组织参数如下：

① 组织类型为全片层（FL）。

② 晶粒尺寸在 40～350μm。

③ γ/α$_2$ 的体积分数在 0.05～0.3，尽可能少或者没有其他相存在。

④ 片层间距 $\lambda_{min}<\lambda<1.5\mu m$，其中 λ_{min} 由三点决定：

a. 获得全片层组织的最大冷却速率；

b. 理论上满足 Hall-Petch 关系的下限；

c. 内表面能驱动的组织不稳定性及粗化影响。

⑤ 具有锯齿状互锁晶界。

⑥ 要求各向异性能时，片层组织具有一定的织构。

表 1-2 显示了 TiAl 合金的性能指标，其性能与 Ni 基高温合金相近，但密度仅为 Ni 基高温合金的 1/2，比钛合金低约 10%。但相对于钛合金，TiAl 合金具有明显优越的高温性能。除了优异的高温强度外，TiAl 合金抗蠕变、抗氧化和阻燃性能也较为突出，并且密度低、弹性模量高。TiAl 合金的缺点是较低的抗损伤能力，室温塑性、断裂韧性差，以及高裂纹扩展速率，增加了材料失效的风险。多种结构材料的屈强比和比刚度随温度的变化如图 1-4 所示[23]，在 1000℃以内 TiAl 合金的屈强比比钛合金、多晶高温合金高，且比刚度比高温钛合金、镍基合金高出 15～16GPa·cm^3/g。

表 1-2   TiAl 合金性能指标

主要特点	性能水平
低密度	$3.7\sim4.3\text{g/cm}^3$，高温合金的 1/2，比钛合金低 10%
高弹性模量	157GPa（室温），150GPa（750℃）
高比强度	室温到 800℃，强度保持率达到 80%
优异的阻燃性能	完全不燃烧合金
优异的抗氧化性能	700～800℃抗氧化性能优异（合金成分影响）
高蠕变性能	700～800℃/100MPa 稳态蠕变速率（$5\times10^{-9}\text{s}^{-1}$）
高疲劳强度	高周疲劳强度与屈服强度相近
高的热传导率	为钛合金 2 倍
低的线胀系数	室温至 1000℃，约为 $12\times10^{-6}℃^{-1}$
低室温塑性	0.5%～1%（室温），1%～3%（变形 TiAl）
低室温断裂韧性	$K_{IC}=15\sim30\text{MPa·m}^{1/2}$

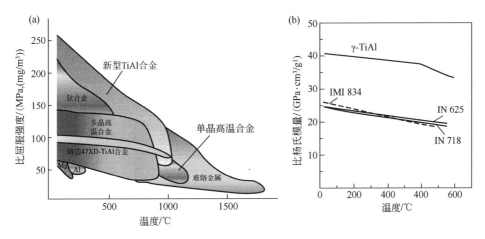

图 1-4   结构材料与 TiAl 金属间化合物的比较[23]

（a）比刚度；（b）比弹性模量

1.2.3   TiAl 合金应用前景

TiAl 合金所具有的良好的高温力学性能、高温抗氧化性、抗蠕变性以及密度低的优势，使该合金在航空发动机材料上取得了一定的应用。GE 公司已经成功地将 TiAl 合金应用到新一代发动机 GEnx 的最后两级转子叶片中，并通过对涡轮盘等相应结构的重新设计实现减重近 200kg。GE 公司还计划在 GE90 发动机上应用 TiAl 合金来替代镍基合金，以降低能耗、噪声以及污染物排放。

RR 公司对装有 TiAl 合金低压涡轮工作叶片的新型发动机 Trent XWB 进行试车考核，该发动机因为 TiAl 合金的应用而减重超过 50kg。GE 和 RR 公司开发的用于低压涡轮工作叶片的 TiAl 合金都属于第二代，其成分分别是 Ti-48Al-2Cr-2Nb 和

Ti-45Al-2Mn-2Nb-1B，成形工艺都是精密铸造，只是后续的加工工艺不同。同时，新一代航天飞机（X-30）已将 TiAl 合金作为发动机部件、支架和蒙皮的候选材料。美国国家航空航天局（NASA）将建造一个超声速单机轨道运输飞行器，TiAl 合金是其中的重要材料。据预测，TiAl 合金未来将应用于高速飞行运输机（High Speed Civil Transport，HSCT）、单级入轨太空船（Reusable Launching Vehicle，RLV），γ-TiAl 合金板材在热结构及热保护系统中的应用已纳入欧洲未来航空运输研究计划（Future European Space Transportation Investigations Programme，FESTIP）。

由于 TiAl 合金具有密度小、高温强度高等特点，其在汽车上的应用也引起人们的关注，如图 1-5 所示。TiAl 合金排气阀已成功通过了苛刻的长周期发动机试验。1997 年底，用单相 γ-TiAl 合金制成的涡轮机叶轮覆盖盘和空气密封圈通过了工程论证，日本京都大学和川崎重工株式会社开发的 Ti-47Al-Fe-B 合金整体精铸发动机已经替代了铸造镍基高温合金来制作增压涡轮，减重达到 50%以上。日本大同特殊钢公司也已在 20 世纪末实现了 TiAl 合金在赛车发动机增压涡轮上的实用化。使用 TiAl 合金制作汽车发动机的进/排气阀门可以减轻阀门的重量，降低阀门动作惯性，从而提高发动机性能；还可以减少废气排放，减少摩擦和降低噪声。采用这种新型材料可以节省燃料达 8%左右，具有巨大的社会经济效益[24]。

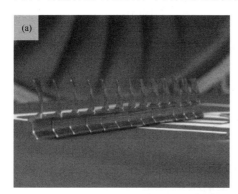
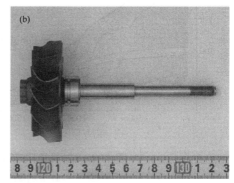

图 1-5　TiAl 合金的应用

（a）压缩机叶片；（b）涡轮增压机叶片；（c）汽车进/排气阀门

北京科技大学新金属材料国家重点实验室与上海宝钢股份有限公司特殊钢分公司等单位共同建设了 TiAl 合金工程化和应用研发基地，开发出具有我国独立知识产权的新一代航空航天用发动机材料——高铌 TiAl 合金，即将步入产业化阶段。

1.3 Ti$_2$AlNb 合金

添加 Nb 元素可显著改善 Ti$_3$Al 合金的塑性，当 Nb 元素含量高于 17%（原子分数）时，α_2 相转变为有序斜方晶系结构的 O 相（Orthorhombic-Phase），其化学结构式为 Ti$_2$AlNb。以 Ti$_2$AlNb 相为基础的 Ti-Al-Nb 系合金即为 Ti$_2$AlNb 合金。1991 年，美国通用电气公司申请了第一份 Ti$_2$AlNb 合金的专利，随后多种成分的 Ti$_2$AlNb 合金相继问世。O 相作为基体的 Ti$_2$AlNb 合金以其轻质、高强、高温性能优异、耐蚀等特点，被视为能够替代镍基高温合金的材料[25]。

经过多年的研究，Ti$_2$AlNb 基合金已逐步开始应用于航空、航天的某些领域，如图 1-6 所示。美国已将 Ti$_2$AlNb 合金与铸造 γ-TiAl 合金叶轮结合制成了双金属离心叶轮，还利用 Ti$_2$AlNb 基复合材料制成了航空发动机压气机转子，既满足了力学性能的要求，又达到了减重效果。因而，Ti$_2$AlNb 合金是 Ti-Al 系金属间化合物中能在 873～1023K 范围内长期使用，且更具实用前景的合金体系，对于降低飞行器自重、提高燃油效率和高温服役性能具有重要意义[26]。

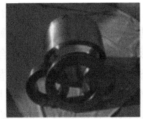

图 1-6　Ti$_2$AlNb 合金成形件[26]

作为一种极具应用潜力的高温结构材料，针对 Ti$_2$AlNb 合金的理论基础和应用方面的研究已经持续二十多年。Ti$_2$AlNb 合金所应用的部件大多为热成形件，因此 Ti$_2$AlNb 合金铸锭的开坯锻造以及棒、板、环等坯料的二次锻造/轧制过程中变形抗力大及微观组织敏感等问题一直是科研人员研究的热点。一方面，Ti$_2$AlNb 合金热变形抗力大，有效热加工窗口较窄，成材率不高，组织均匀性难以保证；另一方面，显微组织对成形工艺很敏感。因此，对 Ti$_2$AlNb 合金进行塑性加工仍然比较困难，成为 Ti$_2$AlNb 合金制备的瓶颈，也制约着 Ti$_2$AlNb 合金的工业化生产。为了对 Ti$_2$AlNb 合金的热塑性变形过程进行理论指导，优化热加工工艺，并提高 Ti$_2$AlNb 合金服役性能，针对 Ti₂AlNb 合金开展组织成分设计及系统的加工工艺研究就显得十分必要。

1.3.1 Ti₂AlNb 合金发展历程

McAndrew[27]发现在 Ti₃Al 合金基础上添加 Nb 元素，可获得 Ti-26Al-10Nb（原子分数）合金，这种合金具有较好的塑性和抗氧化性能。美国空军航空实验室和通用电气公司开展了关于 Ti₃Al 基合金增塑方面的研究，并成功开发出 Ti-14Al-21Nb、Ti-24Al-14Nb-3V-0.5Mo（原子分数）合金。其中，熔铸重达 3200kg 的 Ti-14Al-21Nb 合金铸锭，可应用于航空发动机高压涡轮支承环、高压压气机机匣、加力燃烧室以及导弹的尾翼等零件。我国钢铁研究总院通过多年努力，研制出化学成分为 Ti-23Al-17Nb 的 TAC-1B 合金，其性能超过了美国研制的 Ti-24Al-11Nb 和 Ti-25Nb-3V-0.5Mo 合金[28]。以 TAC-1B 合金为基础，通过进一步调节合金中的 Al、Nb 成分，得到 Ti-22Al-25Nb 合金，其室温断裂韧性达到 39MPa·m^{1/2}，在室温及高温时都具有良好的力学性能[29]。

Ti-22Al-25Nb 合金即为目前广为人知的 Ti₂AlNb 合金，其主要组成相为 O 相。1988 年，印度国防冶金实验室专家 Banerjee 等[30]对在 β 相区淬火后的 Ti-25Al-12.5Nb 合金进行回火时首次发现了 O 相。研究发现，O 相是一种畸变 α₂ 相，通过会聚束电子衍射确定其空间群为 Cmcm，且 Ti、Al、Nb 原子分别占有特定的晶格位置。在 Ti-Al-Nb 三元合金体系中，当 Nb 含量大于 12%（原子分数）时，就可以获得一种平衡态有序正交 O 相。Banerjee 不仅发现了 O 相，还开展了对 Ti₂AlNb 合金的研究，主要包括 O 相的形成机制、合金的相转变以及力学性能等，并取得了一系列成果[31,32]。Rowe[33]申请了关于 Ti₂AlNb 合金的第一份专利，并积极推动该合金在航空发动机零部件上的应用。据美国《材料与工艺进展》航空材料专辑（1992 年 3 月）报道，美国通用电气公司积极开发性能优于 α₂-Ti₃Al 合金的新型 Ti₂AlNb 合金，其密度不到镍基高温合金的 2/3。评论称：如果将该合金代替镍基高温合金做压气机机匣，发动机将大幅减重，并使得发动机的推重比和燃料使用效率大大提高。

Rowe[34]研制的 Ti-22Al-27Nb 合金具有优良的综合力学性能，在室温时，σ_b= 1415MPa、$\sigma_{0.2}$=1290MPa、δ=3.5%；在 650℃时，σ_b=1260MPa、$\sigma_{0.2}$=1120MPa、δ=8.0%。美国 Boehlert[35]系统研究了 Ti₂AlNb 合金的熔炼、锻造以及轧制工艺，并分析了合金的显微组织、相转变、织构以及力学性能，对 Ti₂AlNb 合金的生产制备和热处理工艺制定提供了指导。德国 Kumpfert 等[36]通过深入研究 Ti-22Al-25Nb 合金的相变过程，确定了该合金的相转变曲线，并分析了合金相转变过程随冷却速率及温度变化的规律。美国空军实验室的 Krishnamurthy 等[37]成功研制了以 SiC 纤维作为增强体的 Ti-22Al-23Nb 基复合材料，随后通过热处理显著提高了该复合材料在 650～760℃的蠕变性能。Emura 等[38]采用预制合金粉末法制备了以 TiB 颗粒作为增强体的 Ti-22Al-27Nb 基复合材料，该复合材料比基体具有更好的室温拉伸性能和高周疲劳性能。

此外，一些学者广泛开展了合金元素对 Ti_2AlNb 合金显微组织和力学性能影响的研究。研究表明，添加 V 元素的 Ti-22Al-24Nb-2V 合金的室温弹性模量和维氏硬度分别比 Ti-22Al-27Nb 合金高出 33%～38%和 18%～24%。Tang 等[39]研究了 Ti-22Al-20Nb-2W 合金中添加 0.2%（原子分数）B 后的显微组织、拉伸性能和蠕变性能，发现 B 元素的加入使得晶粒尺寸细化，合金的室温塑性提高，并在一定程度上改善了合金的抗蠕变性能。韩国学者 Yang 等[40]对比了 Ti-22Al-27Nb 和 Ti-22Al- 27Nb-2W 合金的显微组织和硬度，发现 W 元素的添加细化了合金组织，提高了合金强度，并发现 W 元素可以提高 Ti-22Al-27Nb 合金在 700℃以上的抗蠕变性能。俄罗斯学者 Shagiev 等[41]设计了 Ti-20.3Al-22.1Nb-1.2Zr-1.3V-0.9Mo-0.3Si 合金，随后进行等温锻造，发现其平均晶粒尺寸只有 300nm，该合金的室温延伸率达到 25%，抗拉强度可达 1400MPa。此外，该合金在 850～1000℃具有超塑性，在 900℃时的延伸率最大可达 930%。北京钢铁研究总院的彭继华等[42]以 Ti-22Al-27Nb 合金为基础，利用 Ta 元素替代合金中的部分 Nb 元素，研制出的 Ti-22Al-20Nb-7Ta 合金具有良好的综合力学性能：室温时，σ_b=1320MPa，$\sigma_{0.2}$=1200MPa，δ_5=9.8%；650℃时，σ_b=1090MPa，$\sigma_{0.2}$=970MPa，δ_5=14%，该合金的屈服强度与 Ti-22Al-27Nb 合金相当，但其室温延伸率提高了 2.5 倍，且合金密度仅增加 10%。韩积亭等[43]还对 Ti-23Al-17Nb 合金进行了不同的热处理，揭示了双态组织的形成规律，以及双态组织对力学性能的影响，发现对经过 B2+α_2 两相区变形的 Ti-23Al-17Nb 合金进行固溶处理+连续冷却或固溶（快速冷却）＋时效两种热处理工艺均可得到双态组织，而且固溶（快速冷却）+降低时效温度可以有效地控制 O 相板条的数量、尺寸、分布及排列方式；经过 1060℃固溶+油淬+850℃时效处理获得的双态组织具有良好的综合力学性能，达到了强度、塑性、蠕变等性能的良好匹配。

目前，钢铁研究总院已经成功制备出尺寸为 1.5mm×900mm×200mm 的 Ti_2AlNb 合金薄板和尺寸分别为 0.15mm×300mm×500mm、0.10mm×100mm×300mm 的箔材，还在 Ti_2AlNb 合金热模压成形和热卷成形技术方面进行了一定的探索，所研制的 Ti_2AlNb 合金构件已经在我国卫星发动机上实现了应用。此外，Ti_2AlNb 合金制造的航空发动机机匣也已经试制成功。

1.3.2 Ti_2AlNb 合金组织性能

Ti_2AlNb 合金具有三种不同晶体结构的相，即 α_2、B2/β 和 O 相。图 1-7 分别为 B2、α_2 和 O 相的空间结构图[44]。

α_2 相是具有 $D0_{19}$(hp8)结构和 $P6_3$/mmc 对称性的密排六方有序相，其结构特征为：（0001）密排面上原子的有序排列使其中的 Al 原子只与最近邻的 Ti 原子发生键合。这一结构可以用三个 Ti 原子和一个 Al 原子的简单超点阵的相互穿插来描述。由于 α_2 相为有序密排六方结构，滑移系较少，因此在室温及高温下的塑性较差，表现为脆性相，α_2 相在低温下的析出/分解反应过程非常缓慢。α_2 相缺少孪生变形，可能的位错类型为[45]：

① a 型，在(0001)基面，$\{10\bar{1}0\}$ 棱柱面和 $\{20\bar{2}1\}$ 锥面上，$b=\dfrac{1}{6}\langle 11\bar{2}0\rangle$；

② c 型，在二次 $\{11\bar{2}0\}$ 锥面上，$b=[0001]$；

③ a+c 型，在 $\{11\bar{2}0\}$ 或 $\{20\bar{2}1\}$ 锥面上，$b=\dfrac{1}{6}\langle 11\bar{2}6\rangle$。

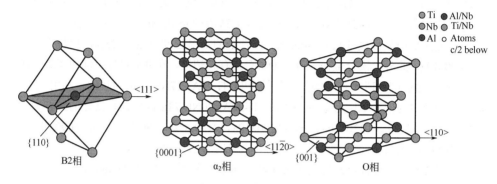

图 1-7　Ti$_2$AlNb 合金中三种相的空间结构图[44]

B2/β 相为体心立方结构。其中，β 相为无序体心立方结构，B2 相为有序体心立方结构。Ti-Al-Nb 系合金中 β 相与 B2 相的无序-有序转变主要在高温下发生，且相转变温度与合金成分有关。B2 相中可大量溶入 β 相稳定元素，成分变化范围较大。在 Ti$_3$Al-Nb 系的 B2 相中，Ti 和 Al 原子分别占据两个超点阵，合金元素 Nb 主要占据 Al 原子的位置。B2 相通过局部不均匀变形，在(111)面上滑移。当 B2 晶粒尺寸较大时，其断裂方式是解理断裂。当 B2 晶粒尺寸较小并且在含 Nb 的三相合金中时，其断裂方式为韧性断裂。

O 相是有序三元正交结构，可认为是 α_2 相的一种微小畸变形式，其空间群为 Cmcm，即 Nb 原子有序化并占据了其中一个 Ti 原子亚点阵，其空间结构如图 1-7 所示。O 相和 α_2 相的区别，可以从图 1-7 所示的基面原子结构图中看出。O 相中 Nb 原子在 Ti 原子的亚点阵上进一步有序排列，使 α_2 相基面上的对称性降低，而变成正交结构。此外，可以使用中子衍射技术对 Nb 原子在各个 Ti 原子亚点阵中的占位概率进行分析测定。

根据 Ti、Al、Nb 三种原子亚晶格位置的不同，O 相分为有序的 O1 相和无序的 O2 相，O1 和 O2 相之间发生有序-无序一级相变。O1 相的结构与 α_2 相相似，可认为是由 α_2 相发生微小畸变而来。由于 O1 和 O2 两相一般同时存在，且传统的电子显微镜很难对二者进行有效区分，所以在研究 Ti$_2$AlNb 基合金组织及性能时，一般统称为 O 相[46]。O 相有很多优异的性能，如 O 相的抗蠕变性能优于 B2 相和 α_2 相，高温下 O 相的强化效果优于 α_2 相。同时，O 相与邻近的 B2 相晶粒之间相容性好，有利于提高金属间化合物的塑性。此外，随着 O 相有序度的增加，原子的可动性变差，使得合金的硬度、强度和弹性都得到提高。

目前，针对 Ti$_2$AlNb 基合金中 O 相的形成机制存在不同观点，归纳起来主要包括以下三种：

（1）$\alpha_2 \rightarrow$ O

该 O 相形成机制有两种解释：①α_2 相的晶格发生畸变时，亚晶格上的 Ti 和 Nb 原子经过有序排列形成 O 相合金；②在 Nb 含量相对较低的 Ti-Al-Nb 三元合金中，当 α_2 相中的 Nb 过饱和时，α_2 相会发生分解，形成贫 Nb 区和富 Nb 区。富 Nb 区点阵发生畸变，且成分接近于 Ti$_2$AlNb 从而转变为 O 相。Boehlert[47]在研究 Ti-25Al-12.5Nb 合金时证实在 α_2 相晶粒边缘出现了板条状的 O+α_2 相过渡区，这种 $\alpha_2 \rightarrow \alpha_2$+O 相变反应是在非常有限的范围内进行的，因此在 α_2 相边缘形成板条状的 α_2+O 相。而 Wu 等[48]对 Ti-24Al-14Nb-3V-0.5Mo 合金的研究结果则表明，O 相由 α_2 相直接转变而来，O 相呈细小片层结构，分布在初始 α_2 相晶粒周围，O 相在 α_2 相基体上的形核与长大均由原子扩散过程控制。

（2）B2 $\rightarrow$ O

B2 相沿(111)[110]方向发生切变形成无序的中间过渡相 O1，接着通过无序-有序相转变形成 O2 相。Sadi 和 Servant 指出，从 B2/β 单相区热处理后冷却，冷却速率较高时易形成亚稳态的 O 相，在随后的升温过程中亚稳态 O 相首先转变为 B2 相[49,50]。

（3）B2+$\alpha_2 \rightarrow$ O

α_2 相与 B2 相发生包析反应形成 O 相。研究表明，α_2、B2 相及 O 相之间存在特定的取向关系[51]：α_2 相和 O 相之间满足(0001)$_{\alpha_2}$//(001)$_O$、[11$\bar{2}$0]$_{\alpha_2}$//[001]$_O$；α_2 相和 B2 相之间满足(011)$_{B2}$//(0001)$_{\alpha_2}$、[111]$_{B2}$//[11$\bar{2}$0]$_{\alpha_2}$；O 相和 B2 相之间满足(001)$_O$//(110)$_{B2}$、[1$\bar{1}$0]$_O$//[$\bar{1}$11]$_{B2}$。

Boehlert 对在 B2/B2+α_2 相变点以下变形得到的 Ti-23Al-27Nb 合金的相变区间及显微组织进行了研究[52]。在 B2/B2+α_2 相变温度以上固溶后水淬，得到全 B2 相等轴晶组织，如图 1-8（a）所示；如果在 1273K 与 B2/B2+α_2 相变温度之间进行固溶并水淬，得到 B2+α_2 组织，如图 1-8（b）所示，其取向关系为[11$\bar{2}$0]$_{\alpha_2}$//[$\bar{1}$11]$_{B2}$、(0001)$_{\alpha_2}$//(011)$_{B2}$；O+B2+α_2 相区较窄，温度区间为 1248～1273K。在此温度区间固溶并淬火得到等轴三相组织，如图 1-8（c）所示。其中，O 相以"环状"（镶嵌于 α_2 相周围的圆圈）形式优先在 α_2 相周围形成，这是三相 Ti-Al-Nb 合金的典型显微组织，也是 BCC+$\alpha_2 \rightarrow$ O 包析转变的结果。"环状"O 相作为扩散屏障，提高了通过热处理消除 α_2 相的难度；O+B2 相区位于 1148～1248K，显微组织为等轴的 B2 相与 O 相，没有 α_2 相存在，如图 1-8（d）所示。B2 相与 O 相的取向关系为[$\bar{1}$11]$_{B2}$//[2$\bar{1}$0]$_O$、(110)$_{B2}$//(001)$_O$。在此相区，伴随着固溶温度升高，B2 相体积分数增大，O 相的体积分数减小。Ti$_2$AlNb 合金中根据 Al 与 Nb 含量的不同，合金的相组成及相变区间有着较大的差异。Nb 作为 β 相稳定元素，其含量对合金的抗氧化性、塑性及强度有着至关重要的作用。

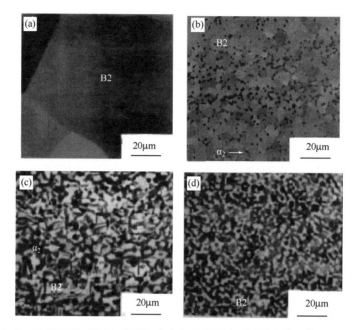

图 1-8 轧制态 Ti-23Al-27Nb 合金在特定温度固溶并水淬后的显微组织[52]

（a）1363K；（b）1298K；（c）1273K；（d）1173K

Ti$_2$AlNb 合金与双相钛合金相似，通过热机械处理可得到典型的三种显微组织类型，即等轴组织、双态组织和板条组织。

（1）等轴组织

初生 α$_2$ 相或 O 相颗粒分布于连续的 B2/β 相基体中，等轴颗粒含量在 30% 以上的显微组织称为等轴组织 [图 1-9（a）]。等轴组织的形态、尺寸与变形方式及变形程度有关。实际的形貌不全是等轴状，也有可能是球状、盘状、蜗杆状、矩形等。等轴组织一般是合金在 α$_2$+O+B2/O+B2 相区加热，经过充分的塑性变形和再结晶退火后形成。加热温度越低，变形量越大，等轴 α$_2$/O 相的含量越多，颗粒的尺寸越细小。当等轴 α$_2$/O 相含量过多时，可以通过提高加热温度的方法来减少等轴 α$_2$/O 相。等轴组织一般具有良好的室温强度和塑性，但其高温蠕变性能较差，且不稳定。

（2）双态组织

在 B2 基体上分布着一定数量的等轴 α$_2$ 相，当其总含量不超过 30% 时称为双态组织，如图 1-9（b）所示。双态组织与等轴组织的最大区别在于等轴 α$_2$ 相的含量不同。此外，双态组织中转变的 B2 相也比较粗糙。双态组织一般是在 B2+α$_2$ 两相区加热，经过充分塑性变形时形成。等轴 α_2 相的存在能够抑制加热过程中 B2 相晶粒尺寸的长大。双态组织兼顾了等轴组织和板条组织的优点，与板条组织相比，双态组织具有更高的屈服强度、塑性、热稳定性和疲劳强度。与等轴组织相比，双态组织具有较高的持久强度、蠕变强度、断裂韧性以及较低的疲劳裂纹扩展速率。等轴 α_2 相含量为 20% 左右的双态组织具有强度-塑性-韧性-热强性的最佳综合匹配。

（3）板条组织

在 B2 基体上分布着不同尺寸、不同方向的 O 相板条，且 O 相板条与 B2 基体之间具有完全共格的 Burgers 取向关系 [图 1-9（c）]。板条组织一般是在 B2 相区加热或塑性变形，随后在 O+B2 相区冷却或热处理时形成。冷却速度的变化控制着板条的尺寸（即板条间距），并强烈地影响着合金的塑性和强度。在传统钛合金中，Hirth 和 Froes[53]发现屈服强度遵从 Hall-Petch 效应，即屈服强度与 λ^{-1} 成正比的关系（λ 为板条间距），Ti$_2$AlNb 合金也是如此。板条组织具有较高的强度，但其室温塑性较低，明显低于等轴组织和双态组织。影响板条组织塑性的最重要因素是板条排列的形貌，它决定着形变时的滑移分布。随着冷却速度的增大（板条尺寸趋于细化），合金塑性先增大，在达到一个极大值（对应着适中尺寸板条混乱排列的网篮组织）后开始逐步下降[54]。

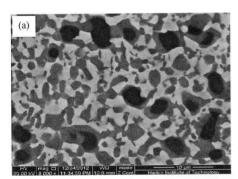
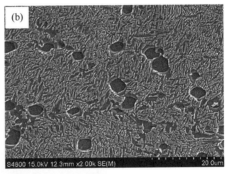
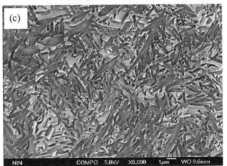

图 1-9　Ti$_2$AlNb 合金三种典型微观组织

（a）等轴组织；（b）双态组织；（c）板条组织

为了评价 Ti₂AlNb 合金在航空航天领域中的潜在应用前景，需要深入研究其力学性能及影响因素。由于形成 O 相需要大量的 β 相稳定元素，导致 Ti₂AlNb 合金的密度高于钛和 TiAl 合金，但其具有比钛合金更高的热强性能，比 TiAl 合金更高的塑性。而且 Ti₂AlNb 合金的密度仍比镍基合金低近 40%，具有优异的减重特性。

表 1-3 总结了航空发动机用先进高温材料物理和力学性能[55]，对比 Ti₂AlNb 合金、钛合金、γ-TiAl 合金和镍基合金之间的性能差异，可见 Ti₂AlNb 合金的物理性能和力学性能具有良好的匹配。对于新型喷气发动机的高温结构件，热胀系数（Coefficient of Thermal Expansion, CTE）是评价其物理性能的一个重要参数。由图 1-10 可见，Ti₂AlNb 合金的热胀系数低于钛基合金和镍基合金。虽然铝含量的增加会导致 CTE 值的升高，但随着铌等高熔点元素含量的增加，最终有效地降低了热胀系数。

表 1-3   航空发动机用先进高温材料物理和力学性能[55]

材料	密度/(g/cm³)	弹性模量/GPa	屈服强度/MPa	抗拉强度/MPa	室温塑性/%	高温塑性/%	极限抗蠕变温度/℃	极限抗氧化温度/℃
钛合金	4.5	95~115	380~1150	480~1200	10~25	12~50	600	600
Ni 基合金	7.9~8.5	206	800~1200	1250~1450	3~25	20~80	800~1090	870~1090
γ-TiAl 合金	3.7~4.2	160~180	350~600	500~800	1~4	10~60	750~800	800~900
Ti₂AlNb 合金	5.3~5.7	110~145	900~1130	1010~1250	3~16	15~35	650~750	650~750

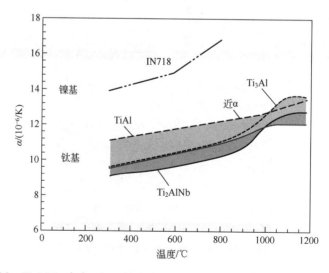

图 1-10   Ti₂AlNb 合金、近 α 钛合金、TiAl 合金以及镍基合金的热胀系数[56]

为了使 Ti_2AlNb 合金满足工业化使用，需针对力学性能完成大量的研究分析工作，主要集中于拉伸性能、蠕变性能、疲劳强度、断裂韧性等方面。

（1）拉伸性能

如图 1-11 所示，Ti_2AlNb 合金的室温断裂延伸率在 0～16%变化，屈服强度可高达 1600MPa，或低至 650MPa，比 γ-TiAl 合金或近 α 钛合金所能获得的性能范围要宽得多，具有塑性、强度、密度和热强性的良好匹配。

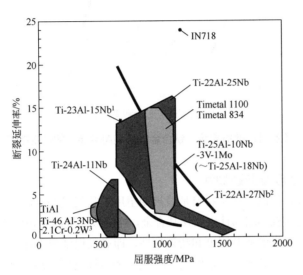

图 1-11　钛基合金拉伸性能[56]

根据微观结构和热处理工艺的不同，Ti_2AlNb 合金的拉伸性能也呈现出明显的差异。研究表明，组织结构为（O+B2）相的 Ti_2AlNb 合金拉伸性能优异，一方面由于 B2 相为体心立方结构，可动滑移系多，故塑性较好；另一方面因为 O 相具有良好的变形协调性[57]。Chen 等[58]研究了（O+B2）相 Ti_2AlNb 合金的拉伸性能，通过固溶和时效工艺可以控制微观组织的体积分数和片层厚度，发现在固溶时获得粗大 O 相片层，使合金具有较高的塑性；在时效时获得细小 O 相片层，使合金具有较高的强度。

（2）蠕变性能

蠕变性能是 Ti_2AlNb 合金在航空发动机高温部件应用中与镍基合金、γ-TiAl 合金等其他高温材料竞争的关键，是能否满足航空发动机使用要求的最重要性能指标。图 1-12 所示为 Ti_2AlNb 合金、钛合金以及 TiAl 合金在 100h 内总蠕变应变达到 0.2%时的蠕变性能比较[59]。从图中可以看出，在 600～650℃范围内，Ti-22Al-25Nb 合金表现出较为优异的抗蠕变性能，这与其较高的晶界扩散和晶格自扩散激活能有关。Wang 等[60]采用不同热处理工艺对 Ti_2AlNb 合金进行组织调控，并在 650℃/150MPa 条件下进行 100h 的蠕变行为研究，发现层状 O 相的体积分数和平均厚度可以通过热处理得到很好的控制，并且层状 O 相比 B2 相具有更好的抗蠕变性。

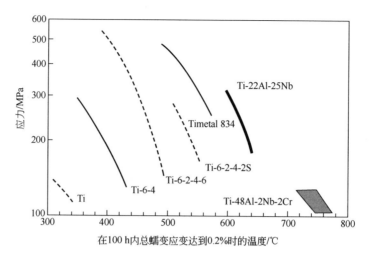

图 1-12　Ti₂AlNb 合金、钛合金以及 TiAl 合金[59]的蠕变性能比较

（3）疲劳强度及断裂韧性

在航空领域新型高温钛基材料是最被期望用于喷气发动机旋转部件的材料，特别是用来替代发动机热端部件中的镍基合金，能够极大提高发动机的推重比。然而，此类材料需具有较高的疲劳强度和断裂韧性，即必须保证组件在极端循环载荷条件下的服役寿命不会明显下降。因此，与当今使用的特性良好的高温材料相比，Ti₂AlNb 合金的高周疲劳（High Cycle Fatigue, HCF）、低周疲劳（Low Cycle Fatigue, LCF）和断裂韧性需要引起特别关注。

图 1-13 中显示了 Ti₂AlNb 合金的微观组织对室温断裂韧性的影响[56]，随着微观组织的变化，室温断裂韧性值在 $10\sim30\mathrm{MPa/m^{1/2}}$ 波动，如等轴组织具有较低的室温

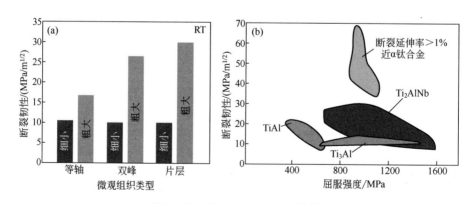

图 1-13　Ti₂AlNb 合金组织性能

（a）Ti₂AlNb 合金不同微观组织的室温断裂韧性
（b）Ti₂AlNb 合金与近 α 型钛合金、Ti₃Al、TiAl 合金力学性能对比[56]

断裂韧性,而不同厚度的片层组织导致室温断裂韧性差异较大[60]。同时,对比 Ti₂AlNb 合金、近 α 型钛合金、Ti₃Al 合金和 TiAl 合金在不同屈服强度下的室温断裂韧性,可知 Ti₂AlNb 合金的断裂韧性不如钛合金,但与 TiAl 基合金相比,其强度和韧性具有良好匹配性。

疲劳破坏是机械零部件早期失效的主要形式。研究疲劳的主要目的是精确地估算零部件的疲劳寿命,保证在服役期内零部件不会发生疲劳失效。因此,深入研究 Ti₂AlNb 合金的疲劳性能对其工程化应用有着重要意义。图 1-14 为室温下 Ti₂AlNb 合金、TiAl 合金和近 α 型钛合金的 HCF 强度(R=0.1),可以看出 Ti₂AlNb 合金的 HCF 强度优于近 α 钛合金和 TiAl 合金。Zhang 等[61]也发现与其他金属间化合物相比,铸态 Ti₂AlNb 合金在所有应变幅值下都表现出极好的抗疲劳性,这是源于细片层状 O 相具有优异的强度-塑性组合以及晶粒的各向异性。

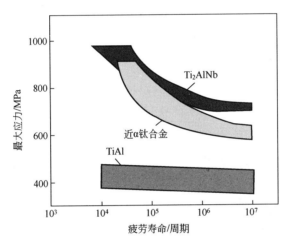

图 1-14　室温下 Ti₂AlNb、TiAl 和近 α 型钛合金 HCF 性能(R=0.1)[56]

综上所述,Ti₂AlNb 合金具有较高的室温延展性、良好的疲劳强度与蠕变性能、合理的室温断裂韧性以及较低的热胀系数,已经成为最具潜力的新型航空航天轻质高温结构材料。然而,Ti₂AlNb 合金的研制及研究工作起步较晚,对其成分设计、热加工工艺-组织演变以及组织-性能内在关系的研究还不够系统和全面,需进一步探索 Ti₂AlNb 合金成分设计和组织调控技术,以推进其在我国航空航天领域的广泛应用。

1.3.3　Ti₂AlNb 合金应用前景

Ti₂AlNb 合金具有密度低、比强度高、抗氧化性能好等优点,长期工作温度可达 650～700℃,能够部分替代镍基高温合金用于制造航空发动机机匣等构件。为提升材料利用率,中国航空发动机集团李祚军等[62]通过电子束焊接方式制备得到 Ti₂AlNb

合金机匣，如图 1-15 所示，Ti₂AlNb 合金焊接机匣通过了最高腔压为 10.0MPa（焊缝处等效应力约为 593.0MPa）的压力试验和 3000 次最高腔压为 5.0MPa（焊缝处等效应力约为 261.0MPa）的低循环疲劳试验考核。

图 1-15　电子束焊接 Ti₂AlNb 合金机匣

针对航空发动机用高温合金和钛合金机匣、火焰筒等无缝环件的制造，国外利用异形截面毛坯，通过精密轧制成形加胀形技术，提升了材料利用率。国内虽然已经部分采用异形截面毛坯进行轧制，但在材料利用率、成形精度、成形效率等方面均与国外有着明显差距。中国科学技术大学对 Ti₂AlNb 粉末坯进行环轧，得到大尺寸（直径最大约 1000mm）Ti₂AlNb 合金无缝环件[63]，如图 1-16 所示。

图 1-16　Ti₂AlNb 合金无缝环件制备

（a）水平环轧设备；（b）轧制 Ti₂AlNb 坯料

在航空航天领域，为降低零部件重量，通常采用中空的金属夹层结构。这种夹层结构由一层或者多层低密度的芯板结构和上下面板组成。哈尔滨工业大学杜志豪[64]通过超塑成形/扩散连接（SPF/DB）工艺试制了 Ti₂AlNb 合金蜂窝结构件，如图 1-17 所示，蜂窝结构件的最大抗压强度为 7.7MPa，显现出 Ti₂AlNb 合金在航空航天多层结构件中的应用潜力。

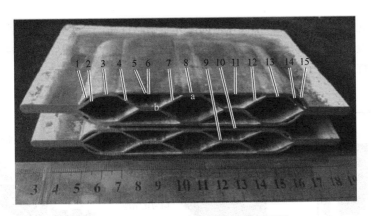

图 1-17　Ti₂AlNb 合金蜂窝结构剖面图

此外，Ti₂AlNb 合金制造的结构件已成功应用于我国卫星发动机中，还有一种卫星发动机构件和两种导弹发动机部件均已经通过台架试车[65]。国内中科院金属所通过粉末冶金工艺制备了多种 Ti₂AlNb 合金结构件，如发动机叶盘、叶环、支撑叶盘、叶轮等部件，取得了显著成果，如图 1-18 所示[66]。但粉末冶金 Ti₂AlNb 构件的冶金质量评价无现成经验可循，一般参考锻件或铸件的检测标准，仍需要开展系统的工程化应用研究。

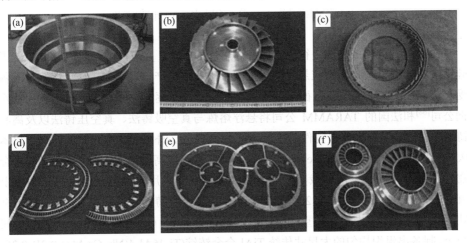

图 1-18　中科院金属所研制的 Ti₂AlNb 合金部件
（a）机匣毛坯；（b）发动机叶盘；（c）发动机复杂构件；
（d）发动机叶环；（e）发动机支撑叶盘；（f）发动机叶轮

1.4　Ti-Al 系金属间化合物的制备加工

1.4.1　熔炼铸造技术

Ti-Al 系金属间化合物在高温时化学活性较高，在熔炼过程中可能存在一系列问题：合金元素熔炼过程反应热高，对间隙元素敏感性高，合金元素含量高，成分容错度小以及性能对组织的敏感性高等。目前的冶金熔炼方法包括凝壳感应熔炼、真空电弧熔炼、等离子束熔炼以及电子束熔炼等[67]，如图 1-19 所示。

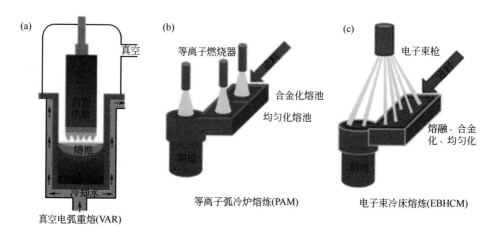

图 1-19　Ti-Al 系金属间化合物铸造工艺

（a）真空电弧熔炼；（b）等离子束熔炼；（c）电子束熔炼

1970 年，英国成功地进行了感应悬浮熔炼的实验，并申请了专利。1980 年美国硅铁（Duriron）公司将感应悬浮熔炼推向了工业化生产。近年来，悬浮熔炼方法备受青睐，在美国、俄罗斯、德国、日本、法国等国家逐渐发展起来。日本大同特殊钢公司[68]和法国的 TARAMM 公司将悬浮熔炼与真空吸铸法、真空压铸法以及离心铸造工艺相结合，生产出铸件壁厚最小可达 0.5mm、外形轮廓非常好的铸件。日本大同特殊钢公司开发出的 Levicast 技术，可以熔炼出高质量的 Ti-Al 系金属间化合物，并用于大规模生产。俄罗斯 VSMPO 公司已经采用真空自耗熔炼方法制备出直径在 480～960mm、质量 200～3000kg 的 TiAl 合金铸锭，且没有肉眼可见的冶金缺陷，但铸态组织中存在严重的 Al 元素偏析[69]。德国 GfE 公司利用新开发的中间合金，制备出组织均匀的大尺寸传统 TiAl 合金铸锭(Ti-46Al-4(Nb, Cr, Mo)-0.2B-0.2C, 220mm×950mm)[70]。国内有关单位利用真空感应凝壳熔炼（Induction Skull Melting, ISM）制备出(100～200)mm×(200～300)mm 的 TiAl 合金铸锭，利用真空自耗电极电弧熔炼（Vacuum Arc Remelting，VAR）制备出(220～290)mm×(500～600)mm 的 TiAl 合金铸锭。骆晨等[71]采用真空感应悬浮炉熔炼，浇铸成 100mm×70mm×10mm 的 Ti-22Al-25Nb（原子分数）板片，并研究了热处理工艺对 Ti_2AlNb 合金微观组织及力学性能的影响。Zhang 等[61]通过真空自耗电弧熔炼制备得到 Ti-22Al-20Nb-2V-1Mo-0.25Si（原子分数）合金，发现含有大量细小片层 O 相的 Ti_2AlNb 合金表现出良好的强度-塑性结合，并具有优异的抗疲劳性能。

1.4.2　粉末冶金技术

粉末冶金（Powder Metallurgy, PM）是以金属粉末作为原料，通过成形和烧结得到具有一定形状制品的工艺过程。对于 Ti-Al 系金属间化合物这类成形困难的材料，粉末冶金技术具有以下优势[72, 73]：

① 避免了偏析、缩孔等铸造缺陷；

② 可获得均匀细小的显微组织，力学性能较好；

③ 可实现结构复杂零件的近净成形，材料利用率高。

常见的 Ti-Al 系金属间化合物粉末冶金技术包括机械合金化、热等静压、反应烧结法、放电等离子烧结等。粉末冶金法还可用于板材的制备，Ti-Al 系金属间化合物热等静压坯料组织均匀、偏析小，具有良好的室温机械加工能力[74]，可直接用于板材的轧制。相比于铸锭冶金法，粉末冶金法减少了长时间的均匀化处理和锻造开坯工序，提高了生产效率，但是孔隙率的控制仍是粉末冶金法需要解决的主要问题。

近年来，放电等离子烧结制备 Ti-Al 系金属间化合物得到了广泛关注。其基本原理是在电能的作用下，通过粉末颗粒之间的瞬间放电产生高温而进行的材料烧结，与传统烧结方法相比，其主要优点是：

① 缩短烧结时间和降低烧结温度，节省能耗；

② 制备的材料晶粒细小，性能优异。

Zhou 等[75]利用放电等离子烧结法制备了添加微量多层石墨烯的 Ti-47Al-2Cr-4Nb-0.3W 合金，发现随着多层石墨烯的加入，TiAl 合金的弯曲强度、抗压强度和摩擦学性能均得到改善。当石墨烯含量从 0 增加到 0.8%时，平均晶粒尺寸从（14.8±1.4）μm 减小到（8.2±0.8）μm。弯曲强度达到近 1000MPa，断裂强度增加 15%，达到（2347±12）MPa，摩擦系数也从 0.6 降低到 0.4，降低了 1/3。Martins 等[76]通过放电等离子体烧结使商业用 4822TiAl 合金粉末致密化，分别获得具有双态组织和全片层组织的 TiAl 合金，且具有良好的抗蠕变性能。Wu 等[77]通过气体雾化+热等静压法制备了 Ti-22Al-24Nb-0.5Mo 合金，发现热等静压温度会影响 Ti_2AlNb 合金的体积密度和空隙率分布，并且通过调整时效热处理温度可以对合金的抗拉强度、延伸率和断裂韧性进行调控。Niu 等[78]通过等离子旋转电极工艺制备预合金化 Ti_2AlNb 合金粉末，然后利用放电等离子烧结技术制备 Ti_2AlNb 合金，在固溶和时效热处理后，合金屈服强度达到 1200MPa，延伸率达到 9.5%。

粉末冶金在消除成分偏析以及近净成形方面具有显著优势。但粉末冶金制备 Ti-Al 系金属间化合物需关注以下几个问题：①降低制备成本，提高生产效率；②控制氧及杂质含量，改善合金力学性能；③改进高温成形技术，提高制备大规格零部件的能力。

1.4.3 增材制造技术

增材制造是指依据数字模型，通过连续的物理层叠加，逐层增加材料的方式制造三维实体物件的技术。目前金属增材制造方法主要有激光熔化沉积（Laser Melting Deposition, LMD）、激光近净成形（Laser Engineered Net Shaping, LENS）、选区激光熔化（Selective Laser Melting, SLM）、电子束选区熔化（Elective Electron Beam Melting, EBM）和电子束熔丝成形技术（Electron Beam Direct Manufacturing, EBDM）等[79]。增材制造可实现难加工金属材料复杂形状构件的直接制造成形，为 Ti-Al 系金属间化合物的成形带来了新的契机。增材制造无需模具，提高了原料利用率、降低了设计和制造成本，并大大缩短了生产周期。同时，采用增材制造能够得到超细化的凝固组织，从而提高金属构件的综合力学性能。更重要的是，增材制造工艺能够适应各种尺寸、不同复杂程度构件的加工成形。

激光增材制造过程的冷却凝固速率高，可以得到精细的快速凝固组织，采用激光直接沉积成形技术制备 TiAl 合金可以得到高致密的柱状晶组织，具有全片层结构。实验测试结果表明，其纵向室温抗拉强度达到 600～650MPa，横向抗拉强度达到 550～600MPa，室温拉伸延伸率约 0.6%[80]。Dilip 等[81]直接使用 Ti-6Al-4V 和 Al 混合粉末成功制造出 3D 多孔 TiAl 合金零部件。Todai 等[82]通过改变电子束熔融方向与应力加载方向之间的 θ 角度来控制 Ti-48Al-2Cr-2Nb 合金的力学性能，该合金由于独特的细小双态组织和粗大 γ 晶粒的分层，在 θ=45° 时的延伸率大于 2%，且屈服强度的各向异性随温度的升高而降低。

Yang 等[83]通过激光增材方法制备得到致密度为 99.8% 的 Ti-22Al-24Nb-0.5Mo（原子分数）合金，同时发现，在较低的温度进行固溶热处理后，形成片层状 O 相和 α_2 相，650℃拉伸变形时试样延伸率达到 6%；在较高的温度进行固溶热处理后，形成针状 O 相，650℃拉伸变形时试样抗拉强度达到 820MPa。Grigoriev 等[84]通过选区激光熔化方法合成了 Ti-22Al-25Nb 合金（图 1-20），试样显微硬度为（338.6±7.4）$HV_{0.5}$，经过均质化退火处理后，显微硬度增加到（353.3±6.2）$HV_{0.5}$。Polozov 等[85]评估了选区激光熔化过程中体积能量密度对 Ti_2AlNb 合金微观组织的影响，发现体积能量密度较低时，微观组织由 Ti-Al-Nb 固溶体和少量 Nb 颗粒组成，当体积能量密度高于 370 J/mm³，Nb 颗粒熔化并形成 B2/β 相和 Ti_3Al 析出相。

然而，通过增材制造技术制备 Ti-Al 系金属间化合物出现的时间较短，仍然存在一些共性问题有待解决。例如，低成本、高品质预合金粉末制备技术的探索与优化，极速加热/冷却产生的温度梯度变化容易导致成形件出现冶金缺陷以及残余应力，成形件不同部位力学性能差异的控制，成形质量与成形效率之间的矛盾，增材制造 TiAl 合金相关技术标准的制定等问题[86,87]。

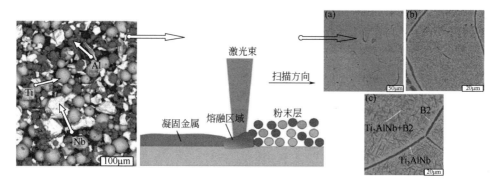

图 1-20 选区激光熔化法制备 Ti-22Al-25Nb 合金示意图

1.4.4 铸锭冶金技术

铸锭冶金技术是目前较为成熟的 Ti-Al 系金属间化合物制备方法,主要包括铸锭熔炼和后续热加工(热锻、热轧和热挤压等)。感应凝壳熔炼由于坩埚尺寸的限制,不适合制备大尺寸的合金铸锭。真空自耗电极电弧熔炼可用于大尺寸铸锭的制备,适合工业化生产,但熔炼后的金属间化合物有可能产生组织粗大、成分偏析以及疏松缩孔等缺陷,将严重影响到合金的力学性能。可以通过后续热加工和热处理来改善粗大铸态组织、成分偏析、致密度低等缺陷。锻造、挤压和轧制是 Ti-Al 系金属间化合物热加工的主要手段,可以有效细化铸态组织,提升合金的综合力学性能。在进行热加工之前,热等静压和均匀化处理也能够对疏松孔洞和偏析等组织缺陷进行改善。

德国 GKSS 研究所与奥地利 Plansee AG 公司早在 20 世纪 90 年代就已成功地采用铸锭冶金法制备了 TiAl 合金板材,其名义成分为 Ti-47Al-2Cr-0.2Si 和 Ti-48Al-2Cr(原子分数)[88],其中 Ti-47Al-2Cr-0.2Si 合金板材经过热处理后得到四种不同的组织形态(退火态、近 γ、双态和全片层),其室温延伸率可以达到 0.8%~1.5%,屈服强度为 380~550MPa,Ti-48Al-2Cr 合金板材的室温延伸率可达 5%,并且这两种合金板材均显示出较好的超塑性。Imayev 等对工艺路线进行了改进,增加了在(γ+α₂)相区的低温热加工工序,从而省略了氧化保护措施并避免了包套与合金基体间的扩散连接,获得了尺寸为 200mm×120mm×1.7mm 的 Ti-45.2Al-3.5(Cr, Nb, B)合金薄板[89]。目前,Plansee 公司发明了先进板材轧制技术(Advanced Sheet Rolling Process,ASRP),能够在传统轧机上对 TiAl 合金进行轧制,得到最大尺寸为 1800mm×500mm×1mm 的 TiAl 合金板材[90]。

哈尔滨工业大学在 1260℃对 Ti-43Al-9V-(0.2-1)Y 合金进行热轧,得到最大尺寸约为 700mm×200mm×(2~3)mm 的 TiAl 合金板材[91,92],如图 1-21 所示。北京科技大学林均品团队[93]对 Ti-45Al-8.5Nb-(W, B, Y)合金铸锭进行总变形量为 85%的包套锻

造，得到的锻件表面光滑无裂纹，呈现再结晶双态组织。锻件与铸态相比，极限拉
伸强度从 633MPa 增加到 897MPa，延伸率从 0.23% 提高到 2.2%。

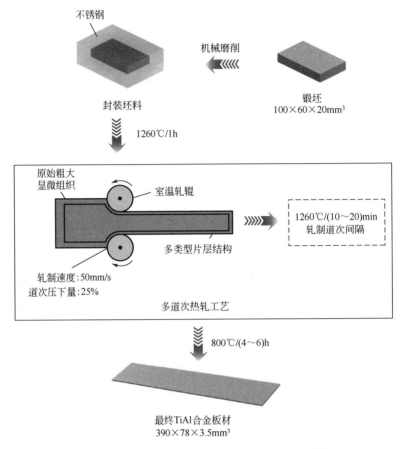

图 1-21　包套轧制 Ti-43Al-9V-0.2Y 合金[92]

对于包套轧制，精确的工艺设计和参数选择是 TiAl 合金热加工的关键。其中，
变形温度是 TiAl 合金热变形的重要参数。变形过程中严重的温降将会导致脆断和局
部开裂等严重后果。因此，为避免剧烈温降和变形不均匀，TiAl 合金的热加工常采
用等温轧制或包套轧制工艺。另外，在 TiAl 合金和包套之间添加保温棉可以进一步
增强保温效果。

从轧制工艺角度，大多采用以下控制方法：

① 对轧制原材料提出高质量要求；

② 采用特种包套轧制技术进行轧制，包套工艺设计严格；

③ 在 γ+α 两相区进行等温轧制，由于变形过程中温降较快，道次间要回炉加热
或补热；

④ 仔细选择合适的轧制速度与道次变形量等轧制工艺参数，严格控制应变速率大小；

⑤ 避免轧制过程中板材的氧化。

对于 Ti₂AlNb 合金，Wang 等[94]通过对放电等离子烧结后的 Ti₂AlNb 合金粉末压制坯进行包套轧制，无需热处理即可得到兼具高抗拉强度和良好延展性的 Ti₂AlNb 合金板材；Xue 等[95]对 Ti-22Al-25Nb 合金在 960℃进行等温锻造，并建立了热处理温度-微观组织参量-力学性能之间的定量关系；Lu 等[96]对比了 Ti₂AlNb 合金环形坯的常规轧制路线和粉末冶金+环轧工艺路线（图 1-22），在对轧制参数和保温方法进行优化后，成功通过粉末冶金+环轧联合工艺制备出 Ti₂AlNb 合金环型坯。

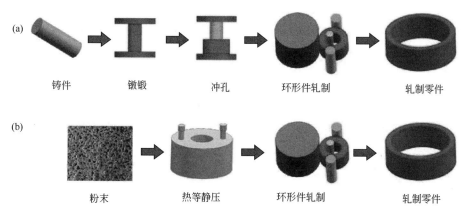

图 1-22 Ti₂AlNb 合金环坯的制备路线[96]
（a）常规法；（b）PM+轧制法

总之，相比于熔炼铸造工艺，铸锭冶金技术由于包含锻造、轧制、挤压及热处理等工序，在显微组织调控上具有更大的灵活度，力学性能更加出色；相比于粉末冶金和增材制造技术，铸锭冶金技术能够实现大批量、大规格 Ti-Al 系金属间化合物的生产制备，具有高效、低成本的优势。因此，本书从基础理论和工程应用方面，重点介绍 Ti-Al 系金属间化合物的铸锭冶金技术，以期 Ti-Al 系金属间化合物在航空、航天、汽车等领域得到广泛应用。

参考文献

[1] 宫声凯，尚勇，张继，等. 我国典型金属间化合物基高温结构材料的研究进展与应用[J]. 金属学报，2019，55（09）：1067-1076.

[2] 张永刚，韩雅芳，陈国良，等. 金属间化合物结构材料[M]. 北京：国防工业出版社，2001.

[3] 江涛，陈阳，成铭，等. NiAl 金属间化合物材料的制备技术及其研究发展趋势和应用现状[J]. 科技创新导报，2015，12（25）：80-81.

[4] 王建，汤慧萍，邢建东，等. Fe-Al 金属间化合物研究概况与发展方向[J].稀有金属材料与工程，2011，40（S2）：545-549.

[5] 陈玉勇，吴敬玺. β 相凝固 TiAl 合金的制备、加工、组织、性能及工业应用研究进展[J]. 钢铁钒钛，2021，42（06）：1-16.

[6] 梁文萍. Ti$_2$AlNb O 相合金双辉等离子渗 Mo、Cr 及其性能研究[D]. 太原：太原理工大学，2007.

[7] Darolia R, Lewandowski J, Liu C, et al. Structural intermetallics[M]. Warrendale, PA (United States): Minerals, Metals and Materials Society, 1993.

[8] Clemens H, Wallgram W, Kremmer S, et al. Design of novel β-solidifying TiAl alloys with adjustable β/B2-Phase fraction and excellent hot-workability[J]. Advanced Engineering Materials, 2008, 10(8): 707-713.

[9] Duwez P, Taylor J. The crystal structure of TiAl[J]. Journal of Metals, 1952, 1: 70-76.

[10] Kim Y W. Gamma titanium aluminides: Their status and future[J]. JOM, 1995, 47(7): 39-42.

[11] Liu C T, Schneibel J H, Maziasz P J, et al. Tensile properties and fracture toughness of TiAl alloys with controlled microstructures[J]. Intermetallics, 1996, 4(6): 429-440.

[12] Ding J, Zhang M, Liang Y, et al. Enhanced high-temperature tensile property by gradient twin structure of duplex high-Nb-containing TiAl alloy[J]. Acta Materialia, 2018, 161: 1-11.

[13] Schmoelzer T, Liss K D, Zickler G A, et al. Phase fractions, transition and ordering temperatures in TiAl-Nb-Mo alloys: An in-and ex-situ study[J]. Intermetallics, 2010, 18(8): 1544-1552.

[14] Kimura M, Hashimoto K, Morikawa H. Study on phase stability in Ti-Al-X systems at high temperatures [J]. Materials Science and Engineering: A, 1992, 152(1-2): 54-59.

[15] Naka S, Thomas M, Sanchez C, et al. Development of third generation castable gamma titanium aluminides- Role of solidification paths [C]. TMS, Warrendale, PA (United States), 1997: 313-315.

[16] Wang S H, Li Z X. Tetragonal distortion and its relaxation in rapidly quenched L1$_0$ TiAl compounds[J]. Materials Science and Engineering: A, 1988, 98: 269-272.

[17] Sun F S, Cao C X, Yan M G, et al. Alloying mechanism of beta stabilizers in a TiAl alloy[J]. Metallurgical and Materials Transactions A, 2001, 32(7): 1573-1589.

[18] Chen Y, Kong F, Han J, et al. Influence of yttrium on microstructure, mechanical properties and deformability of Ti-43Al-9V alloy[J]. Intermetallics, 2005, 13(3-4): 263-266.

[19] Chen G, Peng Y, Zheng G, et al. Polysynthetic twinned TiAl single crystals for high-temperature applications[J]. Nature Materials, 2016, 15(8): 876.

[20] Wallgram W, Schmölzer T, Cha L, et al. Technology and mechanical properties of advancedγ-TiAl based alloys[J]. International Journal of Materials Research, 2009, 8(100): 1021-1030.

[21] 陈国良，林均品. 有序金属间化合物结构材料物理金属学基础[M]. 北京：冶金工业出版社，1999.

[22] Kim Y W. Wrought TiAl alloy design[J]. Transactions-Nonferrous Metals Society of China-English Edition, 1999, 9: 298-308.

[23] Clemens H, Smarsly W. Light-weight intermetallic titanium aluminides-status of research and development[C]. Euro Superalloys 2010, Wildbach Kreuth (Germany), 2011, 278: 551-556.

[24] Schneider D, Jewett T, Gente C, et al. Production of titanium aluminide valves for automotive engines by reactive sintering[J]. Minerals, Metals and Materials Society/AIME(USA), 1997, 3: 453-460.

[25] Jun S, Aihan F. Recent advances on microstructural controlling and hot forming of Ti$_2$AlNb-based alloys [J]. Acta Metallurgica Sinica, 2013, 49(11): 1286-1294.

[26] 张建伟，梁晓波，程云君，等. 航空发动机用 Ti$_3$Al 合金和 Ti$_2$AlNb 合金研究进展[J]. 钢铁研究学报，2011，23：545-548.

[27] McAndrew J B. Investigation of the Ti-Al-Cb system as a source of alloys for use at 1200-1800 F[M]. Wright Air Development Division, Air Research and Development Command, US Air Force, 1960.

[28] 张建伟，张海深，张学成，等. Ti-23Al-17Nb 合金双态组织的控制及其对力学性能的影响[J]. 稀有金属材料与工程，2010，39（02）：372-376.

[29] Zheng Y, Zeng W, Li D, et al. Effect of orthorhombic case on the creep rupture of Ti-22Al-25Nb (at%) orthorhombic alloy[J]. Materials Science and Engineering: A, 2017, 696: 529-535.

[30] Banerjee D, Gogia A K, Nandi T K, et al. A new ordered orthorhombic phase in a Ti$_3$Al-Nb alloy[J]. Acta Metallurgica, 1988, 36(4): 871-882.

[31] Boehlert C J, Bingert J F. Microstructure, tensile, and creep behavior of O+ BCC Ti$_2$AlNb alloys processed using induction-float-zone melting[J]. Journal of Materials Processing Technology, 2001, 117(3): 400-408.

[32] Germann L, Banerjee D, Guédou J Y, et al. Effect of composition on the mechanical properties of newly developed Ti$_2$AlNb-based titanium aluminide[J]. Intermetallics, 2005, 13(9): 920-924.

[33] Rowe R G. Tri-titanium aluminide alloys containing at least eighteen atom percent niobium[P]. U.S. Patent 5032357. 1991-7-16.

[34] Rowe R G. The effect of microstructure and composition on the creep behavior of O phase titanium aluminide alloys science and technology[C]. Proceedings of the Eighth World Conference on Titanium, 1995: 364-371.

[35] Boehlert C J. The effects of forging and rolling on microstructure in O+ BCC Ti-Al-Nb alloys[J]. Materials Science and Engineering: A, 2000, 279(1-2): 118-129.

[36] Kumpfert J, Leyens C. Microstructure evolution, phase transformations and oxidation of an orthorhombic titanium aluminide alloy[J]. Structural Intermetallics, 1997: 895-904.

[37] Krishnamurthy S, Smith P R, Miracle D B. Modification of transverse creep behavior of an orthorhombic titanium aluminide based Ti-22Al-23Nb/SiCf composite using heat treatment[J]. Materials Science and Engineering: A, 1998, 243(1-2): 285-289.

[38] Emura S, Hagiwara M, Yang S J. Room-temperature tensile and high-cycle-fatigue strength of fine TiB particulate-reinforced Ti-22Al-27Nb composites[J]. Metallurgical and Materials Transactions A, 2004, 35(9): 2971-2979.

[39] Tang F, Nakazawa S, Hagiwara M. Effect of boron microalloying on microstructure, tensile properties and creep behavior of Ti-22Al-20Nb-2W alloy[J]. Materials Science and Engineering: A, 2001, 315(1-2): 147-152.

[40] Yang S J, Emura S, Hagiwara M, et al. The role of TiB particulate reinforcement in Ti$_2$AlNb based composite under high cycle fatigue[J]. Scripta Materialia, 2003, 49(9): 897-902.

[41] Shagiev M R, Galeyev R M, Valiakhmetov O R, et al. Improved mechanical properties of Ti$_2$AlNb-based intermetallic alloys and composites[C]. 1st International Conference On New Materials for Extreme Environment, San Sebastian (Spain), 2009, 59: 105-108.

[42] 彭继华，李世琼，毛勇，等. Ta 对 Ti$_2$AlNb 基合金微观组织和高温性能的影响[J]. 中国有色金属学报，2000（S1）：50-54.

[43] 韩积亭，程云君，梁晓波，等. 热处理对铸造 Ti-23Al-17Nb 合金组织和拉伸性能的影响[J]. 中国有色金属学报，2010，20（B10）：229-232.

[44] Leyens C, Peters M. Titanium and titanium alloys[M]. Cologne: Wiley-VCH Verlag GmbH, 2003: 59-61.

[45] Muraleedharan K, Gogia A K, Nandy T K, et al. Transformations in a Ti-24Al-15Nb alloy: Part I. Phase

equilibria and microstructure[J]. Metallurgical Transactions A, 1992, 23(2): 401-415.

[46] Yang S J, Nam S W, Hagiwara M. Phase identification and effect of W on the microstructure and micro-hardness of Ti_2AlNb-based intermetallic alloys[J]. Journal of Alloys and Compounds, 2003, 350(1-2): 280-287.

[47] Boehlert C J. The tensile behavior of Ti-Al-Nb O+bcc orthorhombic alloys[J]. Metallurgical and Materials Transactions A, 2001, 32(8): 1977-1988.

[48] Wu Y, Hwang S K. The effect of aging on microstructure of the O-phase in Ti-24Al-14Nb-3V-0.5 Mo alloy[J]. Materials Letters, 2001, 49(2): 131-136.

[49] Sadi F A, Servant C, Cizeron G. Phase transformations in Ti-29.7 Al-21.8 Nb and Ti-23.4Al-31.7Nb (at.%) alloys[J]. Materials Science and Engineering: A, 2001, 311(1-2): 185-199.

[50] Sadi F A, Servant C. On the B2→O phase transformation in Ti-Al-Nb alloys[J]. Materials Science and Engineering: A, 2003, 346(1-2): 19-28.

[51] Lin P, Hao Y, Zhang B, et al. Strain rate sensitivity of Ti-22Al-25Nb (at%) alloy during high temperature deformation[J]. Materials Science and Engineering: A, 2018, 710: 336-342.

[52] Boehlert C J. The phase evolution and microstructural stability of an orthorhombic Ti-23Al-27Nb alloy[J]. Journal of Phase Equilibria, 1999, 20(2): 101-108.

[53] Hirth J P, Froes F H. Interrelations between fracture toughness and other mechanical properties in titanium alloys[J]. Metallurgical Transactions A, 1977, 8(7): 1165-1176.

[54] Tang F, Emura S, Hagiwara M. Modulated microstructure in Ti-22Al-11Nb-4Mo alloy[J]. Scripta Materialia, 1999, 40(4): 471-476.

[55] 刘石双, 曹京霞, 周毅, 等. Ti_2AlNb 合金研究与展望[J].中国有色金属学报, 2021, 31（11）: 3106-3126.

[56] Kumpfert J. Intermetallic alloys based on orthorhombic titanium aluminide[J]. Advanced Engineering Materials, 2001, 3(11): 851-864.

[57] Keller M M, Jones P E, Porter W J, et al. Effects of processing variables on the creep behavior of investment cast Ti-48Al-2Nb-2Cr[C]. TMS, Warrendale, PA (United States), 1995.

[58] Chen X, Weidong Z, Wei W, et al. The enhanced tensile property by introducing bimodal size distribution of lamellar O for O+B2 Ti_2AlNb based alloy[J]. Materials Science and Engineering: A, 2013, 587: 54-60.

[59] Boyerr R, Welsch G, Collings E W. Materials Properties Handbook: Titanium Alloys[M]. OH (United States): ASM International, 1993.

[60] Wang W, Zeng W D, Xue C, et al. Designed bimodal size lamellar O microstructures in Ti_2AlNb based alloy: Microstructural evolution, tensile and creep properties[J]. Materials Science and Engineering: A, 2014, 618: 288-294.

[61] Zhang Y, Feng A, Qu S, et al. Microstructure and low cycle fatigue of a Ti_2AlNb-based lightweight alloy[J]. Journal of Materials Science & Technology, 2020, 44: 140-147.

[62] 李祚军, 田伟, 李晋炜, 等. Ti_2AlNb 合金电子束焊接在航空发动机机匣中的应用[J]. 燃气涡轮试验与研究, 2020, 33（03）: 52-56, 62.

[63] 卢正冠. 粉末冶金 Ti_2AlNb 合金的制备及热变形研究[D]. 合肥: 中国科学技术大学, 2019.

[64] 杜志豪. 钛铝系合金热变形行为与扩散连接性能研究[D]. 哈尔滨: 哈尔滨工业大学, 2016.

[65] 徐磊, 姚利盼, 卢正冠, 等. 粉末冶金 Ti_2AlNb 合金研究进展[J]. 航空制造技术, 2019, 62（22）: 14-20.

[66] 张建伟, 李世琼, 梁晓波, 等. Ti_3Al 和 Ti_2AlNb 基合金的研究与应用[J].中国有色金属学报, 2010, 20（S1）: 336-341.

[67] Güther V, Allen M, Klose J, et al. Metallurgical processing of titanium aluminides on industrial scale[J].

Intermetallics, 2018, 103: 12-22.

[68] Noda T. Application of cast gamma TiAl for automobiles[J]. Intermetallics, 1998, 6(7-8): 709-713.

[69] Tetyukhin V V, Levin I V, Shibanov A S. Process development and quality evaluation of large size wrought plates from titanium intermetallide base alloy (γ-alloy) [C]. Proceeding of the l0th World Conference on Titanium, 2003, 2: 285-2.

[70] Clemens H, Kestler H. Processing and applications of intermetallic γ-TiAl-based alloys[J]. Advanced Engineering Materials, 2000, 2(9): 551-570.

[71] 骆晨, 张寅, 王新英, 等. 热处理对铸造 Ti$_2$AlNb 合金组织和力学性能的影响[J]. 航天制造技术, 2020（02）: 18-20.

[72] Hsiung L M, Nieh T G. Microstructures and properties of powder metallurgy TiAl alloys[J]. Materials Science and Engineering: A, 2004, 364(1-2): 1-10.

[73] Rao K P, Prasad Y, Suresh K. Hot working behavior and processing map of a γ-TiAl alloy synthesized by powder metallurgy[J]. Materials & Design, 2011, 32(10): 4874-4881.

[74] 郎泽保, 王亮, 贾文军, 等. 粉末冶金 Ti-Al 系金属间化合物的研究[J]. 宇航材料工艺, 2012, 1: 67-72.

[75] Zhou H, Su Y, Liu N, et al. Modification of microstructure and properties of Ti-47Al-2Cr-4Nb-0.3W alloys fabricated by SPS with trace multilayer graphene addition[J]. Materials Characterization, 2018, 138: 1-10.

[76] Martins D, Grumbach F, Simoulin A, et al. Spark plasma sintering of a commercial TiAl 48-2-2 powder: densification and creep analysis[J]. Materials Science and Engineering: A, 2018, 711: 313-316.

[77] Wu J, Xu L, Lu Z, et al. Microstructure design and heat response of powder metallurgy Ti$_2$AlNb alloys[J]. Journal of Materials Science & Technology, 2015, 31(12): 1251-1257.

[78] Niu H Z, Chen Y F, Zhang D L, et al. Fabrication of a powder metallurgy Ti$_2$AlNb-based alloy by spark plasma sintering and associated microstructure optimization[J]. Materials & Design, 2016, 89: 823-829.

[79] Thompson M K, Moroni G, Vaneker T, et al. Design for Additive Manufacturing: Trends, opportunities, considerations, and constraints[J]. CIRP Annals, 2016, 65(2): 737-760.

[80] Qu H P, Wang H M. Microstructure and mechanical properties of laser melting deposited γ-TiAl intermetallic alloys[J]. Materials Science and Engineering: A, 2007, 466(1-2): 187-194.

[81] Dilip J S, Miyanaji H, Lassell A, et al. A novel method to fabricate TiAl intermetallic alloy 3D parts using additive manufacturing[J]. Defence Technology, 2017, 13(2): 72-76.

[82] Todai M, Nakano T, Liu T, et al. Effect of building direction on the microstructure and tensile properties of Ti-48Al-2Cr-2Nb alloy additively manufactured by electron beam melting[J]. Additive Manufacturing, 2017, 13: 61-70.

[83] Yang X, Zhang B, Bai Q, et al. Correlation of microstructure and mechanical properties of Ti$_2$AlNb manufactured by SLM and heat treatment[J]. Intermetallics, 2021, 139: 107367.

[84] Grigoriev A, Polozov I, Sufiiarov V, et al. In-situ synthesis of Ti$_2$AlNb-based intermetallic alloy by selective laser melting[J]. Journal of Alloys and Compounds, 2017, 704: 434-442.

[85] Polozov I, Sufiiarov V, Kantyukov A, et al. Selective laser melting of Ti$_2$AlNb-based intermetallic alloy using elemental powders: Effect of process parameters and post-treatment on microstructure, composition, and properties[J]. Intermetallics, 2019, 112: 106554.

[86] 王虎, 赵琳, 彭云, 等. 增材制造 TiAl 基合金的研究进展[J]. 粉末冶金技术, 2022, 40（02）: 110-117.

[87] 周海涛, 孔凡涛, 陈玉勇. TiAl 金属间化合物粉末冶金技术研究进展[J]. 稀有金属材料与工程, 2016, 45（09）: 2466-2472.

[88] Clemens H. Intermetallic γ-TiAl based alloy sheet materials: Processing and mechanical properties[J]. Zeitschrift für Metallkunde, 1995, 86(12): 814-822.

[89] Imayev V M, Imayev R M, Kuznetsov A V, et al. Superplastic properties of Ti-45.2Al-3.5(Nb, Cr, B) sheet material rolled below the eutectoid temperature[J]. Materials Science and Engineering: A, 2003, 348(1-2): 15-21.

[90] Scheu C, Stergar E, Schober M, et al. High carbon solubility in aγ-TiAl-based Ti-45Al-5Nb-0.5C alloy and its effect on hardening[J]. Acta Materialia, 2009, 57(5): 1504-1511.

[91] Zhang Y, Wang X, Kong F, et al. A high-performance β-solidifying TiAl alloy sheet: Multi-type lamellar microstructure and phase transformation[J]. Materials Characterization, 2018, 138: 136-144.

[92] Kong F, Xu X, Chen Y, et al. Microstructure and mechanical properties of large size as-cast Ti-43Al-9V-0.2Y (at.%) alloy ingot from brim to centre[J]. Materials & Design, 2012, 33: 485-490.

[93] Gao S, Xu X, Shen Z, et al. Microstructure and properties of forged plasma arc melted pilot ingot of Ti-45Al-8.5Nb-(W, B, Y) alloy[J]. Materials Science and Engineering: A, 2016, 677: 89-96.

[94] Wang G, Sui X, Liu Q, et al. Fabricating Ti$_2$AlNb sheet with high tensile strength and good ductility by hot packed rolling the spark plasma sintered prealloyed powder[J]. Materials Science and Engineering: A, 2021, 801: 140392.

[95] Xue C, Zeng W, Wang W, et al. Quantitative analysis on microstructure evolution and tensile property for the isothermally forged Ti$_2$AlNb based alloy during heat treatment[J]. Materials Science and Engineering: A, 2013, 573: 183-189.

[96] Lu Z G, Wu J, Guo R P, et al. Hot deformation mechanism and ring rolling behavior of powder metallurgy Ti$_2$AlNb intermetallics[J]. Acta Metallurgica Sinica, 2017, 30(7): 621-629.

2

TiAl 合金成分设计及 Mo 元素作用机制

2.1 TiAl 合金成分设计及方法

2.1.1 合金元素对 TiAl 合金组织性能的影响

为了改善 TiAl 合金的室温塑性、加工性能、变形均匀性以及提高高温抗氧化能力等多项综合性能，添加合金元素是比较常见且有效的方法，很多学者在添加合金元素对 TiAl 合金组织和性能影响的方面进行了研究。

元素 Nb：Nb 在 TiAl 合金中溶解度很高，能够显著提高 TiAl 合金的高温抗氧化性能，添加 Nb 后产生固溶强化效应，可提高合金的高温力学性能。蒋孟玲等[1]研究 Nb 含量对铸造 TiAl-xNb（x=1，3，5，7；原子分数）合金组织的影响，结果表明添加不同含量 Nb 元素的 TiAl 合金的微观组织存在明显的差异，Nb 含量为 1%（原子分数）时，TiAl-Nb 合金铸锭组织主要为单相的 γ 组织；随着 Nb 含量升高，合金组织主要为 γ/α₂ 片层组织，并且片层晶团平均尺寸逐渐增加，β 相的体积分数逐渐升高。Liu 等[2]研究发现在高 Nb-TiAl 合金的 γ 相中 Nb 元素会改变 Ti-Ti(Nb) 和 Nb-Al 键的方向性，导致佩尔斯应力增加和移动位错的钉扎，稳定了合金的高温组织，从而提高了高温强度。

元素 Zr：与掺杂 Nb 元素相比，Imayev 等[3]发现掺杂 Zr 的 TiAl 合金表现出更高的强度、更高的脆韧转变温度以及优异的抗蠕变性，同时在韧脆转变温度以下延展性未发生明显变化。骆晨等[4]研究了 0.2%（原子分数）Zr 提高铸造 Ti-47.5Al-2.5V-1.0Cr 合金片层组织持久性能的机制，结果表明添加微量 Zr，热等静压组织中等轴 γ 晶粒析出的体积分数由 8% 减少到 3%，平均晶粒尺寸由 44μm 减少到 25μm。微量 Zr 在片层组织富 Al 区域的偏析阻碍了热等静压过程中 Al 元素的扩散，抑制了等轴 γ 晶粒的析出和长大，是 Zr 提高铸造 TiAl 合金持久寿命的重要因素。

元素 Cr： Singh 等[5]研究不同 Cr 添加量对高 Nb-TiAl 合金凝固组织的影响，发现 Cr 合金化可以有效地用作 TiAl 合金的铸态晶粒/片层尺寸细化剂，然而，显微组织随着 Cr 添加含量的不同而发生显著变化，从完全层状（γ+α₂）到粗 γ 板条；同时，根据相场计算得出 Cr 偏聚到 β 相，能显著抑制 β→σ 和 β→γ 的分解。杨亮等[6]研究了复合添加 Cr 和 Mn 元素对高 Nb-TiAl 合金的组织、相组成、凝固路径及室温、高温拉伸性能的影响，结果表明合金化后的凝固路径由 L→β→β+α →α+γ+β→α₂+γ+B2 转变为 L→β→β+γ→B2+γ，随着 B2 相含量的增加，合金的强度与延伸率均降低。在 900℃条件下，合金延伸率出现先降低后升高的现象，表明高温下合金中 β 相含量达到一定程度时有利于协调变形。

元素 Mo： Xu 等[7]研究了 Mo 含量对 Ti-45Al-5Nb-xMo-0.3Y（x=0.6,0.8,1.0,1.2）合金显微组织和力学性能的影响，结果表明，由于 Mo 元素的偏析，导致 TiAl 合金中少量 β 相沿 γ/α₂ 片层边界分布，当 Mo 添加量超过 0.8%（原子分数）时，在枝晶间偏析区域形成 γ 相，但后续进行均质化热处理，可有效消除 β 和 γ 相。铸态和均匀化处理条件下，不同 Mo 含量 TiAl 合金强度、显微硬度和延展性的变化规律如图 2-1 所示，

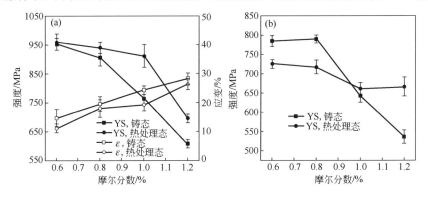

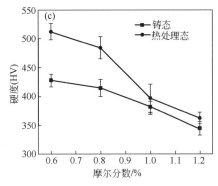

图 2-1　不同 Mo 含量 TiAl 合金的力学性能

（a）室温拉伸性能；（b）800℃拉伸性能；（c）显微硬度

表明过量的 Mo 容易引起显微偏析，从而明显降低强度和显微硬度，但通过随后的均质化热处理可以得到有效改善。

元素 Ta：Fang 等[8]研究了 Ta 元素对高 Nb-TiAl 合金组织构成和力学性能的影响，结果表明，当 Ta 含量大于 0.2%（原子分数）时，B2 相消失，随着 Ta 含量的增加，片层团尺寸增大。由于 Ta 具有较高的熔点和较大的原子半径，其扩散速率较低，在凝固过程中阻碍了 Nb 的扩散，导致 B2 相消失。因为 Ta 可以扩大固-液温度范围，为晶粒的生长提供了更多的时间，这是片层团尺寸增加的原因。力学试验表明，当 Ta 含量为 0.2%（原子分数）时，强度增加了 1.2 倍，应变增加了 3.2 倍，同时也提高了合金的高温拉伸强度。Zhang 等[9]研究了 Ta 元素对 γ-TiAl 合金中块状 γ 相的细化作用以及对力学性能的增强作用，通过对合金化 TiAl 基合金在高温 α 相区快速淬火后，0.5%（原子分数）Ta 促进块状 γ 相的形成，成功获得了超细 γ 纳米晶粒和亚晶粒，其细化机制主要是由于 Ta 在晶界处富集，导致界面能降低；室温纳米压痕测试表明，与粗大块 γ 相相比，这些纳米结构表现出优异的力学性能。

元素 Y：Chen 等[10]研究了 Ti-45Al-5Nb 和 Ti-45Al-5Nb-0.3Y 合金的铸态显微组织和拉伸性能。研究发现，除了 γ 和 α_2 相外，含 Y-TiAl 合金还含有金属间相 YAl_2，该相主要沿片层边界分布，为圆形或细长颗粒，细化片层团尺寸和层状间距，并且使得合金的室温抗拉强度和延展性也有所提高。Kong 等[11]研究了 Y 对 TiAl 合金高温变形性能的影响。结果表明，变形温度越高，应变速率越低，变形抗力越小；与变形后无 Y-TiAl 合金的显微组织相比，含 Y-TiAl 合金的晶粒尺寸要细得多，动态再结晶形成的细等轴 γ 晶粒的比例增加。由此可以得出，添加 0.3%（原子分数）Y 显著提高 TiAl 合金的热变形性能，降低了 TiAl 合金的流动应力和变形激活能。

2.1.2 第一性原理在 TiAl 合金设计中的应用

传统研究合金元素对 TiAl 合金性能影响的实验-测试-总结规律的"炒菜"法，其预见性不强，耗费人力、物力、财力，并且研究周期长，对于成分调整、组织性能调控的物理机理尚未明晰，并且在改善某一性能的同时常常会损失部分其他相关性能，综合力学性能难以平衡。随着计算机技术的高速发展，第一性原理计算在合金成分设计研究领域取得了不错的研究成果，从电子结构、弹性性质以及不同组分的合金元素对电子结构和弹性性质的影响规律，可以让人们更好地从微观世界认识 TiAl 合金的力学性质。

王海燕等[12]基于密度泛函理论的第一性原理方法研究了金属元素 X（X 分别表示 V、Nb、Ta、Cr、Mo 和 W）掺杂对 TiAl 结构及力学性能的影响，发现金属元素更容易占据 Al 原子的位置，可有效地减弱共价键性，也就意味着 TiAl 合金金属键增强，进而有利于塑性变形。根据计算得到的掺杂体系的弹性常数、体弹模量和剪切模量，发现 V、Nb、Ta、Cr、Mo 和 W 掺杂具有韧化 TiAl 金属间化合物的作用，如表 2-1 所示，相对于 V、Nb 和 Ta、Cr、Mo 和 W 掺杂能较好地改善 TiAl 金属间化合物的延展性。

表 2-1　不同金属元素掺杂后 Ti_8Al_7X 体系的弹性常数 C_{ij}、
体弹性模量 B、剪切模量 G 以及 B/G[12]

超胞	C_{11}/GPa	C_{12}/GPa	C_{13}/GPa	C_{33}/GPa	C_{44}/GPa	C_{66}/GPa	B/GPa	G/GPa	B/G
Ti_8Al_8	221.4	33.6	78.5	180.0	110.0	43.1	111.6	81.9	1.36
Ti_8Al_7V	201.2	45.5	99.9	130.2	107.4	44.3	113.7	70.9	1.60
Ti_8Al_7Nb	219.7	47.4	81.2	184.9	111.6	41.4	115.9	80.5	1.44
Ti_8Al_7Ta	204.5	48.1	96.8	144.2	107.6	51.9	115.2	74.2	1.55
Ti_8Al_7Cr	198.0	51.8	95.2	146.4	105.1	39.7	114.1	70.0	1.63
Ti_8Al_7Mo	199.1	56.3	97.8	141.1	102.0	49.1	115.9	69.8	1.66
Ti_8Al_7W	202.9	56.2	100.4	130.1	105.4	53.3	116.7	71.4	1.63

基于大量的实验工作，研究者们已经提出了各种机制来解释合金化对 TiAl 抗氧化性的影响。合金元素的有益作用归因于：减缓 O 在 TiO_2 中的扩散；抑制内部氧化；形成氧化阻挡层；降低 Al 在 TiO_2 中的溶解度等。由于实验系统的复杂性，没有哪一种机制具有普遍性，也很难确定关键因素。基于密度泛函理论的第一性原理计算也能够较好地阐明合金化对 TiAl 抗氧化性影响的内在机制。

Song 等[13]计算发现氧原子更倾向于吸附在钛表面，形成二氧化钛。如图 2-2 所示，在氧吸附表面区域观察到 O-Al 键和 O-Ti 键之间的电荷竞争关系。除了以 Al 为末端的（001）表面，在所有考虑的具有不同指数的表面中，O-Ti 相互作用占主导地位。当 TiO_2 在表面形成时，O-Al 键比 O-Ti 键强，加速了 Al_2O_3 的形成，这也解释了在表面形成 TiO_2 以及在其底层形成混合 TiO_2/Al_2O_3 的原因。

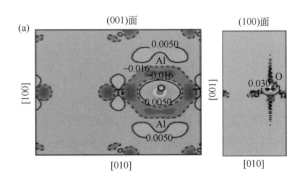

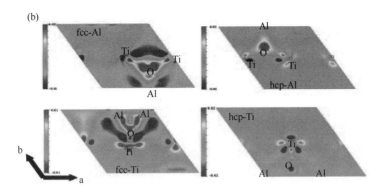

图 2-2　O 原子吸附在 Al 和 Ti 的（100）（a）和（111）（b）表面上的电荷差异分布图

　　Ping 等[14]采用第一性原理方法计算了 Al_2O_3 和 TiO_2 的氧化能以及含不同合金元素的 TiO_2 中氧空位的形成能，以期揭示合金化对 TiAl 合金抗氧化性能的影响。计算结果表明，氧化物的相对稳定性和空位形成能与 TiAl 合金的抗氧化性能密切相关。如图 2-3 所示，在元素周期表（如 Zr、Nb、Mo、Hf、Ta、W）的第 4 行和第 5 行中 d 电子数为 2～5 的合金元素显著增加了 Al_2O_3 和 TiO_2 的氧化能差，即降低了 Al_2O_3 与 TiO_2 的相对稳定性，通过分析合金化对 TiAl 合金中 Al 的内氧化和氧在 TiO_2 表面扩散的影响，得出合金元素 Zr、Nb、Mo、Hf、Ta、W 提高了 TiO_2 中氧空位的形成能。研究人员结合掺杂以上合金元素的 TiAl 合金和未合金化 TiAl 的氧化增重实验发现，降低 Al_2O_3 对 TiO_2 的相对稳定性和提高氧空位形成能的元素提高了 TiAl 合金的抗氧化性能。

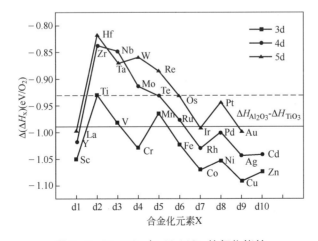

图 2-3　$Ti_{23}XO_{48}$ 与 $Al_{31}XO_{48}$ 的氧化能差

合金元素 X 用 dn（n 从 1 到 10）和 md 表示，其中 n 是 d 电子数，m 是元素周期表中 X 的周期数。

Li 等[15]研究了 V、Cr、Nb、Mo、Ta 和 W 对 γ-TiAl(111)/Al_2O_3(0001)和 α_2-Ti_3Al (0001)/Al_2O_3(0001)的界面稳定性和黏附性的影响,发现这些元素倾向于替代 Ti 原子,增强 α_2-Ti_3Al/Al_2O_3 界面的键合作用,并保持 γ-TiAl/Al_2O_3 界面的强度,两者之间不同的电荷转移可能是增强体系结合力的主要因素。

2.2 Mo 元素对 TiAl 合金组织及性能的影响

航空发动机是飞机的心脏,被誉为航空工业皇冠上的明珠,其发展关键在于材料技术的突破。随着军用、民用需求进一步提升,发动机的推重比和涡轮进气温度都将进一步提高[16],这需要通过减轻零部件的重量和提高工作温度来实现。目前,TiAl 合金以其轻质、高强、抗氧化等优点得到了学术界和工业界的广泛关注。TiAl 合金的塑性较差,目前多采用添加 β 相稳定元素(Nb、Mo 等)的方法来引入 β 相以提升高温塑性。但 β 相在低温时向脆性 B2 相转变,导致服役性能下降,使得 TiAl 合金难以实现高温加工塑性与服役性能的兼顾,这是 TiAl 合金生产和应用所面临的难题。因此,有必要对 TiAl 合金的成分体系进行设计和优化。

TiAl 合金作为一种金属间化合物,因为可动滑移系较少,塑性较差,以提高 TiAl 合金塑性为目的的化学成分与组织设计是现阶段的研究重点。针对合金元素对 TiAl 合金微观组织及力学性能的作用效果,Imayev 等[17]研究发现,当 Al 含量>44%时,晶粒粗大;当 Al 含量<44%时,合金组织具有不同的片层取向,晶粒得到细化。Banumathy 等[18]研究发现 Nb 元素的添加可以细化 TiAl 合金晶粒,并且通过形成 β 相来提升 TiAl 合金高温变形能力。同时,在 TiAl 合金中还可以添加 B 以及 Y 元素,B 元素能够在凝固过程中细化晶粒并且抑制热处理过程中的晶粒异常长大(B 元素与 Ti 结合形成 TiB_2 化合物,在凝固过程中 TiB_2 限制 α 相的长大,并且在 $\beta \rightarrow \alpha$ 相变过程中增加 α 相异质型核点位);Y 元素在 TiAl 合金中容易与 Al 结合生成化合物,提升 TiAl 合金的抗氧化性能。Clemens 等[19]的研究表明,Mo 元素的 β 相稳定效应是 Nb 元素的 4 倍,能够大幅提升 β 相含量。因此,以下在 Clemens 提出的 TNM 合金基础上,进行了四种 Mo 元素含量 TiAl 合金的设计(即 Ti-44Al-4Nb-xMo-0.1B-0.01Y,其中 x=1.0%、1.5%、2.0%、4.0%(原子分数),分别简化命名为 TNM1、TNM2、TNM3、TNM4 合金)。这四种 TNM 合金设计成分以及实际测量成分如表 2-2 所示。

表 2-2 四种 TNM 合金设计成分及实际测量成分   (原子分数,%)

合金		Ti	Al	Nb	Mo	B	Y
TNM1	设计值	Bal.	44.0	4.0	1.0	0.1	0.01
	测量值	Bal.	43.76	4.03	1.02	0.09	0.01

续表

合金		Ti	Al	Nb	Mo	B	Y
TNM2	设计值	Bal.	44.0	4.0	1.5	0.1	0.01
	测量值	Bal.	44.25	3.84	1.59	0.10	0.01
TNM3	设计值	Bal.	44.0	4.0	2.0	0.1	0.01
	测量值	Bal.	44.68	4.09	2.11	0.08	0.01
TNM4	设计值	Bal.	44.0	4.0	4.0	0.1	0.01
	测量值	Bal.	43.39	3.90	3.94	0.12	0.01

2.2.1　β 相稳定元素的富集行为

通过添加 Nb、Mo、V、Cr 等 β 相稳定元素，控制 β 相凝固来减少或者消除成分偏析、细化组织，成为 TiAl 合金成分设计的重要理念之一。由于 β 相稳定元素扩散系数相对较低，在熔炼、加工过程中需要关注其元素的富集与偏析行为。TiAl 合金中 γ、α₂ 和 β 相具有不同的化学成分，并且随着 Mo 元素添加量的不同，三相的化学成分也随之改变，其可通过扫描电镜-能谱分析（Scanning Electron Microscope-Energy Dispersive Spectrometer, SEM-EDS）进行定量分析。分布在片层界面处的 β 相尺寸较大，容易进行取点。对于 γ 和 α₂ 相，则需要将片层放大 20000～40000 倍，根据衬度区分 γ 相（暗黑）和 α₂ 相（灰色），然后进行取点，如图 2-4 所示。取 4～5 个这样的视野并对每个相打点 10 次，通过求平均值计算各相化学成分。所得到的铸态 TNM 合金各相成分结果见表 2-3，热等静压态 TNM 合金各相成分结果见表 2-4。需要说明的是，由于 B 和 Y 元素含量较少，测量误差较大，因此只对 Ti、Al、Nb 和 Mo 这四种主要元素进行统计分析。

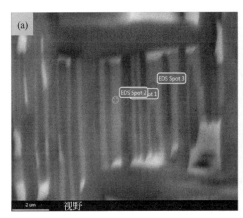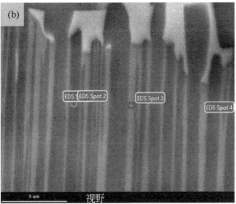

图 2-4

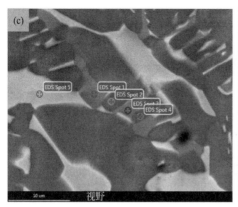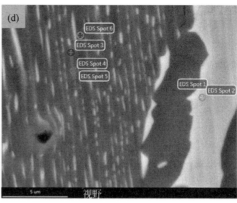

图 2-4　TNM 合金各相能谱分析

（a）TNM1；（b）TNM2；（c）TNM3；（d）TNM4

表 2-3　铸造态 TNM 合金 γ 相、β 相及 α_2 相各元素含量　　（原子分数，%）

相	合金	Ti	Al	Nb	Mo
γ 相	TNM1	48.34	46.66	3.75	0.94
	TNM2	48.13	47.71	3.23	1.01
	TNM3	46.81	48.14	3.58	1.25
	TNM4	46.15	47.95	3.49	2.19
β 相	TNM1	52.87	39.92	4.26	2.61
	TNM2	55.39	37.61	4.02	2.66
	TNM3	52.76	37.46	4.35	5.22
	TNM4	50.41	38.45	4.18	6.77
α_2 相	TNM1	52.78	42.63	3.55	1.04
	TNM2	54.56	41.06	3.09	0.92
	TNM3	55.93	38.75	3.69	1.63
	TNM4	50.16	44.48	3.38	1.98

从表 2-3 中可以看出，铸态 TNM 合金中 γ 相内 Ti 和 Al 原子分数比十分接近，Ti/Al 原子比值在 0.96～1.04。并且随着 Mo 元素的增加，γ 相内 Ti/Al 原子比逐渐降低。铸态 TNM 合金中 β 相内 Ti/Al 原子分数比值在 1.31～1.47。β 相中 Nb 元素在 4.02%～4.35%，高于 γ 相（3.23%～3.75%）和 α_2 相（3.09%～3.69%），说明 Nb 元素在 β 相中富集。随着 Mo 元素的增加，β 相中 Mo 元素明显高于 γ 相和 α_2 相中 Mo 元素含量（是后两者的 3～4 倍），说明添加的 Mo 元素主要以 β 相的形式存在。图 2-5 为 TNM1 合金片层边界处 β 相的面扫描元素分布图，可以看出 Nb 和 Mo 元素均在 β 相中出现了富集。Nb 元素衬度变化较周边不太明显，说明富集程度弱；而 Mo 元素衬度则明显区别于周边片层组织，说明富集程度很强。在 α_2 相中，Ti/Al 原子比在 1.11～1.44，同时，α_2 相中 Nb 和 Mo 元素的含量与 γ 相接近。需要说明的是，

虽然 Nb 元素在 β 相中出现了富集，但这种富集并不随着 Mo（元素）含量的改变而有趋势性的变化，这说明添加 Mo 元素对 Nb 在 β 相中的富集没有促进作用。

表 2-4　热等静压态 TNM 合金 γ 相、β 相及 α₂ 相各元素含量　　（原子分数，%）

相	合金	Ti	Al	Nb	Mo
γ 相	TNM1	47.97	47.47	3.59	0.98
	TNM2	48.06	47.47	3.43	0.75
	TNM3	46.42	48.91	3.12	1.23
	TNM4	44.92	49.15	3.59	1.98
β 相	TNM1	54.57	37.94	4.39	2.84
	TNM2	55.17	37.08	4.31	3.13
	TNM3	51.93	38.06	4.01	5.67
	TNM4	49.89	38.35	3.72	7.68
α₂ 相	TNM1	52.18	43.64	3.27	0.71
	TNM2	53.52	42.29	3.20	0.90
	TNM3	55.61	39.54	3.16	1.57
	TNM4	49.79	44.93	3.18	1.97

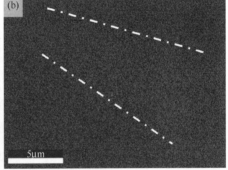
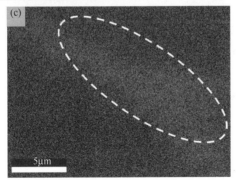

图 2-5　TNM1 合金片层边界处 β 相面扫描元素分布图

（a）二次电子成像图；（b）Nb 元素分布图；（c）Mo 元素分布图

对比铸态与热等静压态 TNM 合金成分（表 2-4），可以发现经过热等静压后，γ相和 α₂ 相中 Mo 元素含量均呈现下降的趋势，而 β 相中 Mo 元素含量则进一步上升，说明在热等静压过程中 Mo 元素从 γ 相和 α₂ 相向 β 相中扩散。从表 2-3 和表 2-4 中还可以看出，随着 Mo 元素添加，γ 相中 Ti 原子分数整体呈现下降的趋势，说明 Mo 原子取代了基体相 γ 相中的 Ti 原子。Jiang[20]利用第一性原理对 3d、4d 及 5d 过渡族金属原子在 TiAl 合金中的占位情况进行了计算，发现 Zr 和 Hf 等原子优先占据 Ti 原子位置，对于 Nb 和 Mo 原子，其占位情况随着掺杂浓度和温度而改变；黄尊行等[21]用紧束缚能带法计算了添加合金元素后 TiAl 合金的成键强度，并根据成键强度预测得知：Nb 原子取代 Ti 原子，而多数 Mo 原子偏向于取代 Ti 原子，少数 Mo 原子取代 Al 原子；Holec 等[22]对二元 TiAl 合金进行元素掺杂计算，发现 V、Cr、Nb 和 Mo 等元素在 γ 和 α₂ 相中优先取代 Ti 原子位置，而在 β 相中则优先取代 Al 原子位置，B 和 C 元素存在于富含 Ti 的八面体间隙位置。本实验测试结果与这些计算结果相一致。在 Mo 原子取代 γ 相中的 Ti 原子后，Ti 原子外溢，导致局部区域 Ti/Al 原子比升高，进而生成 β 相。

2.2.2 Mo 元素对 TiAl 合金相变点的影响

TiAl 合金在高温区间会经历复杂的相变过程，可利用差示扫描量热分析（Differential Scanning Calorimeter，DSC）实验，通过升温过程中的热量变化来判断是否发生相变。图 2-6（a）为 400～1400℃下 DSC 曲线，图 2-6（b）为 1000～1400℃下 DSC 曲线的局部放大图。根据 DSC 曲线，利用切线法可以得到相应的 T_{eut}（共析转变温度）、$T_{\gamma solve}$（γ 相溶解温度）和 T_β（进入 β 单相区的温度）这三个重要的相变点，如表 2-5 所示。

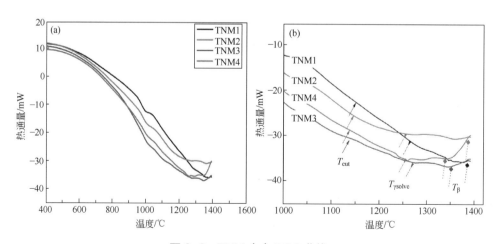

图 2-6 TNM 合金 DSC 曲线

（a）400～1400℃；（b）1000～1400℃局部放大图

表 2-5　TNM 合金相变点　　　　　　　　　　　　℃

相变点	TNM1	TNM2	TNM3	TNM4
T_{eut}	1161	1156	1149	1147
$T_{\gamma solve}$	1269	1247	1280	1256
T_{β}	1395	1391	1350	1342

可以看出，添加 Mo 元素对 TiAl 合金共析转变点的影响不大（4 种 TNM 合金共析转变温度 T_{eut} 在 1147～1161℃）。对 T_{β} 转变点影响较大，这是因为 Mo 元素是 β 相稳定元素，添加 Mo 元素后，β 相区间扩大，导致 T_{β} 转变点下移（从 1395℃下移到 1342℃）。值得注意的是，Güther 等[23]对 Ti-Al-Nb-Mo 合金体系的热、动力学计算结果表明，β/B2 相的体积分数在共析转变温度 T_{eut} 时达到最大。而最小值却有两个，一个为 γ 相溶解温度 $T_{\gamma solve}$，另外一个为室温。Erdely 等[24]通过高温原位 X 射线衍射（High Energy X-Ray Diffraction，HEXRD）方法对 TiAl 合金在 1120～1320℃区间的相变进行了分析，证明了 Guther 理论计算结果的正确性。因此，对 TiAl 合金进行合适的热处理可以消除或减小因添加 Mo 元素而引入的 β/B2 相。

2.2.3　Mo 元素对 TiAl 合金微观组织的影响

图 2-7 为 4 种不同 Mo 含量 TNM 合金的 XRD 图谱。从图中可以看出，4 种合金均由 γ-TiAl、α_2-Ti$_3$Al 和 β 相三相组成。其中，衍射角 $2\theta=38.6°$ 所代表的 γ-(111) 相衍射峰强度最高，说明在 4 种合金中 γ 相都是体积分数最多的物相。随着 Mo 含量升高，衍射角 $2\theta=39.7°$ 所代表的 β/B2-(110)相衍射峰强度逐渐升高，说明 TiAl 合金中 β 相含量大幅上升。

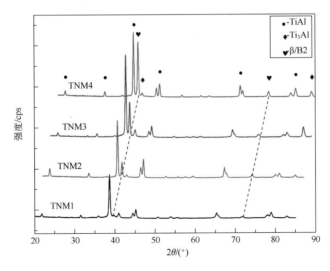

图 2-7　TNM 合金 XRD 图谱

（1）铸态组织

图 2-8 为 4 种添加不同 Mo 元素含量 TNM 合金在背散射（Back-Scattered Electron，BSE）模式下观察到的铸态微观组织。由于原子序数衬度的不同，γ、α_2 和 β 三相表现出不同的衬度颜色，其中亮白色为 β 相，暗黑色为 γ 相，α_2 相表现为灰色。亮白色 β 相主要分布在片层边界；γ 相部分分布在边界处，部分以 γ/α_2 片层方式存在；α_2 相则主要以 γ/α_2 片层的形式出现，故而很难观察到独立的 α_2 相。从图 2-8（a）可以看出，在 γ/α_2 片层周边弥散分布着 β 相和 γ 相。随着 Mo 含量增加到 1.5%，片层周边 β 相和 γ 相含量也增加，其中 β 相的增加更加明显［图 2-8（b）］。

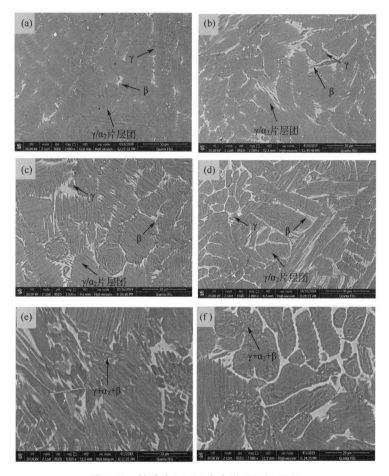

图 2-8　铸造态 TNM 合金微观组织观察

（a）TNM1；（b）TNM2；（c）TNM3；（d）TNM4；（e）TNM3，放大图；（f）TNM4，放大图

当 Mo（元素）含量进一步提升时，TNM3 和 TNM4 合金［图 2-8（c）和图 2-8（d）］中发现部分 γ/α_2 片层组织向一种"簇状"组织转变。图 2-8（e）和图 2-8（f）为 TNM3 和 TNM4 合金的微观组织放大图，可以看到两种 TNM 合金 γ/α_2 片层周边存在的"簇

状"组织，其实是一种块状 γ+α₂+β 相的共存态，图 2-9 中的透射电子显微镜（Transmission Electron Microscope, TEM）照片给出了这三个相的位相关系。这种共存态主要是由于合金在熔炼过程中的化学不平衡导致的，其在一定程度上也起到了对微观组织进行细化的作用。Cha 等[25]在研究 TNM 合金在共析温度下的热处理时发现了类似共存态的出现，并证实了这种共存态在 γ/α₂ 片层中以消耗 α₂ 和 γ 板条的形式形成，且共存态之间存在如下位相关系：$\{110\}\beta<111>\beta//(2\overline{1}\overline{1}0)\omega[0001]\omega//(0001)\alpha_2[2\overline{1}\overline{1}0]\alpha_2//\{111\}\gamma<[110]\gamma$（ω 相从 β 相内部析出）。

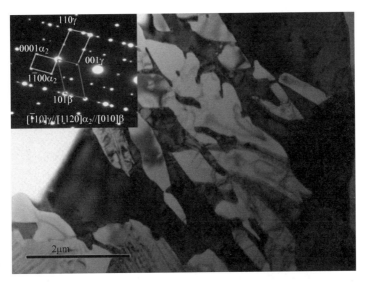

图 2-9　TiAl 合金中 γ+α₂+β 相的共存态 TEM 照片

（2）热等静压态组织

图 2-10 为 4 种 TNM 合金在扫描电镜下放大 500 倍观察到的热等静压态组织。TNM1 和 TNM2 合金组织相对均匀，而 TNM3 和 TNM4 合金中却可以观察到带状的暗色区域，说明 TNM3 和 TNM4 合金中存在偏析。一般来说，TiAl 合金中常见的偏析类型主要有三种，分别为 β 型偏析、α 型偏析和 S 型偏析[26]。其中，β 型偏析主要发生在 γ/α₂ 片层周边，源于 β 相向 α 相转变后导致的高 Nb 区域；α 型偏析主要出现在片层内部，当 β 相稳定元素较多时，发生 α→α₂+γ+β 反应，导致片层内部出现 β 相颗粒析出；S 型偏析是凝固过程中 Al 元素在枝晶偏聚形成的，S 型偏析常常伴随着片层组织的不均匀以及片层粗化。图 2-10（c）和图 2-10（d）中形成的暗色区域正是 Al 元素较高的标志，说明 TNM3 和 TNM4 中的偏析类型为 S 型。这种 S 型偏析在经过热等静压之后仍然存在，其会对 TiAl 合金的力学性能造成不利影响。

图 2-11 为 TiAl 合金在热等静压后的微观组织形貌（放大 2000 倍）。可以看出，经过热等静压处理后，4 种 TNM 合金片层周边暗色区域较铸态有所提升，说明 γ 相的含

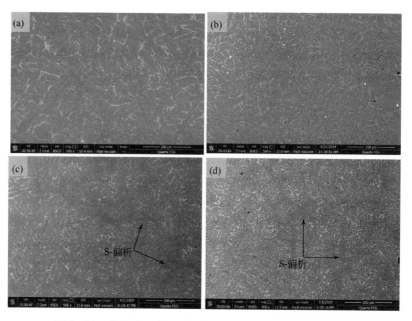

图 2-10　热等静压态 TNM 合金微观组织（500 倍视野）

（a）TNM1；（b）TNM2；（c）TNM3；（d）TNM4

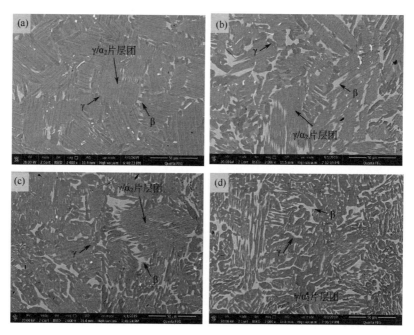

图 2-11　热等静压态 TNM 合金微观组织（2000 倍视野）

（a）TNM1；（b）TNM2；（c）TNM3；（d）TNM4

量略有增加。此外，在铸态组织中 γ/α₂ 片层周边为 β 相和 γ 相，β 相呈锐利长条状，而 γ 相出现了部分球化，呈现为块状或者球状。从图 2-11（c）中可以看到 TNM3 合金中 γ+α₂+β 共存态组织明显减少，但是在其 γ/α₂ 片层内部，发现大量 β 相的点状析出。图 2-11（d）显示 TNM4 合金中 γ/α₂ 片层组织的含量大幅下降，组织主要由等轴的 γ 相和 β 相构成。

图 2-12 为 4 种热等静压态 TNM 合金的电子背散射衍射（Electron Back-Scattered Diffraction, EBSD）相图。分别对 4 种合金中三相的体积分数进行计算，如表 2-6 所示。可以发现，随着 Mo 含量升高，TiAl 合金中 γ 相和 α₂ 相逐渐减少，β 相逐渐增多，EBSD 结果和图 2-11 观察到的结果相符合。

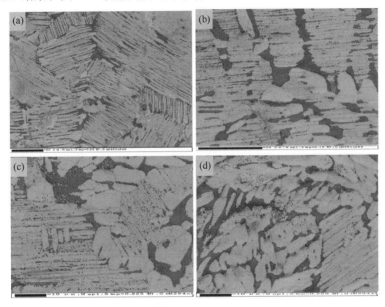

图 2-12　热等静压态 TNM 合金 EBSD 相组成（见书后彩插）
（a）TNM1；（b）TNM2；（c）TNM3；（d）TNM4
其中绿色为 γ 相，红色为 α₂ 相，蓝色为 β 相

表 2-6　4 种 TNM 合金中各相体积分数 　　　　　　　　　　　%

合金	γ	α₂	β
TNM1	83.6	13.4	3.0
TNM2	84.3	4.7	11.0
TNM3	78.8	3.9	17.3
TNM4	67.3	3.1	29.6

2.2.4　Mo 元素对 TiAl 合金力学性能的影响

（1）维氏硬度及纳米压痕硬度

图 2-13 为铸态及热等静压态 TNM 合金维氏硬度测试结果。可以看出，铸造态

与热等静压态 TNM 合金维氏硬度变化规律相似，都是随着 Mo 含量的升高而先升高，后降低。Mo 元素添加量为 1.5%的 TNM2 合金维氏硬度最大，其铸态硬度值为 415，热等静压态硬度值为 393。相比于铸造态，经过热等静压处理后，TNM 合金的硬度值都发生了不同程度的下降。TNM1、TNM2、TNM3、TNM4 合金硬度值分别下降了 40、22、12、4，对应的下降幅度分别为 9.9%、5.3%、3.1%、1.1%。

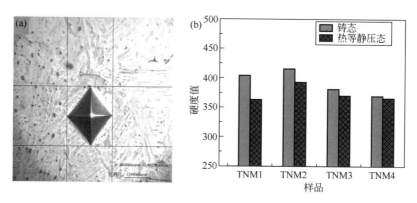

图 2-13　TNM 合金的维氏硬度分析结果
（a）维氏硬度压痕形貌；（b）铸造态及热等静压态维氏硬度值

为进一步研究 TNM 合金微观力学性能，对 4 个热等静压态 TNM 合金进行纳米压痕实验。每个试样取 2×5 个加载点，并得到相应的加载-位移曲线，如图 2-14（a）和图 2-14（b）所示。纳米压痕的硬度值 H_{nano} 及弹性模量 E 计算如下：

$$H_{nano} = \frac{F_m}{S} \tag{2-1}$$

$$E = k\frac{\sqrt{\pi}}{2\beta\sqrt{S}} \tag{2-2}$$

式中，F_m 为最大加载力；S 代表投影面积（与压头大小以及压下量有关）；E 为弹性模量；k 为弹性接触刚度，可以通过计算位移-载荷曲线的斜率来得到；β 为接近于 1 的常数，和压头种类有关。图 2-14（c）显示 4 种 TNM 合金纳米压痕硬度的平均值分别为 5.42GPa、5.71GPa、5.52GPa 和 5.22GPa。随着 Mo 含量的升高，纳米压痕硬度也是先升高后下降，这种变化趋势与维氏硬度变化趋势一致。图 2-14（d）显示 4 种 TNM 合金的弹性模量分别为 178.8GPa、185.1GPa、192.5GPa、189.1GPa。

在进行纳米压痕测试时，测试点多数落在 γ/α₂ 片层组织上，纳米压痕硬度值与 γ/α₂ 片层间距的大小紧密相关。注意到 4 种 TNM 合金组织中 γ/α₂ 片层比例不同，为准确描述纳米压痕硬度和 γ/α₂ 片层间距大小之间的关系，需要排除由于组织变化而导致的硬度差异。为此对 4 种 TNM 合金中落在 γ/α₂ 片层区域的纳米压痕进行单独的硬度统计分析，得到 γ/α_2 片层区域纳米压痕硬度的平均值分别为 5.67GPa、6.02GPa、5.81GPa 和 5.56GPa。对于 4 种 TNM 合金的片层间距，则可利用截线法对 TEM 照片（图 2-15）中的片层进行测量，对每一种 TNM 合金选择 6 个如图 2-15 这样的 TEM 视野（约 5μm×4.5μm），取平均值来计算片层间距，得到 TNM1、TNM2、TNM3 和 TNM4 合金的片层间距分别为（417±24）nm、（338±16）nm、（379±21）nm 和（423±29）nm。这说明在一定范围内添加 Mo 元素（小于 1.5%），能够细化片层间距，而当 Mo 元素添加量高于 1.5%时，γ/α_2 片层间距随之增大。结合 4 种 TNM 合金的纳米硬度，发现片层间距与纳米压痕硬度负相关，即片层间距越大，纳米压痕硬度值越小。

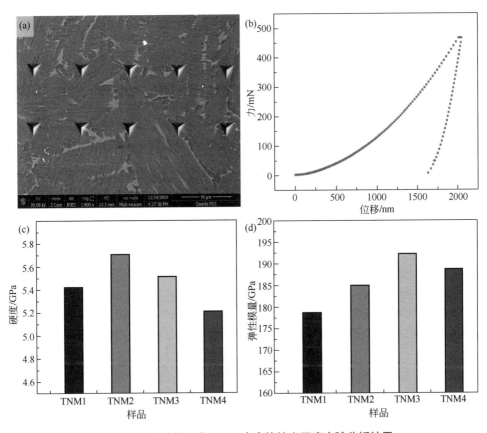

图 2-14　热等静压态 TNM 合金的纳米压痕实验分析结果

（a）纳米压痕 SEM 形貌；（b）载荷-位移曲线；（c）纳米硬度；（d）弹性模量

王强[27]在对定向凝固 4722 合金进行纳米压入实验时，发现纳米压痕硬度和片层间距存在如下幂函数关系：

$$H_{nano} = a\lambda^b \qquad (2-3)$$

式中，a、b 为常数；λ 为片层间距，nm。

将 TNM1、TNM2、TNM3 和 TNM4 合金的片层纳米压痕硬度值及测量得到的片层间距代入式（2-3），通过线性回归，求解得到 a 和 b 的值分别为 40.01 和 −0.325（R^2=0.968），即可将纳米压痕硬度与片层间距之间的关系表达为

$$H_{nano} = 40.01\lambda^{-0.325} \tag{2-4}$$

在纳米压痕测试时，压头压入基体，压头附近出现塑性变形，远离压头的区域发生弹性变形。塑性变形的机制主要为位错滑移，当 γ/α_2 片层间距较小时，位错滑移时遇到更多的 γ/α_2 边界，导致硬度值升高。

值得注意的是，对比热等静压态的平均纳米压痕硬度与单独 γ/α_2 片层区域纳米压痕硬度，可知片层区域纳米压痕硬度要高于平均纳米压痕硬度，这说明 TNM 合金中 γ/α_2 片层的硬度高于各相平均值。Göken 等[28]对 PST-TiAl 合金的纳米压痕硬度进行测量，得到 γ 相纳米压痕硬度值为（5.2±0.1）GPa，α_2 相纳米压痕硬度值为（7.4±0.5）GPa。TNM 合金中 β 相在室温时转变为脆硬的 B2 相，曾尚武[29]测得 TNM 合金各相中，β/B2 相的纳米压痕硬度为 7.46GPa，高于 γ/α_2 片层的 6.50GPa，而 γ 相硬度值最小（5.89GPa）。在 TiAl 合金中，各相力学性能的差异以及片层取向的不同导致在室温下各相难以发生协调变形，这也是 TiAl 合金室温塑性差的一个原因。

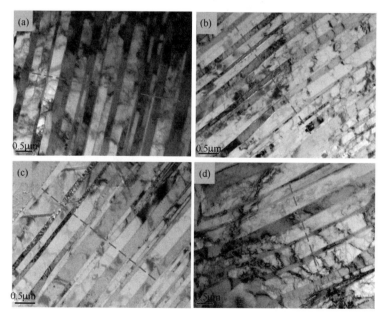

图 2-15　TNM 合金 γ/α_2 片层组织 TEM 形貌照片

（a）TNM1；（b）TNM2；（c）TNM3；（d）TNM4

（2）拉伸力学性能

图 2-16 为 4 种 TNM 合金在室温下的拉伸变形曲线。随着 Mo 元素含量升高，4

5

6

种 TNM 合金抗拉强度分别为 629.1MPa、585.7MPa、595.3MPa、530.7MPa，延伸率分别为 1.15%、1.32%、1.03%、0.77%。TNM1、TNM2 合金抗拉强度较高，是因为其具有较多的片层结构。对于 TNM3 和 TNM4 合金，抗拉强度和延伸率都比较低，这是由于其组织粗大、片层结构少且存在元素偏析造成的。

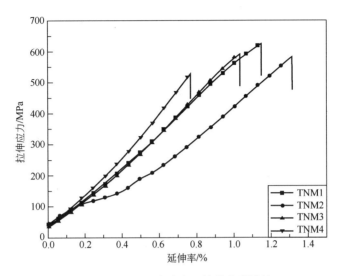

图 2-16　TNM 合金室温拉伸力学性能

　　图 2-17 为 4 种 TNM 合金拉伸断裂的断口形貌，4 种 TNM 合金均呈现脆性断裂的特征。对于 TNM1 合金，由于其组织十分接近全片层组织，其断口也展现了全片层组织断裂特点[30]，主要有穿片层断裂和沿片层断裂这两种方式。随着 Mo 含量升高，在 γ/α₂ 片层周边聚集了等轴 γ 相和 β 相。在图 2-17（b）中可以观察到小的平面，这属于裂纹穿晶断裂特征。对于 TNM3 合金，可以观察到断口处存在连续的裂纹，说明组织脆性较大。另外，这也从侧面说明了等轴组织与片层组织之间的结合力较低。对于 TNM4 合金，可以观察到大的解理面，如图 2-17（d）中箭头所指，这种大的解理面是由于裂纹沿{111}晶面穿过等轴 γ 相造成的[31]。此时，裂纹传播速度很快，导致室温塑性很差，延伸率很低。

　　（3）热压缩性能

　　图 2-18 为 4 种 TNM 合金在 1200℃，以 0.001s⁻¹ 的应变速率进行热压缩变形后的流变应力-应变曲线。可以看出，4 种 TNM 合金流变应力均呈现先升高后缓慢下降的特征，并且随着 Mo 含量的升高，TNM 合金的峰值流变应力也是逐渐下降的。峰值应力的改变与 γ/α₂ 片层的比例分数有关，γ/α₂ 片层的平均硬度高于组织平均硬度，组织中 γ/α₂ 片层含量越多，则合金强度越高，加工硬化现象越明显，峰值应力上升越明显。

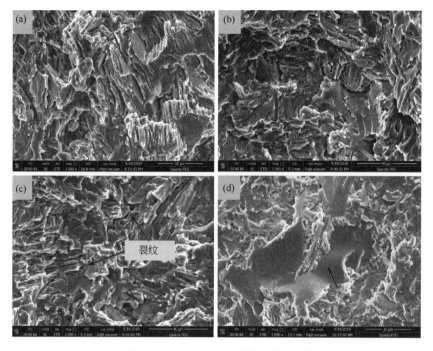

图 2-17　TNM 合金室温拉伸断口形貌

（a）TNM1；（b）TNM2；（c）TNM3；（d）TNM4

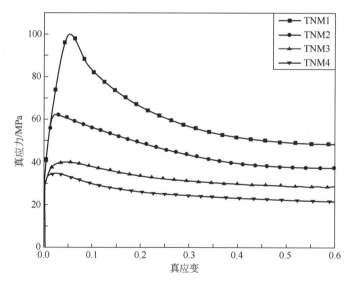

图 2-18　TNM 合金流变应力-应变曲线

表 2-7 为 4 种 TNM 合金在 1200℃下以不同应变速率进行压缩变形后的表面开裂情况（表中"×"表示表面发生开裂，"√"表示表面完整，无明显裂纹）。可以看

出，在高应变速率（$1s^{-1}$）进行压缩变形时 TNM 合金开裂倾向很大，随着应变速率降低，表面趋于完整。对于 TNM3 和 TNM4 合金，在应变速率为 $0.01s^{-1}$ 和 $0.001s^{-1}$ 时，表面依旧开裂，说明热加工变形能力较差。根据表 2-7，可以对 TNM 合金的热加工性能进行排序，从优到差依次为：TNM2>TNM1>TNM3>TNM4 合金。

表 2-7　TNM 合金在 1200℃变形时表面开裂情况

合金	$1s^{-1}$	$0.1s^{-1}$	$0.01s^{-1}$	$0.001s^{-1}$
TNM1	×	√	√	√
TNM2	√	√	√	√
TNM3	×	×	×	√
TNM4	×	×	×	×

图 2-19 为 4 种 TNM 合金在热压缩变形后的微观组织。在 1200℃/$0.01s^{-1}$ 变形条件下，TNM1 和 TNM2 合金中 γ/α₂ 片层向等轴 α 相转变，比较均匀，在 TNM2 合金中还可以观察到残余较多垂直于热压缩方向的 β 相 [图 2-19（a）和图 2-19（b）]。对于 TNM3 和 TNM4 合金，可以看到其组织主要由等轴状 γ 相和 β 相组成，同时还可以发现在压缩变形后存在黑色的糊状区，对这些糊状区进行放大，如图 2-19（c）和图 2-19（d）中框选区域所示，可知这些糊状区为一些 γ/α₂ 残余片层组织及等轴 γ 相。在这些糊状区的周围，出现了大量的微裂纹，且裂纹萌生及扩展方向与片层取向一致。

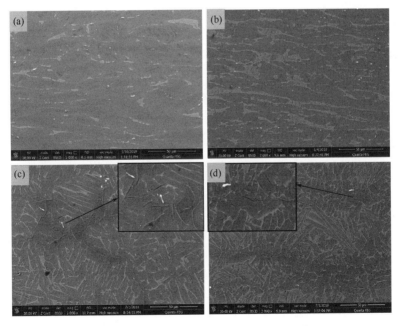

图 2-19　TNM 合金压缩变形后的微观组织

（a）TNM1；（b）TNM2；（c）TNM3；（d）TNM4

图 2-20 为对 TNM3 合金糊状区进行线扫描分析的结果，可以看到糊状区富 Al，贫 Ti、Nb 和 Mo 元素 [图 2-20（b）]。这种糊状区的出现与 TNM3、TNM4 合金组织中存在的 S 型偏析密切相关。糊状区附近微裂纹的存在也对应了 TNM3 和 TNM4 合金热加工性能差的事实（表 2-7）。对于 TNM1 合金，其热加工性能不如 TNM2 合金，主要是因为 TNM2 合金中含有较多的 β 相。β 相具有 BCC 结构，位错容易开动，使得其能在变形过程中起到协调变形作用。同时，由 TNM1～TNM4 合金的热压缩行为可知，并不是 β 相含量越多，塑性就越好。一方面，在高温变形时，需要引入 β相，但也需要充分考虑到组织及化学成分均匀性，避免 β 相稳定元素添加过多造成的成分偏析；另一方面，过多的 β 相也会在室温转变为 B2 相，导致室温塑性、高温蠕变性能变差。如果不能通过有效的热处理手段进行 β/B2 相的调控，TiAl 合金很难达到理想的室温力学性能。

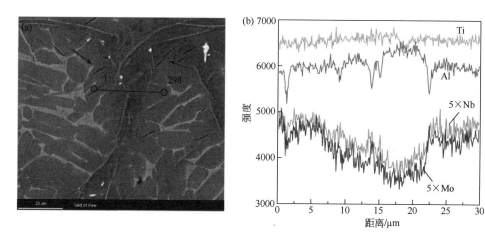

图 2-20　TNM3 合金热压缩后糊状区微观组织

（a）SEM 图；（b）元素线扫描分析

（注：为方便显示，Nb、Mo 元素强度×5）

2.2.5　Mo 元素对 TiAl 合金抗氧化性能的影响

图 2-21 为不同 Mo 含量 TNM 合金在连续升温过程中的氧化动力学曲线。对于 TNM 合金，在 0～400℃时氧化增重明显，表现为氧原子在 TNM 合金表面发生明显的富集与吸附。随着温度进一步升高（400～850℃），氧化增重速率有所趋缓，表现为氧化增重的缓慢增加。在超过 900℃后，TNM 合金氧化增重大幅上升，说明 TNM 合金在该温度之上无法长期服役。对比 4 种 TNM 合金，可以发现 TNM1 合金增重最为明显，抗氧化性能最差。TNM2、TNM3、TNM4 合金氧化增重十分接近，仅有微小差别，在 0～900℃温度区间，氧化增重表现为：TNM2>TNM4>TNM3。总体来看，Mo 含量的添加对 TiAl 合金的抗氧化性能起到了提升作用。但是抗氧化性能并

不总是与 Mo 含量的添加量呈正相关：当 Mo 含量达到 2%时，抗氧化性能最佳，进一步添加 Mo 元素含量至 4%，TNM 合金的抗氧化性能没有进一步提升，反而出现略微的下降。研究表明[32]，当 Mo 元素添加量介于 0～2.0%时，尽管其不妨碍氧化皮的生长，但合金的抗氧化性能有所提升。Pilone 等[33]在对 TiAl-Cr-Nb-Mo 合金体系进行高温氧化时发现 Mo 元素降低了 O 原子在 TiAl 合金中的固溶度，使 TiAl 合金由内氧化向外氧化转变，并形成具有黏附性的 Al₂O₃ 薄层；但当 Mo 元素添加量高于 2%时，TiAl 合金的抗氧化性能出现下降，这与其组织中含有大量等轴 β 相有关。

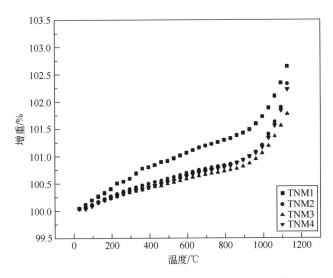

图 2-21　不同 TNM 合金升温氧化动力学曲线

参考文献

[1] 蒋孟玲, 李慧中, 刘咏, 等. Nb 含量对 TiAl 合金铸态组织的影响[J]. 粉末冶金材料科学与工程, 2014, 19 (03): 367-372.

[2] Liu Z C, Lin J P, Li S J, et al. Effects of Nb and Al on the microstructures and mechanical properties of high Nb containing TiAl base alloys[J]. Intermetallics, 2002, 10(7): 653-659.

[3] Imayev V M, Ganeev A A, Trofimov D M, et al. Effect of Nb, Zr and Zr+ Hf on the microstructure and mechanical properties of β-solidifying γ-TiAl alloys[J]. Materials Science and Engineering: A, 2021, 817: 141388.

[4] 骆晨, 夏冰, 朱春雷, 等. 微量 Zr 在铸造 TiAl 合金层片组织的分布特征[J]. 航天制造技术, 2015 (03): 4-7.

[5] Singh V, Mondal C, Sarkar R, et al. Effects of Cr alloying on the evolution of solidification microstructure and phase transformations of high-Nb containing γ-TiAl based alloys[J]. Intermetallics, 2021, 131: 107117.

[6] 杨亮，辛景景，张有为，等. Cr 和 Mn 元素掺杂对高 Nb-TiAl 合金组织转变及拉伸性能的影响[J]. 稀有金属材料与工程，2017，46（10）：3005-3010.

[7] Xu W, Huang K, Wu S, et al. Influence of Mo content on microstructure and mechanical properties of β-containing TiAl alloy[J]. Transactions of Nonferrous Metals Society of China, 2017, 27(4): 820-828.

[8] Fang H, Chen R, Chen X, et al. Effect of Ta element on microstructure formation and mechanical properties of high-Nb TiAl alloys[J]. Intermetallics, 2019, 104: 43-51.

[9] Zhang K, Hu R, Lei T, et al. Refinement of massive γ phase with enhanced properties in a Ta containing γ-TiAl-based alloys[J]. Scripta Materialia, 2019, 172: 113-118.

[10] Chen Y Y, Li B H, Kong F T. Microstructural refinement and mechanical properties of Y-bearing TiAl alloys[J]. Journal of Alloys and Compounds, 2008, 457(1-2): 265-269.

[11] Kong F T, Chen Y Y, Li B H. Influence of yttrium on the high temperature deformability of TiAl alloys[J]. Materials Science and Engineering: A, 2009, 499(1-2): 53-57.

[12] 王海燕，胡前库，杨文朋，等. 金属元素掺杂对 TiAl 合金力学性能的影响[J]. 物理学报，2016，65（07）：264-272.

[13] Song Y, Dai J H, Yang R. Mechanism of oxygen adsorption on surfaces of γ-TiAl[J]. Surface Science, 2012, 606(9-10): 852-857.

[14] Ping F P, Hu Q M, Bakulin A V, et al. Alloying effects on properties of Al_2O_3 and TiO_2 in connection with oxidation resistance of TiAl[J]. Intermetallics, 2016, 68: 57-62.

[15] Li Y, Dai J H, Song Y. Enhancing adhesion of Al_2O_3 scale on Ti-Al intermetallics by alloying: A first principles study[J]. Computational Materials Science, 2020, 181: 109756.

[16] Cao J, Dai X, Liu J, et al. Relationship between microstructure and mechanical properties of TiAl/Ti_2AlNb joint brazed using Ti-27Co eutectic filler metal[J]. Materials & Design, 2017, 121: 176-184.

[17] Imayev R M, Imayev V M, Oehring M, et al. Alloy design concepts for refined gamma titanium aluminide-based alloys[J]. Intermetallics, 2007, 15(4): 451-460.

[18] Banumathy S, Neelam N S, Chandravanshi V, et al. The Effect of Nb addition on microstructure, oxidation behavior and strength of some γ-TiAl alloys[J]. Materials Today: Proceedings, 2018, 5(2): 5514-5520.

[19] Clemens H, Mayer S. Design, processing, microstructure, properties, and applications of advanced intermetallic TiAl alloys[J]. Advanced Engineering Materials, 2013, 15(4): 191-215.

[20] Jiang C. First-principles study of site occupancy of dilute 3d, 4d and 5d transition metal solutes in $L1_0$ TiAl[J]. Acta Materialia, 2008, 56(20): 6224-6231.

[21] 黄尊行，王秀丽，周立新，等. γ-TiAl 中掺杂原子取代位置的量子化学研究[J]. 结构化学，2002（02）：218-221.

[22] Holec D, Reddy R K, Klein T, et al. Preferential site occupancy of alloying elements in TiAl-based phases[J]. Journal of Applied Physics, 2016, 119(20): 205104.

[23] Güther V, Rothe C, Winter S, et al. Metallurgy, microstructure and properties of intermetallic TiAl ingots[J]. BHM Berg-und Hüttenmännische Monatshefte, 2010, 155(7): 325-329.

[24] Erdely P, Werner R, Schwaighofer E, et al. In-situ study of the time–temperature-transformation behaviour of a multi-phase intermetallic β-stabilised TiAl alloy[J]. Intermetallics, 2015, 57: 17-24.

[25] Cha L, Clemens H, Dehm G. Microstructure evolution and mechanical properties of an intermetallic Ti-43.5Al-4Nb-1Mo-0.1B alloy after ageing below the eutectoid temperature[J]. International Journal of Materials Research, 2011, 102(6): 703-708.

[26] Chen G L, Xu X J, Teng Z K, et al. Microsegregation in high Nb containing TiAl alloy ingots beyond laboratory scale[J]. Intermetallics, 2007, 15(5-6): 625-631.

[27] 王强. 冷坩埚定向凝固 Ti-47Al-2Nb-2Cr-（Er，C，Mn）合金显微组织及力学行为研究[D]. 哈尔滨：哈尔滨工业大学，2018.

[28] Göken M, Kempf M, Nix W D. Hardness and modulus of the lamellar microstructure in PST-TiAl studied by nanoindentations and AFM[J]. Acta Materialia, 2001, 49(5): 903-911.

[29] 曾尚武. 含铌、钼 TiAl 合金热变形及氧化行为研究[D]. 北京：北京科技大学，2016.

[30] Chan K S, Kim Y W. Effects of lamellae spacing and colony size on the fracture resistance of a fully-lamellar TiAl alloy[J]. Acta Metallurgica Et Materialia, 1995, 43(2): 439-451.

[31] Appel F. An electron microscope study of mechanical twinning and fracture in TiAl alloys[J]. Philosophical Magazine, 2005, 85(2-3): 205-231.

[32] Pflumm R, Donchev A, Mayer S, et al. High-temperature oxidation behavior of multi-phase Mo- containing γ-TiAl-based alloys[J]. Intermetallics, 2014, 53: 45-55.

[33] Pilone D, Felli F, Brotzu A. High temperature oxidation behaviour of TiAl-Cr-Nb-Mo alloys[J]. Intermetallics, 2013, 43: 131-137.

3

TiAl 合金热加工行为及板材制备

3.1 TiAl 合金高温变形行为研究方法

单轴拉压和扭转实验简单易行，是金属材料高温变形通常采用的实验方法。在制定材料的高温变形工艺参数之前，研究人员一般都要采用这些基本的测试方法，对材料的高温变形行为进行系统的物理模拟研究。对于 TiAl 合金，可在实验室通过热压缩物理模拟方法研究其高温变形行为，分析变形温度、应变速率等对材料热加工性能及其显微组织的影响。在高温热压缩变形过程中，一方面在宏观上表现为流变应力的变化规律（即真应力-真应变曲线的形状特征），另一方面在微观上表现为变形过程中的组织演变规律。

γ-TiAl 合金高温塑性变形本质在于普通位错和超位错的滑移。但 γ-TiAl 合金独立运动的滑移系数目较少，位错可动性较差，导致 γ-TiAl 合金室温以及高温塑性较差，增加了 γ-TiAl 合金加工成形难度。研究表明[1-2]，双相 γ-TiAl 合金超位错开动难度大，承担变形的主要是普通位错和形变孪晶。全位错和孪晶分位错与片层界面相互作用决定了材料流变应力。γ-TiAl 高温塑性变形时，热激活能较高，在位错密度不断增值的同时，位错之间形成的割阶成为位错运动的阻力。随着塑性变形的继续进行，位错之间相互销毁并重组，位错密度降低，动态软化过程发生。

3.1.1 高温变形本构模型

金属材料的变形过程受变形过程中流变应力 σ、变形量 ε、应变速率 $\dot{\varepsilon}$ 和变形温度 T 这 4 个因素的综合影响。目前，在计算和描述材料高温变形过程应变速率、变形温度与稳态流变应力之间相互关系时，一般采用经验公式。Sellars 和 Tegart 发现

流变应力 σ 和其他三个因素满足 Arrhenius 型方程，可用双曲正弦的形式将两种关系统一表达，并提出了一种包含变形激活能 Q 和温度 T 的经过修正的 Arrhenius 关系[3]，用于描述热激活变形行为。目前，该式广泛用于估算各种金属及合金的激活能 Q。

在低应力条件下有

$$\dot{\varepsilon} = A_1 \sigma^{n_1} \exp\left(-Q_1 / RT\right) \tag{3-1}$$

在高应力条件下有

$$\dot{\varepsilon} = A_2 \left[\exp\left(\beta\sigma\right)\right] \exp\left(-Q_2 / RT\right) \tag{3-2}$$

在所有应力条件下有

$$\dot{\varepsilon} = A \left[\sinh\left(\alpha\sigma\right)\right]^n \exp\left(-Q / RT\right) \tag{3-3}$$

式中，n、n_1 为应力指数；A、A_1、A_2、α、β 为材料常数，其中 $\alpha=\beta/n_1$；R 为气体常数，8.3145J/(mol·K)；Q 为热变形激活能，kJ/mol；T 为绝对温度，K。

对上述三式两边取自然对数，得到

$$\ln\dot{\varepsilon} + Q_1 / RT = \ln A_1 + n_1 \ln\sigma \tag{3-4}$$

$$\ln\dot{\varepsilon} + Q_2 / RT = \ln A_2 + \beta\sigma \tag{3-5}$$

$$\ln\dot{\varepsilon} + Q / RT = \ln A + n\ln\left[\sinh\left(\alpha\sigma\right)\right] \tag{3-6}$$

对式（3-4）两边求偏微分得

$$\frac{1}{n_1} = \frac{\partial\left(\ln\sigma\right)}{\partial\left(\ln\dot{\varepsilon}\right)}\Big|_T \tag{3-7}$$

$$Q_1 = n_1 R \frac{\partial\left(\ln\sigma\right)}{\partial\left(\frac{1}{T}\right)}\Big|_{\dot{\varepsilon}} \tag{3-8}$$

对式（3-5）两边求偏微分得

$$\frac{1}{\beta} = \frac{\partial\sigma}{\partial\left(\ln\dot{\varepsilon}\right)}\Big|_T \tag{3-9}$$

$$Q_2 = \beta R \frac{\partial\sigma}{\partial\left(\frac{1}{T}\right)}\Big|_{\dot{\varepsilon}} \tag{3-10}$$

对式（3-6）两边求导得

$$\frac{1}{n} = \frac{\ln\dot{\varepsilon}}{\ln\left[\sinh\left(\alpha\sigma\right)\right]} \tag{3-11}$$

$$Q = Rn \frac{\mathrm{d}\left[\ln\sinh\left(\alpha\sigma\right)\right]}{\mathrm{d}\left(\frac{1}{T}\right)} \tag{3-12}$$

利用热压缩实验数据绘制出 $\ln\dot{\varepsilon}$-$\ln\sigma$ 和 $\ln\dot{\varepsilon}$-σ 关系曲线，分别对两组曲线进行线性拟合并得到其斜率均值 n_1 和 β，即可求得 α。绘制 $\ln\dot{\varepsilon}$-$\ln[\sinh(\alpha\sigma)]$ 和 $1/T$-$\ln[\sinh(\alpha\sigma)]$ 散点图，并对各组散点进行线性回归拟合，即可求得激活能 Q。

Zener 和 Hollomon 在 1944 年提出并实验证实了应变速率 $\dot{\varepsilon}$ 和温度 T 的关系可用一项参数 Z 表示，即 Zener-Hollomon(Z)参数[4]，也称为"温度补偿应变速率"。利用 Zener-Hollomon 参数综合描述材料的热变形条件，Z 参数表达式如下：

$$Z = \dot{\varepsilon}\exp(Q/RT) \tag{3-13}$$

将式（3-13）代入式（3-3）得

$$Z = A[\ln\sinh(\alpha\sigma)]^n \tag{3-14}$$

对式（3-14）两边取对数得

$$\ln Z = \ln A + n\ln\sinh(\alpha\sigma) \tag{3-15}$$

或 $\qquad \ln Z = \ln\dot{\varepsilon} + Q/RT = \ln A + n\ln[\sinh(\alpha\sigma)] \tag{3-16}$

绘制 $\ln Z$-$\ln[\sinh(\alpha\sigma)]$ 散点图，并进行线性回归拟合，最终得到 n 和 A。

联立式（3-13）和式（3-14），可得

$$Z = \dot{\varepsilon}\exp(Q/RT) = A[\ln\sinh(\alpha\sigma)]^n \tag{3-17}$$

根据双曲正弦函数的性质可得

$$\text{arcsinh}(\alpha\sigma) = \ln\left\{(\alpha\sigma) + \left[(\alpha\sigma)^n + 1\right]^{1/2}\right\} \tag{3-18}$$

$$\sinh(\alpha\sigma) = (Z/A)^{1/n} \tag{3-19}$$

求解式（3-18）及式（3-19），可得到流变应力

$$\sigma = \frac{1}{\alpha}\ln\left\{\left(\frac{Z}{A}\right)^{1/n} + \left[\left(\frac{Z}{A}\right)^{2/n} + 1\right]^{1/2}\right\} \tag{3-20}$$

因此，通过求解 A、α、Q 和 n 等材料常数后，可建立 σ 与 Z 之间的关系式（3-20），构建 TiAl 合金高温变形的本构方程。为了求得更为准确的材料常数，可将 n 值代入 $\alpha=\beta/n_1$ 中 n_1 的位置并依次计算，进而可求得一组新的材料常数。通过依次的迭代计算，当 n 值的平均标准差最小时，对应的材料常数更能反映材料的自身特性。

3.1.2 热加工图绘制方法

在系统总结先前的研究成果及现有理论的基础上，Prasad[5]认为材料的热变形模

型主要包括动力学模型（Kinetic Model, KM）、原子论模型（Atomistic Model, AM）和动态材料学模型（Dynamic Material Model, DMM）三种模型，这三种模型具有很广泛的适用性，获得了很高的认同。

热加工图是基于大应变塑性变形连续介质力学、不可逆热动力学和物理系统模拟等方面的基本原理建立起来，它是描述合金热变形行为的宏观特征在变形温度-应变速率空间的分布[6-7]。基于 DMM 模型的热加工图是以材料的热加工模型和变形失稳准则为基础，由功率耗散图与失稳图叠加组合而成[8]，能够直观地反映出材料的组织演变机制同热变形参数之间的关系，可以明确地划分出热加工的安全区和失稳区，并能给出最优的热加工工艺所对应的变形温度和应变速率范围，对热加工工艺的制定具有重要的指导意义。

DMM 模型认为[9]，在塑性变形过程中材料作为一个非线性的功率耗散体，将外界输入变形体的功率 P 消耗在以下两个方面：①塑性变形引起的黏塑性热，用 G 表示；②变形过程中组织变化而耗散的功率，用 J 表示。三者间的关系为

$$P = G + J = \sigma\dot{\varepsilon} = \int_0^{\dot{\varepsilon}} \sigma \mathrm{d}\dot{\varepsilon} + \int_0^{\sigma} \varepsilon \mathrm{d}\dot{\sigma} \qquad (3-21)$$

而 G 与 J 两种功率所占比例取决于材料在一定应力下的应变速率敏感性指数 m，即

$$\left(\frac{\partial J}{\partial G} \right)_{\varepsilon, T} = \frac{\partial P}{\partial G} \times \frac{\partial J}{\partial P} = \frac{\sigma \mathrm{d}\dot{\varepsilon}}{\varepsilon \mathrm{d}\dot{\sigma}} \left[\frac{\partial(\ln\sigma)}{\partial\ln(\dot{\varepsilon})} \right]_{\varepsilon, T} = m \qquad (3-22)$$

当变形温度和应变量恒定时，材料所受的应力 σ 与应变速率可描述为

$$\sigma = K\dot{\varepsilon}^m \qquad (3-23)$$

式中，K 为与变形温度无关的常数。

将式（3-22）和式（3-23）代入式（3-21），即可得到组织演化所耗散的功率，J 可表述为

$$J = \sigma\dot{\varepsilon} - \int_0^{\dot{\varepsilon}} K\dot{\varepsilon}^m \mathrm{d}\dot{\varepsilon} = \frac{m}{m+1}\sigma\dot{\varepsilon} \qquad (3-24)$$

当材料处于理想线性耗散状态(m=1)时，此时 J 达到最大，即 $J_{\max}=J_{(m=1)}=\sigma\dot{\varepsilon}/2$。根据 DMM 模型，将无量纲参数 $\eta(J/J_{\max})$ 定义为功率耗散效率，用来反映材料的功率耗散特征。依其定义，功率耗散效率 η 可用应变速率敏感性指数 m 来描述：

$$\eta = \frac{\Delta J / \Delta P}{(\Delta J / \Delta P)_{\text{line}}} = \frac{m/(m+1)}{1/2} = \frac{2m}{m+1} \qquad (3-25)$$

在给定应变量条件下，功率耗散图反映了 η 值在变形温度-应变速率二维平面的变化规律。

对于变形失稳准则而言，Ziegler 首先提出了加工失稳判据，在此基础上 Prasad 推导出了材料失稳区的表达式[6]，即

$$\zeta(\dot{\varepsilon}) = \frac{\partial \ln\left(\dfrac{m}{m+1}\right)}{\partial \ln \dot{\varepsilon}} + m < 0 \qquad (3\text{-}26)$$

该判据反映的物理意义是当变形体内熵的产生率小于施加于变形体上的应变速率时，塑性变形将会局部化，即发生流变失稳现象。根据失稳判据，在变形温度-应变速率二维平面图中标出 $\zeta(\dot{\varepsilon})$ 小于零的区域对应加工失稳区，而其他区域为安全加工区。需要注意的是，失稳判据成立的前提条件是应变速率敏感性指数 m 与应变速率 $\dot{\varepsilon}$ 相互独立，否则式（3-26）不成立。因此，Narayana 等[10-11]提出一种简化且适合于任何流变曲线特征的失稳判据：

$$2m < \eta \text{ 或 } m < 0 \qquad (3\text{-}27)$$

对比两种失稳判据不难发现，式（3-27）计算所得的失稳区要大于式（3-26）。从可行性角度来讲，式（3-27）更适合于计算金属在热变形过程中的失稳区。

就金属材料而言，热加工图可划分为安全区和失稳区。安全区内的组织演化机制主要有动态回复、动态再结晶、超塑性等；而楔形开裂、局部流变、绝热剪切等则意味着加工失稳。位于安全加工区内，η 值越大意味着能量耗散状态越低，材料的内在加工成形性能越好。最大功率耗散效率所在的局部区域通常对应着特殊的显微组织或流变失稳特征，如楔形裂纹等失稳机制便对应很高的 η 值，所以分析加工图时很有必要借助显微组织予以进一步验证。

目前，热加工图已经广泛应用于各种金属材料，作为一种非常重要且有效的工具，在获得良好的加工性能和优异的变形工艺方面发挥了重要作用，特别是对于新材料的加工试制。Srinivasan 将热加工图理论成功运用到镍基合金[12]、铜合金[13]、钛合金[9]等材料的热塑性加工研究上，确立了这些合金的最佳变形工艺参数；Schwaighofer 等[14]研究了 Ti-43Al-4Nb-1Mo-0.1B 合金热压缩过程中的流变行为，并运用加工图理论确定材料塑性加工的最佳工艺参数；陈玉勇等[15-16]研究了铸态 Ti-43Al-9V-Y 和 Ti-45Al-5.4V-3.6Nb-0.3Y 热变形行为和热加工图，为 TiAl 合金的热加工提供了参考依据。

3.2 TiAl 合金热变形行为研究

热变形行为研究主要包括材料在热变形过程中的流变行为特征和组织演化规律的分析。流变行为特征研究可为热加工工艺的制定提供理论依据，而组织演化规律

研究可为通过控制变形条件来实现对组织的控制奠定基础。

本节选用 TNM 合金,成分为 Ti-44Al-4.0Nb-1.0Mo-0.3Si-0.15B(原子分数),主要内容包括热模拟加工窗口、本构模型构建与验证、变形条件对合金组织的影响规律以及动态软化行为等方面的研究。

3.2.1 高温塑性加工流变行为

图 3-1 是 TNM 合金在不同条件热压缩后的宏观形貌,应变速率为 $1s^{-1}$ 时(除 1250℃外),试样侧面均出现裂纹,并随温度降低,开裂程度愈加明显;当应变速率为 $0.5s^{-1}$ 时,仅在 1100℃ 变形时侧面出现宏观裂纹。

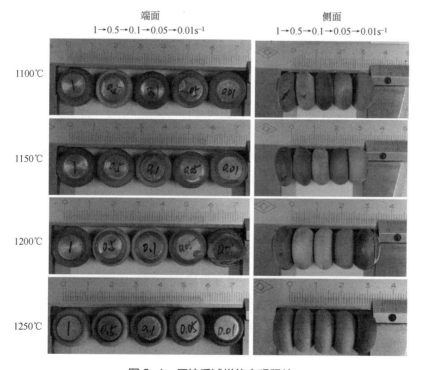

图 3-1 压缩后试样的宏观照片

图 3-2 是 TNM 合金热压缩后纵截面鼓形位置的低倍形貌,黑线右上方的截面形貌良好无缺陷,而黑线左下方的截面形貌出现孔洞和裂纹等缺陷。综合上述两图说明,TNM 合金可以在 1200～1250℃ 及 0.01～0.5s^{-1}、1150℃ 及 0.01s^{-1} 的条件下进行热加工。但实际生产过程中的应变速率不可能过低(如 0.01s^{-1}),因此建议热加工温度应该高于或等于 1200℃。

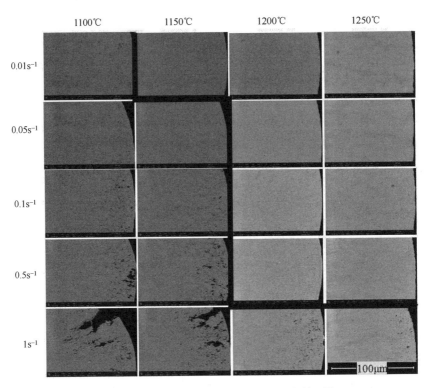

图 3-2　TNM 合金试样鼓形位置截面低倍形貌

3.2.2　热加工物理模拟实验数据修正

（1）摩擦修正

虽然在热模拟压缩实验过程中采取润滑措施来减小压头与试样端面的摩擦，但是随着应变的增大摩擦对变形的影响越来越明显，最终导致试样腰部出现"鼓形"（图 3-1）。为了定量地反映摩擦因素对合金流变行为的影响程度，Roebuck 等[17]提出了基于鼓形系数的摩擦判据：

$$B = \frac{hR_{\mathrm{M}}^2}{h_0 R_0^2} \qquad (3\text{-}28)$$

式中，B 为鼓形系数；h 为压缩后试样的高度；R_{M} 为压缩后试样的最大半径；h_0、R_0 为试样的原始高度和半径。

当 $1 < B < 1.1$ 时，表明实测流变应力与真实流变应力之间的偏差较小，不需要修正；当 $B \geqslant 1.1$ 时，意味着摩擦对流变应力的影响较大，需要进行摩擦修正。基于以上判据，测量了热压缩后各个试样的 h 和 R_{M} 值并代入式（3-28），计算出不同变形

条件下的 B 值，如表 3-1 所示。可以发现，所计算的 B 值均大于 1.1，所以有必要对本实验的流变应力进行摩擦修正。合金的等效应力在数值上等于单向拉伸（或压缩）时的拉伸（或压缩）应力。根据体积不变条件，假定试样在热压缩过程中未出现"鼓形"，即摩擦对热压缩变形的影响很小，甚至可忽略不计。依据该条件，采用等效计算来修正由于摩擦因素对合金流变应力的影响。

表 3-1　不同变形条件下的 B 值

温度/℃	应变速率/s^{-1}				
	0.01	0.05	0.1	0.5	1
1100	1.263	1.276	1.273	1.266	1.279
1150	1.170	1.195	1.196	1.237	1.286
1200	1.154	1.193	1.168	1.168	1.217
1250	1.130	1.125	1.126	1.107	1.176

根据热压缩原理，可将真应力（σ）、真应变（ε）分别定义为

$$\sigma = F_i / A_i \tag{3-29}$$

$$\varepsilon = \ln\left(h_0 / h_i\right) \tag{3-30}$$

式中，F_i 为瞬时载荷；A_i 为试样瞬时端面面积；h_0 为试样原始高度；h_i 为试样瞬时高度。根据金属材料在塑性变形过程中的体积不变条件 $A_0 h_0 = A_i h_i$（A_0 为试样原始端面面积），A_i 可描述为

$$A_i = \frac{\pi h_0 D_0^2}{4h_i} \tag{3-31}$$

式中，D_0 为试样端面直径。将式（3-31）代入式（3-29），σ 可表述为

$$\sigma = \frac{4h_i F_i}{\pi h_0 D_0^2} \tag{3-32}$$

图 3-3 是铸态 TNM 合金经摩擦修正前后的真应力-真应变曲线。由图可知，经过摩擦修正的应力值均小于实际测量值，且二者间的偏差随着应变速率的增大、变形温度的降低和变形程度的增加而愈加明显。说明热模拟压缩中摩擦效应对流变应力的影响是不容忽视的，尤其是低温高应变速率的变形条件下。

铸态 TNM 合金热压缩变形真应力-真应变曲线大致可分为：①加工硬化区，当 ε 较小时，随应变量增加应力迅速增大到应力峰值 σ_p（对应 ε_p），呈加工硬化趋势；②动态再结晶区，当 $\varepsilon > \varepsilon_p$ 时，随应变增大应力从 σ_p 逐渐下降，呈软化趋势；③稳态变形区，当 ε 较大时，应力开始缓慢下降或保持稳定，即合金进入稳态变形趋势。

在稳态区时曲线出现一定的起伏现象，且应变速率越大，起伏越明显，这可能是加工硬化和动态再结晶反复进行的结果。

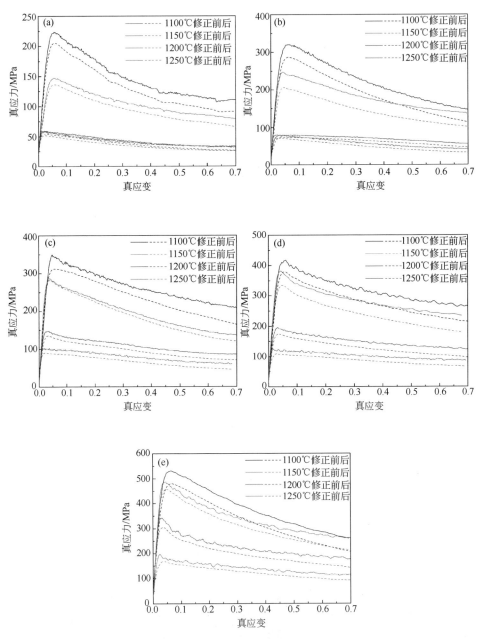

图 3-3　摩擦修正前后的真应力-真应变曲线（见书后彩插）

（a）0.01s⁻¹；（b）0.05s⁻¹；（c）0.1s⁻¹；（d）0.5s⁻¹；（e）1s⁻¹

在相同变形温度条件下，TNM 合金的应力随应变速率的增大而增加，即该合金属于正应变速率敏感材料。一方面，应变速率增大→参与运动与变形的位错数量增多，并以较大的速率协调以保证变形的不断进行→产生更多的位错缠结→流变应力增大；另一方面，应变速率增大→塑性变形时间减少→动态再结晶无法充分进行→动态软化效果减弱→流变应力增大。同时，在同一应变速率条件下，TNM 合金的应力随变形温度的降低而增加，即该合金属于负温度敏感材料。从图 3-3 中还可分析得知，在 1200℃和 1250℃高温变形时的应力明显小于 1100℃和 1150℃低温变形，这与不同变形温度时的微观组织密切相关。

（2）温度修正

热压缩实验过程中，由于受温升与散热效应的影响，导致高应变速率条件下合金的实际变形温度高于理论温度；低应变速率条件下，实际变形温度有时会低于理论温度。整个变形过程并非绝对等温，故有时需对应力进行温度修正。图 3-4 是热变形过程中实测温度差。在同一变形温度时，温差随应变速率和应变量的增大而加大，尤其是应变速率为 1s⁻¹时；而在同一应变速率条件下，变形温度对温差的影响不大，温差变化趋势一致，且温度基本在±5℃内。从图中可知仅当应变速率为 1s⁻¹时温差较大，这是因为高应变速率热压缩后试样的鼓形处大多发生宏观裂纹，进一步影响了流变应力的数值。进行材料参数的计算与热加工图的绘制时，为了避免材料缺陷对材料变形产生的不良影响，数据分析过程中需要摒弃高应变速率的数据，因此这种情况下不需要对流变应力进行温度修正。

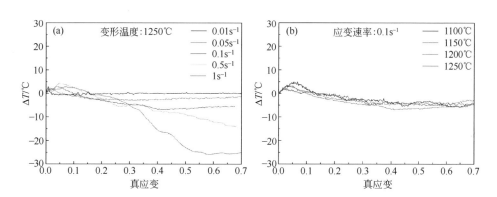

图 3-4　热变形过程中的温差（见书后彩插）

（a）变形温度 1250℃；（b）应变速率 0.1s⁻¹

3.2.3　本构模型构建与验证

（1）材料常数的求解

材料常数是表征材料在某一特定状态下的固有特性，而这一特性随着材料状态的改变而发生变化。热激活能是表征金属材料变形难易程度的一个物理量，它提供了速率控制机制中原子重排难易程度的相关信息。热激活能越大，表明晶体中原子跳动的频率就越低，相应的原子扩散速度也就越小，在宏观层面表现为材料变形越困难。

现以应变量 0.4 为例对材料常数进行求解，经摩擦修正后的实验数据如表 3-2 所示。因在低温高应变速率条件下热压缩过程中出现开裂现象，会影响流变应力的数值，故在计算材料常数时不采取试样有明显裂纹的数据。

表 3-2　应变量为 0.4 时对应的流变应力　　　　　　　　　　MPa

温度/℃	应变速率/s^{-1}				
	0.01	0.05	0.1	0.5	1
1100	114.2425	171.3136	226.3643	—	
1150	86.0524	131.9394	170.1449	224.1327	
1200	33.6378	61.1885	89.0384	121.6607	
1250	31.6301	45.2602	60.9414	81.4538	118.8720

根据表 3-2 中的数据，分别将同一温度、不同应变速率条件下的流变应力依次代入式（3-4）、式（3-5）和式（3-6）中，绘制出 $\ln\dot{\varepsilon}$-$\ln\sigma$、$\ln\dot{\varepsilon}$-σ 和 $\ln\dot{\varepsilon}$-$\ln\left[\sinh(\alpha\sigma)\right]$ 的散点图，并对其进行线性回归，如图 3-5 所示。从图 3-5（a）可知，$\ln\sigma$ 与 $\ln\dot{\varepsilon}$ 能够较好地满足线性关系，其中拟合直线斜率的倒数为 n_1；图 3-5（b）中的 σ 与 $\ln\dot{\varepsilon}$ 满足一定的线性关系，拟合直线斜率的倒数为 β。与变形温度为 1150℃及以下的流变应力相比，1200℃及以上时的流变应力明显偏小，流变应力并不是随温度升高而成一定比例下降（即在高低两变形温度区间的流变应力存在较大差值），从斜率上看也存在比较明显的差别；图 3-5（c）中 $\ln\left[\sinh(\alpha\sigma)\right]$ 与 $\ln\dot{\varepsilon}$ 满足一定的线性关系，拟合直线斜率的倒数为 n。均取平均值后得 n_1=3.484351，β=0.032528(α=β/n_1=0.009336MPa^{-1})，n=2.553105。

将表 3-2 中相应条件下的流变应力代入式（3-6），绘制出 $1/T$-$\ln\left[\sinh(\alpha\sigma)\right]$ 的散点图，并对其进行线性回归，如图 3-6 所示，拟合直线斜率的平均值为 27.44817。从图中还可知，拟合后 1150℃时的 $\ln\left[\sinh(\alpha\sigma)\right]$ 偏高（处于拟合线之上），而 1200℃及以上时略偏低（处于拟合线之下），与图 3-5（b）相对应。将式（3-6）获得的 $1/T$-$\ln\left[\sinh(\alpha\sigma)\right]$ 的拟合直线斜率的平均值，和式（3-6）求得的 $\ln\dot{\varepsilon}$-$\ln\left[\sinh(\alpha\sigma)\right]$ 的拟合直线斜率的平均值 n 代入式（3-12），可计算出铸态 TNM 合金的热变形激活能 Q=582.6288kJ/mol。

将所求得的热激活能 Q 代入式（3-16），便可获得对应的 $\ln Z$ 值，绘制出 $\ln Z$-$\ln\left[\sinh(\alpha\sigma)\right]$ 的散点图，如图 3-7 所示，并对其进行线性回归，由拟合直线的截距和斜率可分别得到 $\ln A$=45.34295、n=2.53895。为了求得更为精确的材料常数，

可将 n 值代入 $\alpha=\beta/n_1$ 中 n_1 位置进行迭代计算，直到求算 n 值时的标准差最小，此时计算所得材料常数更为真实可靠。

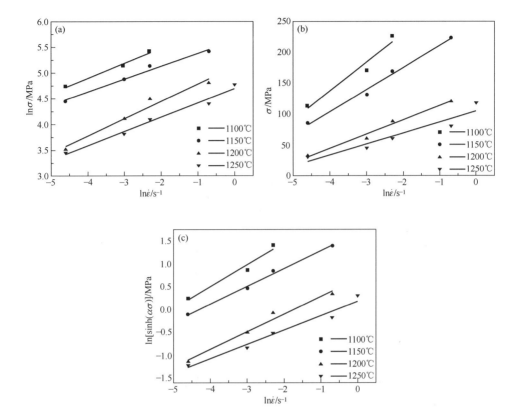

图 3-5　应变速率与流变应力的关系

（a）$\ln\dot{\varepsilon}$-$\ln\sigma$；（b）$\ln\dot{\varepsilon}$-σ；（c）$\ln\dot{\varepsilon}$-$\ln[\sinh(\alpha\sigma)]$

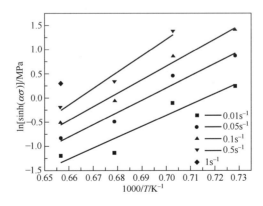

图 3-6　变形温度与应力的关系

本实验 TNM 合金的热激活能接近 Schwaighofer 和 Clemens 等[14]研究 Ti-42.82Al-4.05Nb-1.01Mo-0.11B 合金在 (1150～1300)℃ +(0.005～0.5)s^{-1} 条件下的热激活能（600kJ/mol）。此激活能远大于 Ti 原子在 γ-TiAl 合金中自扩散激活能（250kJ/mol），Al 原子在 γ-TiAl 合金中自扩散激活能为（360kJ/mol）[18]。通常材料的热变形激活能大于自扩散激活能就可以发生动态再结晶，因此动态再结晶是 TNM 合金高温变形过程中软化的主要机制。

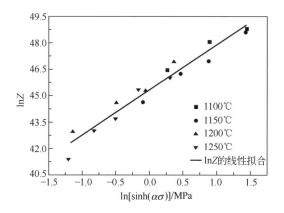

图 3-7　ln[sinh(ασ)] 与 lnZ 的关系图

（2）本构模型的构建

大多学者主要研究应变速率和变形温度对流变应力的影响，往往忽略变形程度此因素。实际上，应变大小对流变应力具有一定的影响，特别是在发生动态再结晶的情况下，流变曲线一般是经历峰值而后达到稳态。因此，利用峰值应力或稳态应力所构建的模型不能够准确地表征整个热变形过程的流变规律。本节为了研究 TNM 合金在热变形过程中的流变特征，特将应变量作为一个重要的因素予以考虑。应变大小对流变行为的影响主要体现在对材料常数（α、n、Q、A）的影响上，故求解不同应变量条件下的材料常数，如表 3-3 所示。

表 3-3　不同应变量下的材料常数

应变量	α/MPa^{-1}	n	Q/(kJ/mol)	ln$A$/s^{-1}
0.1	0.0067	2.8920	730.9261	57.4843
0.2	0.0076	2.7070	654.3272	51.1623
0.3	0.0084	2.6333	614.7199	47.9647
0.4	0.0093	2.5390	582.6288	45.3430
0.5	0.0102	2.4663	565.9653	44.0461
0.6	0.0113	2.4085	552.7015	43.0139

为了更准确地反映材料常数与应变量之间的关系，材料常数可表征为应变量的多项式函数，将表 3-3 中不同应变量下的材料常数进行多项式拟合，如图 3-8 所示。结果显示，当拟合次数为 6 时得到的拟合结果最佳，其相关系数达 0.9955，且残差平方和最小，这表明以应变为自变量的 6 次多项式函数能够很好地表征材料常数变化规律。

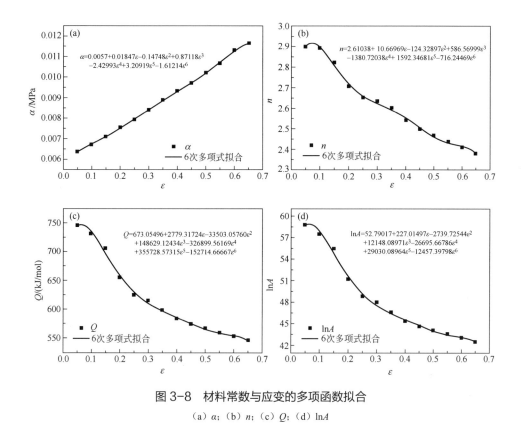

图 3-8 材料常数与应变的多项函数拟合

(a) α；(b) n；(c) Q；(d) $\ln A$

根据双曲正弦函数定义，流变应力可表征为 Z 参数的函数，结合多项式拟合结果，TNM 合金的本构模型可描述为

$$\begin{cases} \sigma = \dfrac{1}{\alpha} \ln\left\{ (Z/A)^{1/n} + \left[(Z/A)^{2/n} + 1 \right]^{1/2} \right\} \\ Z = \dot{\varepsilon} \exp(Q/RT) \\ \alpha = \alpha_0 + \alpha_1 \varepsilon + \alpha_2 \varepsilon^2 + \alpha_3 \varepsilon^3 + \cdots + \alpha_6 \varepsilon^6 \\ n = n_0 + n_1 \varepsilon + n_2 \varepsilon^2 + n_3 \varepsilon^3 + \cdots + n_6 \varepsilon^6 \\ Q = Q_0 + Q_1 \varepsilon + Q_2 \varepsilon^2 + Q_3 \varepsilon^3 + \cdots + Q_6 \varepsilon^6 \\ \ln A = A_0 + A_1 \varepsilon + A_2 \varepsilon^2 + A_3 \varepsilon^3 + \cdots + A_6 \varepsilon^6 \end{cases} \quad (3\text{-}33)$$

（3）本构模型的验证

模型的可靠与否直接关系到预测结果准确性，进而影响到反映实际流变规律的可信度。为此，有必要对模型的可靠性进行验证。在1125℃及0.15s⁻¹、1180℃及0.03s⁻¹和1250℃及0.8s⁻¹变形条件下，对比模型预测的流变应力与修正后的流变应力，如图3-9所示。从图中可看出，使用该本构模型预测的流变应力曲线与经修正后的流变应力能够较好地吻合，仅在高温高应变速率情况下偏差随应变量增加而增大，最大差值为27.55MPa。

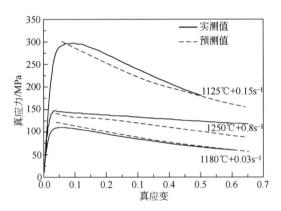

图3-9 预测与修正流变应力对比

为了量化表征模型的可信度，引入了数理统计参数相关系数（R）与平均相对误差（Average Relative Error, ARE）对预测值和修正值进行对比：

$$R = \frac{\sum\limits_{i=1}^{N}\left(\sigma_c^i - \overline{\sigma_c}\right)\left(\sigma_p^i - \overline{\sigma_p}\right)}{\sqrt{\sum\limits_{i=1}^{N}\left(\sigma_c^i - \overline{\sigma_c}\right)^2}\sqrt{\sum\limits_{i=1}^{N}\left(\sigma_p^i - \overline{\sigma_p}\right)^2}} \tag{3-34}$$

$$\mathrm{ARE}(\%) = \frac{1}{N}\sum\limits_{i=1}^{N}\left|\frac{\sigma_c^i - \sigma_p^i}{\sigma_c^i}\right| \tag{3-35}$$

式中，σ_c^i 为修正流变应力值；σ_p^i 为预测流变应力值；$\overline{\sigma_c}$、$\overline{\sigma_p}$ 为 σ_c^i 和 σ_p^i 的平均值；N 为数据点数。R 代表流变应力的预测值与修正值之间线性相关性强度的参数。在某些情况下，较高的 R 值并不意味着比对数据的线性相关都好，特别是在应力水平较高或较低的情况下，预测与修正值会出现一定幅度的偏差。而平均相对误差是通过将预测值与修正值进行逐个比对并统计二者的相对误差。因此，平均相对误差是一个无偏差的统计参数，能够客观、全面地反映二者的统计偏差信息。

对上述三种变形条件不同应变量（在0.05~0.60之间每隔0.05取点）的预测值

与修正值进行计算。图 3-10 为预测值与修正值的对比统计图。结果显示，预测值与修正值的相关系数和平均相对误差分别为 0.98476 和 6.15825%，较高的相关系数水平和较低的平均相对误差表明该模型能够很好地反映 TNM 合金的热变形流变规律。

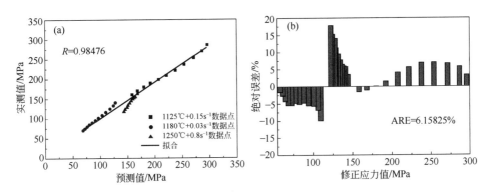

图 3-10　预测与修正流变应力的统计分析

（a）相关系数；（b）相对误差

3.2.4　热加工过程微观组织演变

（1）变形温度对微观组织的影响

图 3-11 是 TNM 合金在应变速率为 $0.01s^{-1}$ 条件下，不同变形温度压缩后的显微组织。从图 3-11（a）中可知，在 1100℃变形后，γ/α_2 片层组织和 β/B2 相沿着垂直于压缩方向弯曲、扭折并有拉长的趋势；当变形温度升高到 1150℃时，其组织与 1100℃基本相似，仅 β/B2 相的弯曲和拉长程度略有减轻；随变形温度升高到 1200℃，大部分 γ/α_2 片层组织开始分解［图 3-11（c）］，片层组织基本消失；当变形温度升高到 1250℃时，弯曲和扭折的 γ/α_2 片层组织分解完毕，由等轴的 α 和 β/B2 相组成，但 β/B2 相略有减少。

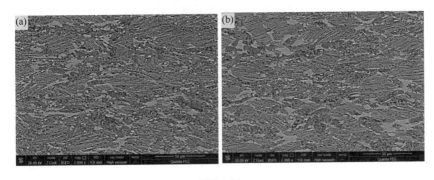

图 3-11

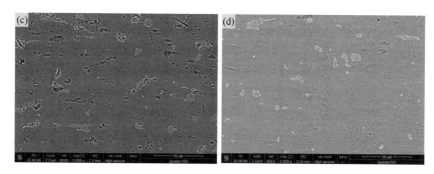

图 3-11　不同温度下压缩变形后显微组织（0.01s^{-1}）

(a) 1100℃；(b) 1150℃；(c) 1200℃；(d) 1250℃

　　通过扫描电镜的背散射成像很难辨别出是否发生再结晶行为，为此进行 EBSD 分析。图 3-12 是 TNM 合金在应变速率为 0.01s^{-1} 条件下，不同变形温度压缩后的 EBSD 组织。在 1100℃和 1150℃变形时，有动态再结晶 γ 晶粒出现，并随温度升高而增多。动态再结晶晶粒主要位于大角度晶界的片层组织边缘，而在原始 γ 晶粒和 β 晶粒内部以小角度晶界存在。变形温度升高到 1200℃时，γ/α$_2$ 片层组织逐渐分解转化成 α 相。当变形温度继续升高到 1250℃时，γ/α$_2$ 片层组织基本消失，仅有少量 γ 晶粒存在。图 3-13 为 TNM 合金在应变速率为 0.05s^{-1}，变形温度分别为 1100℃、1150℃和 1200℃时的 TEM 照片。变形温度为 1100℃时，γ 晶粒内有大量位错，并伴随大量孪晶，在 1150℃能发现 γ/α$_2$ 片层组织有所弯曲（从 1150℃+0.01s^{-1} 的 EBSD 中也能看出）；当变形温度升高到 1200℃时，片层组织开始分解，在片层团周围或分解处发现再结晶 γ 晶粒，并有较大的 β/B2 相晶粒出现。

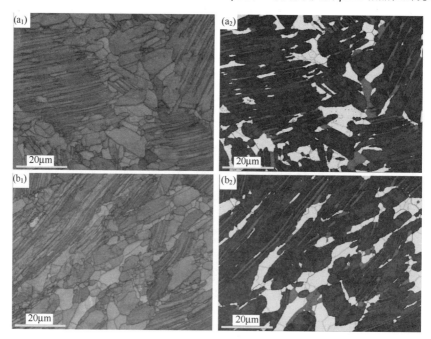

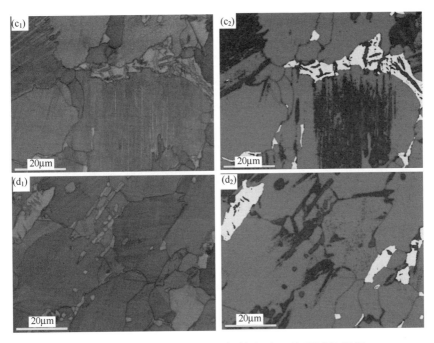

图 3-12　应变速率为 0.01s^{-1} 时各温度下的 EBSD 组织
（左-衬度图，右-相分布图）（见书后彩插）

（a_1）（a_2）1100℃；（b_1）（b_2）1150℃；（c_1）（c_2）1200℃；（d_1）（d_2）1250℃
（EBSD 图中蓝色为 γ 相，红色为 $α_2$ 相，黄色为 β 相）

　　与低温时由 γ+γ/$α_2$+β/B2 组成的显微组织相比，高温时 γ/$α_2$ 片层组织逐渐分解成 α 相，最终显微组织由 α+β/B2+γ（少量）组成。相对 β/B2 和 γ 相而言，γ/$α_2$ 片层组织

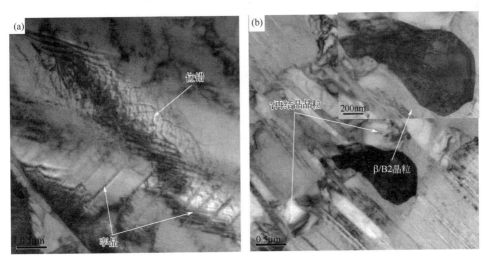

图 3-13

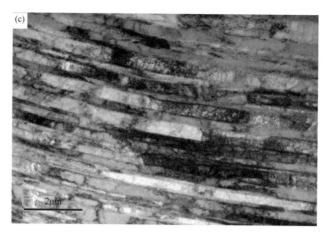

图 3-13　不同温度下的 TEM 照片（应变速率为 0.05s^{-1}）

（a）1100℃；（b）1200℃；（c）1150℃时弯曲的 γ/α$_2$ 组织

有高的高温强度，并由多相转变成两相，其变形不均匀性降低。与变形温度在 1100~
1150℃的流变应力相比，1200~1250℃时的流变应力明显偏小，在这两个温度区间
流变应力有较为明显的区别。

（2）应变速率对微观组织的影响

图 3-14 为 TNM 合金在 1150℃和 1250℃时应变速率分别为 0.1s^{-1} 和 1s^{-1} 压缩后

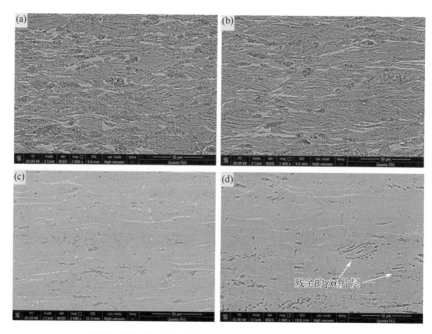

图 3-14　不同变形温度和应变速率下的显微组织

（a）1150℃+0.1s^{-1}；（b）1150℃+1s^{-1}；（c）1250℃+0.1s^{-1}；（d）1250℃+1s^{-1}

的显微组织。变形温度在 1150℃时，结合图 3-11（b）可知在低应变速率时 γ/α₂ 片层组织和 β/B2 晶粒沿着垂直于压缩方向发生弯曲和扭折；随应变速率的增大，组织压扁程度越加明显，但晶界处有呈圆形的 γ 相，应该是再结晶 γ 晶粒。图 3-15（a）是变形温度为 1150℃，应变速率为 0.05s⁻¹ 时的 EBSD 组织。与图 3-12（b）比较，应变速率提高不仅使 γ/α₂ 片层组织弯曲程度加重，而且动态再结晶 γ 晶粒明显增多。

变形温度在 1250℃时，结合图 3-11（d）可知在低应变速率时 γ/α₂ 片层组织基本消失；随应变速率增大，β/B2 晶粒沿着垂直于压缩方向被压扁，且有部分 γ/α₂ 片层组织存在，这是由于高应变速率的情况下变形时间短，γ/α₂ 片层组织没有足够时间进行分解。图 3-15（b）是变形温度为 1250℃、应变速率为 1s⁻¹ 时的 EBSD 组织。较多的 γ/α₂ 片层组织未发生分解，保持变形后的弯曲状，在片层组织分解处有较小的动态再结晶 γ 晶粒出现。

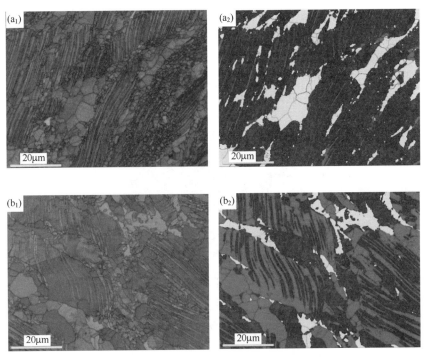

图 3-15　不同压缩条件下的 EBSD 微观组织
（左-衬度图，右-相分布图）（见书后彩插）

（a₁）（a₂）1150℃+0.05s⁻¹；（b₁）（b₂）1250℃+1s⁻¹
（EBSD 图中蓝色为 γ 相，红色为 α₂ 相，黄色为 β 相）

图 3-16 为 TNM 合金在变形温度为 1250℃，应变速率分别为 0.01s⁻¹、0.1s⁻¹ 和 1s⁻¹ 时的 TEM 照片。从图中可知，再结晶 γ 相的晶粒尺寸随应变速率增大而减小，并且在高应变速率时还有较多位错存在。低应变速率时，TNM 合金中存储能相对较少，再结晶驱动力相对较低，仅能在局部具有能量起伏的位置优先形核长大，所以

再结晶形核速率低。但低应变速率时的变形时间长，有利于动态再结晶及其长大和位错的攀移和对消。当应变速率提高时，变形时间减少，有较多的位错来不及抵消，故再结晶形核位置多，再结晶晶粒小。当应变速率较高时，变形时间更少，位错增殖速度较快，且没有足够的时间进行抵消和重组，所以晶体内部位错密度较高。

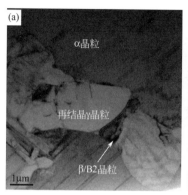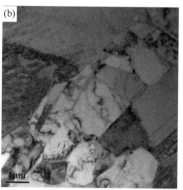

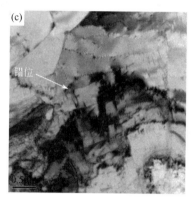

图 3-16   不同应变速率下的 TEM 照片（1250℃）

（a）$0.01s^{-1}$；（b）$0.1s^{-1}$；（c）$1s^{-1}$

3.2.5   动态再结晶和软化机制

（1）动态再结晶临界条件

现代动态再结晶理论认为，热塑性变形过程中材料发生动态再结晶的临界变形量 ε_c 与峰值应变 ε_p 之间存在一定的比例关系[19]：

$$\varepsilon_c = n\varepsilon_p \qquad (3-36)$$

目前，已有许多数学模型用于预测动态再结晶开始的临界条件。例如，Poliak 等[20]提出了基于热力学不可逆原理的动力学临界条件来确定动态再结晶开始的临界条件，如下所示：

$$\frac{\partial}{\partial \sigma}\left(-\frac{\partial \theta}{\partial \sigma}\right)=0 \tag{3-37}$$

$$\theta=\left(\frac{\partial \theta}{\partial \sigma}\right)_{\varepsilon,T} \tag{3-38}$$

式中，θ 为加工硬化率，动态再结晶开始的临界点可由 dθ/dσ-σ 关系曲线确定。

以下采用 θ-σ 曲线的三次多项式拟合来确定拐点，拟合时的流变应力以峰值应力为上限，如下所示：

$$\theta=a\sigma^3+b\sigma^2+c\sigma+d \tag{3-39}$$

式中，a、b、c、d 为与变形条件相关的材料常数。

将式（3-39）两边同时对流变应力 σ 求二阶导数，并令其值为 0，得到

$$\frac{\partial^2 \theta}{\partial \sigma^2}=6a\sigma+2b=0 \tag{3-40}$$

即可获得动态再结晶开始的临界应力值：

$$\sigma_c=-b/3a \tag{3-41}$$

将不同条件下的热压缩实验数据代入式（3-38）和式（3-40），可获得 θ-σ 和-dθ/dσ-σ 曲线，如图 3-17 和图 3-18 所示。动态再结晶开始的临界点是 θ-σ 曲线上的拐点与

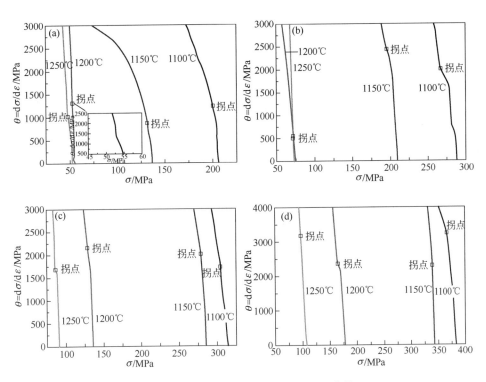

图 3-17　不同应变速率条件下的 θ-σ 曲线

(a) 0.01s^{-1}；(b) 0.05s^{-1}；(c) 0.1s^{-1}；(d) 0.5s^{-1}

-dθ/dσ-σ 曲线上的最低点相对应的点，由-dθ/dσ-σ 曲线确定动态再结晶开始的临界点后很容易得到与该应力值所对应的临界应变值，如表 3-4 所示。由表可知，随变形温度升高，TNM 合金的动态再结晶的临界应变减小，即推迟了动态再结晶的发生。变形温度升高使合金中原子热振动和扩散速率增大，位错的滑移比低温时容易，并可通过运动实现重组，促进动态再结晶形核。对于层错能较低不易发生动态回复的 TiAl 合金而言，变形温度升高可提高再结晶形核率与长大速度，加速动态再结晶。同时，变形温度升高还可降低材料的临界剪切分应力，增加可动滑移系数量。

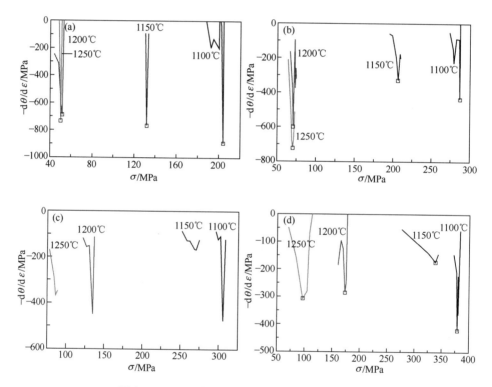

图 3-18   不同应变速率条件下的-dθ/dσ-σ 曲线

（a）0.01s^{-1}；（b）0.05s^{-1}；（c）0.1s^{-1}；（d）0.5s^{-1}

表 3-4   TNM 合金动态再结晶临界参数

变形温度/℃	应变速率/s^{-1}	σ_c	σ_p	σ_c/σ_p	ε_c	ε_p	$\varepsilon_c/\varepsilon_p$
	0.01	204.254	206.635	0.988	0.050	0.058	0.862
1100	0.05	287.194	288.351	0.996	0.054	0.062	0.871
	0.1	306.074	314.880	0.972	0.044	0.060	0.733
	0.5	379.581	383.895	0.989	0.049	0.061	0.803

变形温度/℃	应变速率/s^{-1}	σ_c	σ_p	σ_c/σ_p	ε_c	ε_p	$\varepsilon_c/\varepsilon_p$
1150	0.01	131.985	136.635	0.966	0.044	0.060	0.733
	0.05	205.984	208.901	0.986	0.037	0.043	0.860
	0.1	270.151	285.031	0.948	0.029	0.038	0.763
	0.5	339.442	343.948	0.987	0.036	0.044	0.818
1200	0.01	51.438	55.101	0.934	0.016	0.022	0.727
	0.05	70.760	74.359	0.952	0.020	0.031	0.645
	0.1	134.605	136.335	0.987	0.023	0.037	0.622
	0.5	173.399	177.502	0.977	0.025	0.033	0.756
1250	0.01	49.910	52.589	0.949	0.011	0.024	0.458
	0.05	70.478	73.283	0.962	0.012	0.024	0.500
	0.1	85.981	91.742	0.937	0.011	0.022	0.500
	0.5	96.932	113.730	0.852	0.008	0.016	0.500

（2）动态软化机制

本节所研究的 TNM 合金是含 β/B2 相的近片层组织，片层组织结构决定了其具有高的高温强度，但此结构不利于热加工过程中的塑性变形。Inui 等[21]研究了 TiAl 合金片层组织结构与屈服强度的关系，表明屈服强度强烈地依赖于片层组织结构方向与受力轴的夹角（Φ）。并计算了 PST TiAl 合金在 1100℃不同 Φ 值时片层结构的屈服强度：①当片层结构方向垂直于受力轴（$\Phi=90°$）时，$\sigma_s=260$MPa，此时只能沿片层界面剪切变形，而 α 相处于最难的滑移变形，称为硬取向；②当片层结构方向平行于受力轴（$\Phi=0°$）时，$\sigma_s=180$MPa，称为中间取向；③当片层结构方向与受力轴成中间角度（$\Phi\approx45°$）时，$\sigma_s=70$MPa，此时片层团容易变形，称为软取向。由于合金中片层组织的取向是任意分布，因此必将造成合金中片层组织的变形具有不均匀性，如图 3-11（a）和（b）所示。

对于 1100℃和 1150℃的低温变形，γ/α₂ 片层组织结构未发生分解。在变形的初始阶段，与压缩方向成一定角度的片层结构将产生弯曲变形，片层结构中 γ 相产生了少量的位错滑移和孪晶变形。由于片层结构的高温强度较高，为满足合金的协调变形，塑性变形将优先在晶界处高温强度较低的 γ 相上进行，γ 相产生大量位错滑移。孪生变形通过改变晶体取向，使得难变形和不利于滑移位向的位错滑移运动变成可能，因此孪生变形有利于 TiAl 合金片层结构的均匀变形。从图 3-12（b）的 EBSD 和图 3-13（a）的 TEM 照片中均能发现 γ 相中孪晶存在，说明孪生是 TNM 合金的变形机制之一。随变形继续增加到动态再结晶临界变形量时，γ 相动态再结晶晶粒开始在片层结构的边界处产生。随着变形继续进行，再结晶行为逐渐深入到片层结构内部，γ/α₂ 片层结构中 γ 相内的位错逐渐被动态再结晶晶粒取代，位错密度降低，加工硬化率降低，促使合金发生流变软化。动态再结晶 γ 晶粒在随后变形的主要方式为位错滑移。

对于 1200℃ 和 1250℃ 的高温变形，γ/α₂ 片层组织结构发生分解，B2 相开始向 β 相转变或已转变成 β 相。变形初期 β、α 和残余的 γ 相产生位错滑移变形，随后残余 γ/α₂ 片层组织弯曲变形。随着变形继续增加到动态再结晶临界变形量时，γ 相动态再结晶晶粒开始在未分解的片层结构的边界处产生。体心立方结构的 β 相有较多的滑移系，其高温强度低于 γ/α₂ 片层组织和 γ 相，有利于变形。相对其他强度较高的组织，位于片层结构周围或片层结构与 γ 相间或晶粒的交界处的 β 相，其变形过程位于晶界处的局部应力集中可以通过向邻近的 β 相发射位错而得到释放，或者说在变形过程中优先变形起到协调或"润滑"作用，降低片层组织或 γ 相内的应力，从而延缓裂纹的萌生，提高变形能力。此外，在变形过程中 β 相可从 γ/α₂ 片层结构中分解析出，在片层结构内部界面起协调变形作用。

综上所述，TNM 合金低温热塑性变形的变形机制为：初期以位于晶界处的 γ 相位错滑移为主，以孪生为辅；变形量达到一定程度时以 γ 相的动态再结晶和 β 相的位错滑移为主。TNM 合金高温热塑性变形的变形机制以 β、α 和 γ 相的位错滑移为主。TNM 合金热变形的软化机制为 γ 相的动态再结晶。

3.3 TiAl 合金热加工图研究

TiAl 合金可能直接铸造成航空发动机叶片、坦克和汽车等发动机的增压涡轮和阀等零部件，也可以通过锻造和轧制等热加工方法制备出航空发动机叶片、高超声速飞行器的蒙皮和翼部等。热加工工艺规范是 TiAl 合金锻造、轧制等热加工方式的实施依据。基于热压缩模拟的实验数据，可以绘制热加工图，明确热加工工艺窗口及工艺规范。为了制定科学合理的热加工工艺规范，在上一节热模拟实验的基础上引入了基于动态材料模型的热加工图来研究变形工艺参数优化与组织演化规律，为 TNM 合金热加工的顺利实施奠定理论基础。

本节的主要内容包括：热加工图的构建、组织演化机制分析；热加工工艺的制定与优化。

3.3.1 热加工图的构建

采用修正后的实验数据，选取应变量为 0.10、0.20、0.40 和 0.65 对应的流变应力进行加工图的构建。

研究表明[22]，采用三次多项式拟合得到的 $\ln\sigma$-$\ln\dot{\varepsilon}$ 关系能很好地表征不同变形条件下的流变曲线变化规律，即 $\ln\sigma$-$\ln\dot{\varepsilon}$ 的关系可描述为

$$\ln \sigma = a + b \ln \dot{\varepsilon} + c\left(\ln \dot{\varepsilon}\right)^2 + d\left(\ln \dot{\varepsilon}\right)^3 \tag{3-42}$$

式中，a、b、c、d 为与温度相关的材料常数。

图 3-19 为应变量分别为 0.10、0.20、0.40 和 0.65 时，利用三次多项式拟合得到的 $\ln\sigma$-$\ln\dot{\varepsilon}$ 关系的三次样条曲线。应变速率敏感性参数 m 即为不同变形条件下三次样条曲线的斜率，可计算如下：

$$m = \frac{\partial\left(\ln \sigma\right)}{\partial\left(\ln \dot{\varepsilon}\right)} = b \ln \dot{\varepsilon} + c\left(\ln \dot{\varepsilon}\right)^2 + d\left(\ln \dot{\varepsilon}\right)^3 \tag{3-43}$$

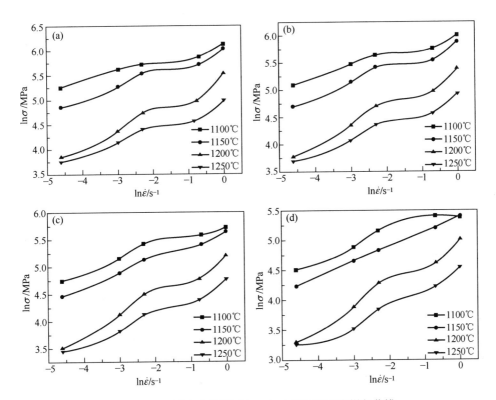

图 3-19　不同应变条件下 $\ln\sigma$-$\ln\dot{\varepsilon}$ 关系的三次样条曲线

（a）ε=0.10；（b）ε=0.20；（c）ε=0.40；（d）ε=0.65

图 3-20 为应变量分别为 0.10、0.20、0.40 和 0.65 时的应变速率敏感性参数 m 值。从图中可知，不同应变条件下 m 值的分布规律大体相同，且随着应变量的增加，m 值呈现出相似的变化趋势。

将式（3-43）代入式（3-25），便可计算出该合金在不同变形条件下的功率耗散效率(η)，如图 3-21 所示。图中的等高线代表不同的 η 值，η 值的大小与材料的组织演化密切相关，即不同的 η 值对应的显微组织各有其特征。对比图 3-20 和图 3-21 可发现，同一应变量下的 m 值与 η 值对应的等高线形貌非常相似，最值所对应的变形参数范围基本一致。由图 3-21 可知，随着应变的变化，η 值的变化趋势大致相同。位于功率耗散效率图中的左上角和左中位置的 η 值最小，而右上角的 η 值最大，同时位于中部偏右下方出现一个 η 极值。

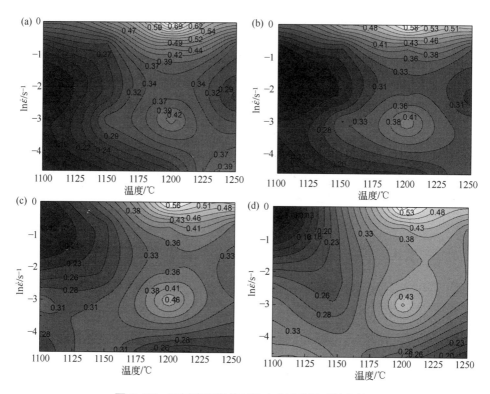

图 3-20　不同应变条件下的应变速率敏感性参数

（a）ε=0.10；（b）ε=0.20；（c）ε=0.40；（d）ε=0.65

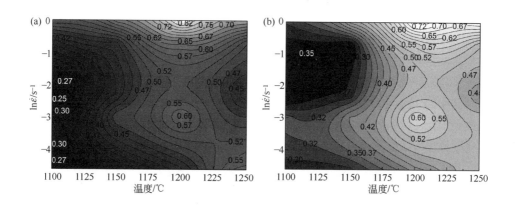

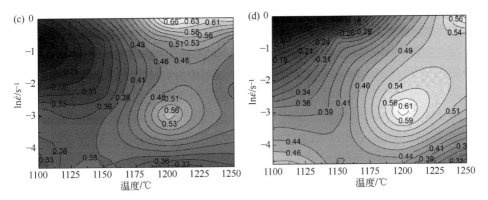

图 3-21　不同应变条件下的功率耗散图

（a）ε=0.10；（b）ε=0.20；（c）ε=0.40；（d）ε=0.65

根据 η 值的大小和变形工艺参数范围将应变量为 0.65 所对应的功率耗散图大致划分为三个区域，如表 3-5 所示。

表 3-5　应变为 0.65 时 TNM 合金的功率耗散区域划分

区域编号	功率耗散率 η	变形参数	
		变形温度/°C	应变速率/s⁻¹
I	0～0.29	1100～1175	0.1～1
II	0.29～0.46	1100～1160	0.05～0.1
		1175～1220	0.1～1
		1200～1250	0.01～0.03
III	0.46～0.61	1160～1250	0.01～0.13
		1220～1250	0.13～1

将式（3-43）代入式（3-26），即可求得失稳系数的表达式：

$$\xi\left(\dot{\varepsilon}\right)=\frac{\partial \ln\left(\dfrac{m}{m+1}\right)}{\partial \ln \dot{\varepsilon}}+m=\frac{2c+6d\ln \dot{\varepsilon}}{m(m+1)\ln 10}+m \tag{3-44}$$

失稳图是用来描述失稳系数 $\xi\left(\dot{\varepsilon}\right)$ 随着变形温度和应变速率的变化而体现出来的变化规律。失稳系数大于零的区域为安全区，失稳系数小于零的区域为失稳区。图 3-22 为 TNM 合金在应变量分别为 0.10、0.20、0.40 和 0.65 时的失稳图，失稳区域用阴影部分表示。从图 3-22（a）可以看出，当应变量为 0.1 时，失稳区域主要集中在低温-中等应变速率区域。随着应变量增加到 0.2 时，失稳区域从低温-中等应变速率区域向低温-高应变速率区域扩展，如图 3-22（b）所示。应变量增加到 0.4 时，位于低温-高应变速率区域的失稳区域逐渐向中低温-高应变速率区域扩大，而低温-中等应变速率区域仍然存在，如图 3-22（c）所示。当应变量达到 0.65 时，高应变速

率条件下的失稳区域已经扩展到中温区域，中等应变速率条件下的失稳区域也逐渐
向中温区域靠拢。

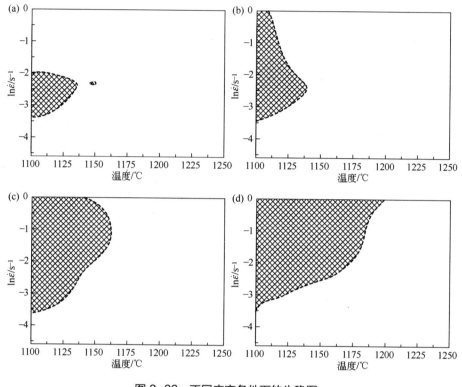

图 3-22　不同应变条件下的失稳图

（a）$\varepsilon=0.10$；（b）$\varepsilon=0.20$；（c）$\varepsilon=0.40$；（d）$\varepsilon=0.65$

　　图 3-22 分别给出了应变量为 0.10、0.20、0.40 和 0.65 条件下失稳区的分布规律，
然而对于失稳区与安全区没有明确的界定，且对于失稳系数的变化规律尚不清楚。
为了更为直观地表征失稳区的失稳特征，分别给出了应变量为 0.10、0.20、0.40 和
0.65 时失稳区范围，如表 3-6 所示。表中给出了不同应变条件下失稳区所对应的工
艺参数范围，在制定热变形工艺时要尽量规避这些区域。

表 3-6　TNM 合金失稳图的失稳区域划分

应变量	区域编号	变形参数	
		变形温度/℃	应变速率/s^{-1}
0.1	I	1100~1140	0.035~0.13
0.2	I	1100~1150	0.035~1
0.4	I	1100~1140	0.025~0.15
	II	1100~1160	0.15~1

续表

应变量	区域编号	变形参数	
		变形温度/℃	应变速率/s⁻¹
0.65	I	1100~1175	0.025~0.13
	II	1100~1187	0.13~1
	III	1187~1200	0.5~1

  基于 DMM 模型的热加工图是根据材料的热加工模型和变形失稳准则并由相应的功率耗散图与失稳图叠加而成。图 3-23 是 TNM 合金在应变量分别为 0.10、0.20、0.40 和 0.65 时的热加工图，阴影部分为失稳区，在制定热加工工艺时要尽量避免在失稳区域内选取工艺参数。阴影部分以外的区域为安全区，也就是制定热加工工艺所优先考虑的工艺参数区域。

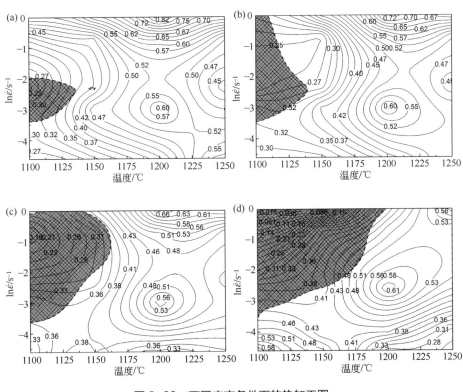

图 3-23　不同应变条件下的热加工图
（a）ε=0.10；（b）ε=0.20；（c）ε=0.40；（d）ε=0.65

  通常来讲，位于安全区内的 η 值越大，表明能量耗散状态越低、材料的内在可加工性能越好。根据 η 值的大小和变形工艺参数，将不同应变条件下的安全区域进行划分，如表 3-7 所示，为最终的热变形工艺制定提供重要理论依据。

表 3-7　TNM 合金安全加工区域划分

应变量	区域编号	变形参数	
		变形温度/°C	应变速率/s^{-1}
0.1	I	1100~1140	0.01~0.035
	II	1100~1250	0.13~1
	III	1140~1250	0.01~1
0.2	I	1100~1140	0.01~0.035
	II	1140~1250	0.01~1
0.4	I	1100~1125	0.01~0.025
	II	1100~1160	0.01~0.13
	III	1160~1250	0.01~1
0.65	I	1100~1175	0.01~0.025
	II	1187~1200	0.01~0.5
	III	1200~1250	0.01~1

3.3.2　热加工图分析

Raj[23]指出，热加工图中的不同区域所代表的变形机制各不相同。安全区所对应的变形机制主要包括动态回复、动态再结晶以及超塑性变形等。一般来讲，动态再结晶对应的温度区间为 $(0.7~0.8)T_m$。对于低层错能材料，其应变速率范围在 0.1~1s^{-1}，对应的 η 值范围在 0.30~0.40；对于高层错能材料，其应变速率约为 0.001s^{-1}，对应的 η 值范围在 0.50~0.55；而对于中等层错能材料，其最大 η 值约为 0.40。动态回复通常位于中等变形温度-中等应变速率范围，且功率耗散主要是用于位错的滑移和攀移，因而 η 值不会太高。

失稳区所对应的变形机制主要包括机械孪晶、楔形开裂、沿晶开裂、局部塑性流动和绝热剪切等。一般而言，楔形开裂出现的温度区间为 $(0.7~0.8)T_m$，当应变速率低于 0.01s^{-1} 时，该失稳机制随着应变速率的降低而变得更为明显，通常出现在压缩试样的凸出部位（即易变形区存在拉应力的位置），可在三角晶界处观察到楔形开裂特征。

通过观察微观组织，结合图 3-23（d）中应变量为 0.65 时的热加工图，分析不同区域的变形机制。首先讨论失稳区，低温-高应变速率区域［图 3-23（d）左上部］，此区域的功率耗散效率 η 最低，其值在 0~0.41，并且 η 值随变形温度下降和应变速率的上升而显著降低。从图 3-2 中热模拟压缩后鼓形位置的截面形貌可知，低温-高应变速率区域变形后均有裂纹产生，且随变形温度下降和应变速率的上升裂纹越加明显。图 3-24 是 TNM 合金在应变量为 0.65 时，不同失稳区内的组织。在低温-高应变速率区域内，γ 相的动态再结晶晶粒较少［图 3-12（b$_1$）（b$_2$）］。在高应变速率条件下，片层组织之间将产生相对转动，且片层组织具有高的高温强度，当扭转力大于晶界间结合力（片层团之间或片层团与 γ 相和 β/B2 相间的结合力）时，这种转动将引起晶界间的分离，形成孔洞［图 3-24（b）］，随扭转力的继续增大，孔洞将扩展成微裂纹［图 3-24（a）］，最终造成合金开裂（图 3-2），故此区域不适合进行热加工。

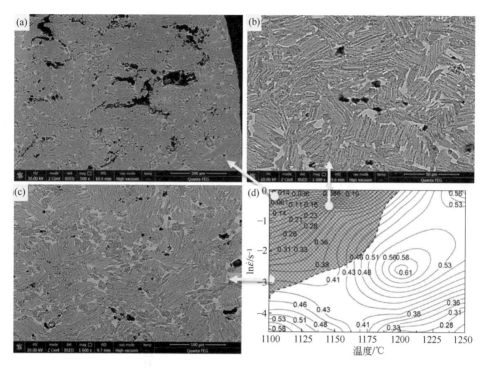

图 3-24　应变量为 0.65 时失稳区的微观组织

（a）1100℃+1s^{-1}；（b）1150℃+0.5s^{-1}；（c）1100℃+0.05s^{-1}；（d）热加工图

对于安全区的低温-低应变速率区域的功率耗散效率 η 在 0.43～0.58，且 η 值随应变速率下降而增大。由于低应变速度条件下变形时间长，γ 相有较多的时间进行再结晶；合金内的原子有较充足的时间进行扩散和晶界的迁移，用于组织转变的功率较大，故功率耗散效率值相对较高。合金在此区域内变形也发生了片层组织压扁弯曲变形［图 3-25（c）］，但其程度远小于低温-高应变速率区域，故合金可在此区域进行热加工。

高温-高应变速率区域的功率耗散效率 η 在 0.48～0.56，而高温-低应变速率区域的功率耗散效率出现下降。通过前面 DSC 分析可知 TNM 合金在 1194℃时 γ/α_2 片层组织开始分解，1200℃时 B2 相开始向 β 相转变。此时的变形机制是由具有高的热强度的 γ/α_2 片层组织大部分分解为 γ 和 α 两单相组织，同时硬的 B2 相向体心立方的 β 相转变。相对于低应变速率，高应变速率时变形时间短，γ/α_2 片层组织分解量少［图 3-25（b）］，所以存在片层组织压扁弯曲变形［图 3-14（a）和图 3-15］。位于热加工图中右部的中高温-中低应变速率区域，合金中的原子有较充足的时间进行扩散和晶界迁移，加之有较高的温度，原子有较大的活动性，用于组织转变的功率也较大，所以合金的功率耗散效率 η 出现 0.61 的最高值，故此区域较适合热加工。

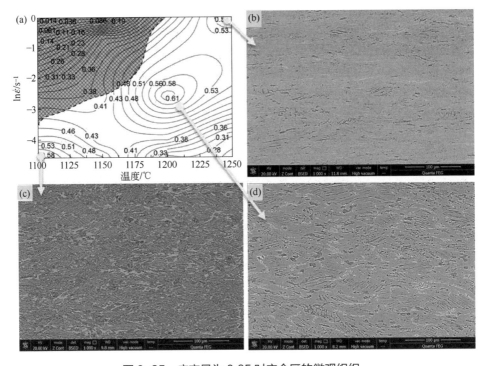

图 3-25　应变量为 0.65 时安全区的微观组织

（a）热加工图；（b）1250℃/1s⁻¹；（c）1100℃/0.01s⁻¹；（d）1200℃/0.05s⁻¹

3.4　TiAl 合金轧制变形及组织调控

　　TiAl 合金的微观组织对变形温度、应变速率具有较高的敏感性。因此，在实际生产过程中常使用包套轧制工艺制备 TiAl 合金板材。本节基于前期对 TiAl 合金热变形工艺的探索，进行 TiAl 合金板材的轧制制备。研究不同轧制工艺对 TiAl 合金微观组织及力学性能的影响，同时通过热处理工艺对 TiAl 合金微观组织进行调控，尽可能地降低室温 β/B2 相含量，优化 TiAl 合金板材的力学性能。

3.4.1　Ti-44Al-4Nb-1.5Mo 合金板材制备

　　在 2.2 节熔炼制备及热等静压处理后得到的 TNM2（名义成分 Ti-44Al-4Nb-1.5Mo）合金铸锭上，利用线切割工艺从 TiAl 合金中心区域切取尺寸为 80mm×40mm×10mm的 TiAl 合金坯料。不锈钢材料能够很好地协调 TiAl 合金的塑性变形[24]，因此可选择不锈钢作为包套外壳材料。同时，需要对不锈钢外壳的尺寸进行合理设计，既保证不锈钢外壳与 TiAl 合金板材留有足够的空间来避免变形过程中的应力集中，又要求不锈钢外壳与板材足够贴合,防止发生不均匀塑性变形[图 3-26(b)]。TiAl 合金在变形过程中对温度十分敏感,为了减少在轧制过程中出现的温度下降,在板材与不锈钢外壳中间填充一层高温防护棉,如图 3-26(c)所示。随后,将不锈钢上下壳进行焊合,防止在轧制过程中出现上下壳的剪切开裂。

图 3-26 包套轧制组坯示意图

(a)不锈钢外壳;(b)放置板材;(c)填充保温棉;(d)焊合不锈钢外壳

随着变形温度升高,TiAl 合金热加工塑性变形能力得到提升,但过高的温度也可能导致晶粒粗大。根据 TiAl 合金热加工图,TiAl 合金在 1200℃时的热变形能力较强,因此本次包套轧制选择的变形温度为 1200℃。表 3-8 为 TiAl 合金轧制工艺表。板材初始厚度(含不锈钢外壳)为 40mm,在变形初期,选择 20%的大压下量,随后的 2～10 道次选择 15%压下量,最后一个道次压下量为 10%。在每道次轧制后都要返回加热炉进行 15min 的保温,以尽可能避免温降对轧制产生的不利影响。在轧制过程中,为研究不同变形量对 TiAl 合金热变形的影响,设计了两个变形条件:其中一块板材轧制至第 7 个道次,最终板厚为 12.1mm,总的压下量为 69.8%,简称为 R7 板材;另一块板材轧制至第 11 道次,最终板厚为 6.8mm,总的压下量为 83.0%,简称为 R11 板材。板材轧制后均放置在保温炉中(800℃)随炉冷却至室温。

表 3-8　TiAl 合金道次轧制工艺表

道次	轧前厚度/mm	轧后厚度/mm	道次压下量/mm	道次压下率/%
1	40.0	32.0	8.0	20.00
2	32.0	27.2	4.8	15.00
3	27.2	23.0	4.2	15.44
4	23.0	19.6	3.4	14.78
5	19.6	16.7	2.9	14.80
6	16.7	14.2	2.5	14.97
7	14.2	12.1	2.1	14.79
8	12.1	10.3	1.8	14.88
9	10.3	8.8	1.5	14.56
10	8.8	7.5	1.3	14.77
11	7.5	6.8	0.7	9.33

3.4.2　轧制态 TiAl 合金板材微观组织分析

在包套轧制过程中，TiAl 合金中心区域与边部区域所处的应力环境不同，同时边部区域由于接触不锈钢，更容易产生温降。相应地，有必要研究 TiAl 合金轧制变形后不同区域的微观组织。图 3-27（a）为 R7 板材边部区域的微观组织。可以看到 γ/α_2 片层组织大部分得以保留，但片层组织扭折弯曲，在 γ/α_2 片层周边出现少量球化的 β 相和 α_2 相颗粒，说明在片层界面处发生了动态再结晶。图 3-27（b）为 R7 板材中心区域的微观组织，其主要由等轴的 γ、α_2 和 β 相以及残余 γ/α_2 片层组成，其中 γ/α_2 片层体积分数显著低于边部区域。相比于边部区域，中心区域的微观组织更加均匀，且晶粒更加细小。与在 1200℃进行热模拟压缩后获得的组织相比，包套轧制变形后的组织中 γ/α_2 片层比例更高，且出现了大量等轴再结晶 γ 相，而再结晶 α_2 相则较少。这主要是因为包套轧制时应变速率较大，易发生片层内的动态再结晶。大量等轴再结晶 γ 相的出现，则是因为：一方面，在每道次轧制后 15min 的保温给再结晶晶粒提供了充足的长大时间，由于 γ 相优先于 α_2 相进行再结晶的形核与长大，导致出现大量等轴 γ 相；另一方面，保温能够释放轧制时产生的应变能，抑制 $\gamma \rightarrow \alpha_2$ 相变，使得 α_2 相含量较少。

图 3-28 为 R7 板材中心区域微观组织的 EBSD 相图及反极图（Inverse Pole Figure，IPF）。在图 3-28（a）的相图中，绿色、蓝色和红色区域分别代表 γ、β 和 α_2 相，各自的体积分数分别为 80.0%、16.1% 和 3.9%。相比于热等静压态组织，各相体积分数分别变化 -4.3%、5.1% 和 -0.8%，即轧制变形后 β 相含量升高，α_2 相和 γ 相含量均出现下降。等轴状的 γ、β 和 α_2 相由于发生了动态再结晶，其平均晶粒尺寸分别降低至 $4.9\mu m$、$6.2\mu m$ 和 $5.6\mu m$，呈弥散状分布在 γ/α_2 片层周围。同时，在 γ 相中可以观察到孪晶的存在，如图 3-28（a）中箭头所示。在 IPF 图的上部区域 [图 3-28（b）方框内]，可以看到一个

完整的 γ/α₂ 片层，其内部晶粒取向基本一致。在方框内箭头所指处，可以看到一些取向与 γ/α₂ 片层取向不一致的粗大板条，这些区域为再结晶长大的 γ 相板条。在 IPF 图中部（黑色圈选区域），可观察到该区域晶粒取向十分散乱，说明片层内部存在大量新生成的晶粒，这些晶粒十分细小，尺寸小于 1μm。图 3-28（b）中方框区域和圈选区域都对应着图 3-28（a）中的残余 γ/α₂ 片层组织，但由于变形程度不同，片层再结晶程度也有所不同。在圈选区域，γ/α₂ 片层变形更严重，再结晶程度更高，导致片层部分破碎分解。

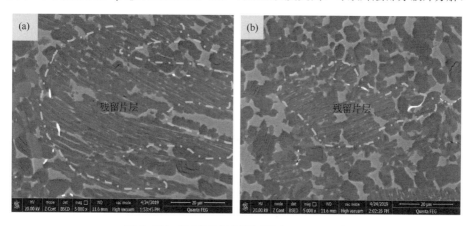

图 3-27　R7 轧制板材微观组织 SEM 图片

（a）边部区域；（b）中心区域

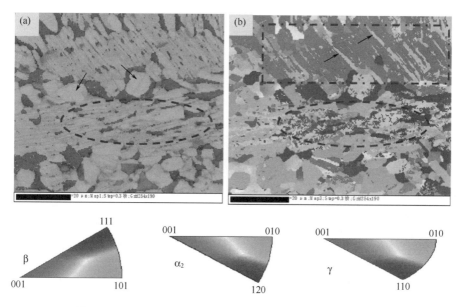

图 3-28　R7 轧制板材微观组织 EBSD 图片（见书后彩插）

（a）相图；（b）IPF 图

图 3-29 为 R11 板材轧制后的边部及中心区域微观组织。从图 3-29（a）可以看到在 R11 板材的边部区域出现了一些楔形裂纹，同时在晶粒与晶粒之间存在孔洞。如箭头所示，在裂纹两侧晶粒的流动方向有着明显的不同，说明开裂来源于 TiAl 合金中微观晶粒的不均匀变形。一方面，相对于 R7 板材，R11 板材压下量更大，边部区域承担的变形量较大，容易发生局部流动失稳；另一方面，随着压下量的提升，包套材料变薄，热量散失速度加快，较低的温度不利于 TiAl 合金的塑性变形，这两个原因导致了裂纹的出现。图 3-29（b）显示 R11 板材的中心区域基本已经没有 γ/α_2 片层组织，其组织主要由等轴状 γ 相、β 相和 α_2 相组成。

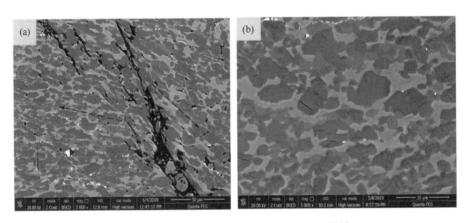

图 3-29　R11 轧制板材微观组织 SEM 图片

（a）边部区域；（b）中心区域

图 3-30 为 R11 板材中心区域的 EBSD 相图及取向差角分布图。在图 3-30（a）中，γ、β 和 α_2 相含量分别为 60.6%、29.9% 和 9.4%。相比于较小压下量的 R7 板材，R11

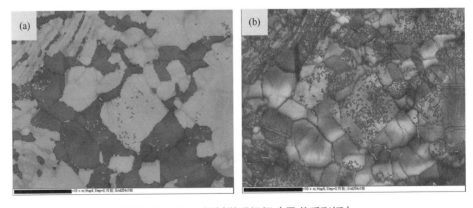

图 3-30　R11 板材微观组织（见书后彩插）

（a）EBSD 相图，其中红色为 α_2 相，绿色为 γ 相，蓝色为 β 相；（b）取向差角分布图

板材中 γ 相含量下降，β 相和 α₂ 相含量均有所提升。图 3-30（b）为取向差角度分布图，其中红色为 2°～5° 小角晶界，绿色为 5°～15° 中角晶界，蓝色为 15°～90° 大角晶界。可以看出，在 γ 相内部出现大量蓝色的大角晶界，说明了动态再结晶的发生。作为 TiAl 合金板材中含量最高的相，γ 相的动态再结晶是轧制过程中主要的变形机制。在 γ 相中还可以观察到孪晶结构，如图 3-31（a）所示。此外，β 相的协调变形作用在轧制中得到了验证，如图 3-31（b）所示。

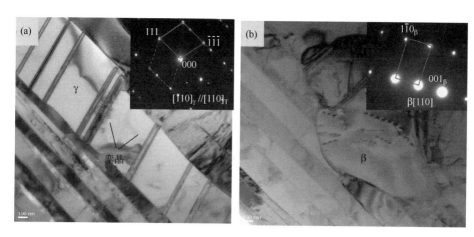

图 3-31　R11 板材微观组织

（a）γ 相中孪晶；（b）β 相中位错

对比 R7 和 R11 板材的微观组织，可以看出随着变形量的增加，TiAl 合金中残余 γ/α₂ 片层含量下降。这是由于大压下量促进了 γ/α₂ 片层的动态再结晶，进而诱导 γ/α₂ 片层的破碎分解。在组织均匀性方面，R7 板材由于变形量较小，边部与中心区域组织差异不大。R11 板材边部区域由于大变形及温降出现了边裂，而中心区域组织发生了充分的再结晶，组织细小均匀。

3.4.3　热处理对 TiAl 合金板材微观组织的影响

TiAl 合金中 β/B2 相会对服役过程中的蠕变、疲劳等性能造成不利影响，因此有必要对轧制后的 TiAl 合金板材进行合适的热处理，以尽可能减少 TiAl 合金板材中 β/B2 相的含量，获得具有均匀、细小片层的微观组织。

（1）热处理温度对微观组织的影响

图 3-32 为 R7 板材分别在 1150℃、1250℃、1350℃进行 1h 保温，随后空冷的微观组织。图 3-32（a）显示当温度为 1150℃时，组织主要由等轴状 γ、α₂ 和 β 相组成，片层组织基本已经不复存在。在 1250℃进行热处理时，初始轧制态组织转变为片层

组织，少部分游离的 β 相颗粒弥散分布在片层边界，此时，片层平均尺寸为 25.7μm。当温度进一步升高到 1350℃时，仅能观察到粗大的片层组织，尺寸在 50～100μm，并且在组织中可以观察到白色的偏析带。

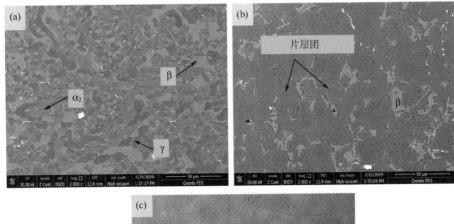

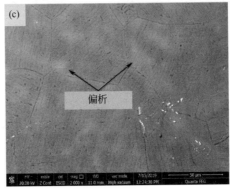

图 3-32　TiAl 合金 R7 板材在不同条件下热处理后的微观组织

（a）1150℃/1h，空冷；（b）1250℃/1h，空冷；（c）1350℃/1h，空冷

图 3-33 为 R11 板材经过不同温度热处理后的微观组织，图 3-33（b）、（d）、（f）分别为图 3-33（a）、（c）、（e）的局部放大图。从图 3-33（b）可知，相比于轧制态组织，经过 1150℃热处理后，组织变形拉长的痕迹基本消失，并且 α_2 相含量明显提升。在 1250℃进行热处理后，可以看到组织基本是由 γ/α_2 片层（平均尺寸为 21.7μm）和分布在片层边界的 β 相晶粒组成，γ 相也分布在片层边界处，和 β 相"嵌合"在一起。相比于轧制态，热处理后 β 相含量明显下降。在 1350℃进行热处理后，可以看到组织基本都是由 γ/α_2 片层组成，片层的平均尺寸为 50～80μm，在片层周边稀疏分布 β 晶粒。相比于 R7 板材，经过热处理后的 R11 板材片层尺寸较小，这是由于 R11 板材变形量大，轧制变形后位错、缺陷较多，提供了较多的再结晶形核位点，使得热处理后的片层更加细小。在 1350℃进行热处理时，R7 和 R11 板材中的片层均出现了快速长大，这主要是因为温度过高，在 α 单相区出现了非正常长大。在 1250℃

进行热处理时［图 3-33（d）］，片层长大并不明显，主要是因为在该温度下进行热处理，并没有超过 α 相转变温度，α_2 相与 γ 相在长大的过程中相互钉扎，抑制 γ/α_2 片层的长大。

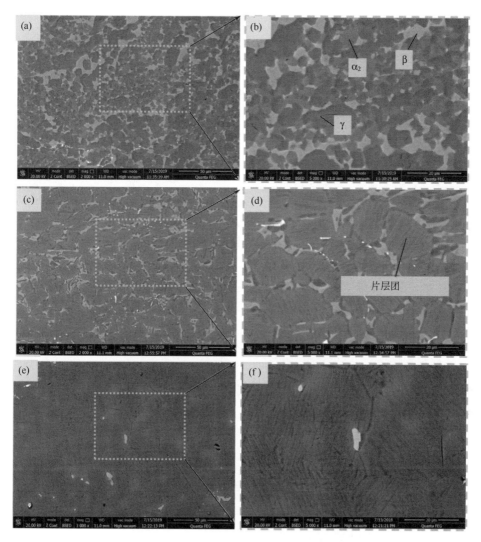

图 3-33　TiAl 合金 R11 板材在不同条件下热处理后的微观组织

（a）（b）1150℃/1h，空冷；（c）（d）1250℃/1h，空冷；（e）（f）1350℃/1h，空冷

（2）循环热处理消除 β 相机制

由不同温度下的热处理结果可知，在 1250℃进行热处理可以有效降低 β/B2 相含量。为进一步调控 TiAl 合金中 β/B2 相含量，对 TiAl 合金在 1250℃进行循环热处理。由于 R11 板材在热处理后得到的晶粒尺寸更加细小，因此仅在 R11 板材上进行循环

热处理。图 3-34 为不同循环次数后 R11 板材的微观组织。循环热处理 3 次、6 次及 9 次后 β 相含量分别为 11.7%、5.2%和 4.1%。可以看出，随着循环热处理次数的不断增加，组织中 β 相的含量也在不断下降。同时，可以看出随着热循环次数的增加，γ/α₂ 片层尺寸呈现先增大后变小的趋势。β 相分布在片层边界，在一定程度上可以抑制片层的生长。当循环热处理次数从 3 次增加到 6 次，β 相含量大幅减少，抑制片层生长的作用减弱，因此片层尺寸增加。而随着循环热处理次数的进一步增加（6 次到 9 次），β 相含量下降不明显，而不断的循环热处理则促进了再结晶形核，起到了细化片层的作用。罗媛媛等[25]通过循环热处理对含 Ta-TiAl 合金微观组织进行了细化，并指出循环热处理的细化机制有两种：相界 α 形核机制和晶界 α 形核机制。

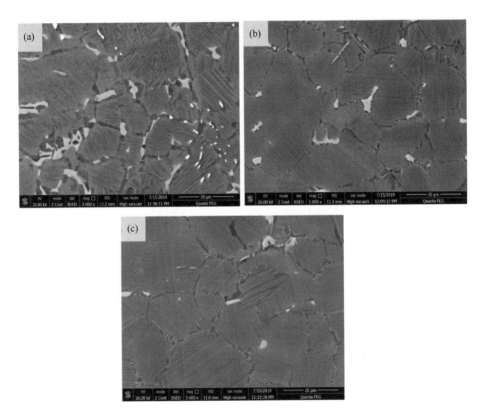

图 3-34　R11 板材循环热处理后的微观组织

（a）3 次；（b）6 次；（c）9 次

通过观察 TEM 图片（图 3-36），对 9 次循环热处理后 γ/α₂ 片层的片层间距进行统计，约在 100nm，远低于热等静压态组织的片层间距[(338±16)nm]。在 1250℃进行循环热处理时，由于热处理温度略微高于 $T_{\text{γsolve}}$（1247℃）温度，因此组织处于一种

刚进入 α 相区的临界状态。在每次热循环的冷却过程中，细小 γ 板条从 α 相中析出，同时发生 α→α₂ 相有序化反应，进而形成 γ/α₂ 片层结构。图 3-35 为 TiAl 合金在 1250℃ 保温后急速冷却的 TEM 形貌，可以看到在 TiAl 合金初始 γ/α₂ 片层中又出现了细小的板条片层 [图 3-35（a）]。在图 3-35（b）中可以观察到原始 γ/α₂ 片层被"分割"成几个细小的片层。如"1"所指区域，新生片层与原始片层存在较大的取向差，这种取向差减少了相变时需要克服的阻力[26]。如图 3-35（b）中"2"所指，在初始片层内部形成了亚晶界，这主要是因为在轧制变形并升温到 1250℃ 后，初始 α 相中存在元素分布的不均匀，在急速冷却过程中片层内部产生内应力，出现位错、孪晶和台阶等缺陷，并进而合并形成亚晶界[27]。在多次循环热处理后，这些亚晶界会成长为新生的片层晶界，从而细化片层组织。

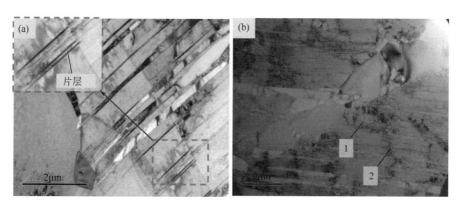

图 3-35　R11 板材 1250℃ 保温后急速冷却 TEM 图

（a）片层内板条析出细化；（b）片层内新生片层

TiAl 合金中 β 相的形成主要是由于 Nb、Mo 等 β 相稳定元素在晶界处的偏析造成的，在高温热处理时，Nb、Mo 等原子发生扩散，使得 β 相减少或者消失。在热处理过程中，β 相的消除是一个非稳态扩散过程，可以理想化假设 β 相为球形，由 Fick 第二定律可知该扩散模型如下[28]：

$$\frac{\partial C}{\partial t} = \frac{D}{r^2} \times \frac{\partial}{\partial r}\left(r^2 \frac{\partial C}{\partial r}\right) \tag{3-45}$$

$$\frac{\partial C}{\partial t} = \frac{2D}{r} \times \frac{\partial C}{\partial r} + D\frac{\partial^2 C}{\partial r^2} \tag{3-46}$$

对其化简后，有：

$$D = D_0 \exp\left(-\frac{Q}{RT}\right) \tag{3-47}$$

式中，$\frac{\partial C}{\partial t}$ 为垂直于扩散方向的任一平面上，单位时间内通过该平面单位面积的物质的量；r 为球体半径；D、D_0 为扩散系数及本征扩散系数；Q 为扩散激活能。

在热变形过程中，β 相发生塑性变形导致晶粒破碎，晶粒尺寸，也即是球体半径 r 下降，根据式（3-46），可知 $\dfrac{\partial C}{\partial t}$ 会增大，进而有利于 β 相的扩散分解，这解释了大变形量 R11 板材经过热处理后残余 β 相含量较低的现象。而当热处理温度升高时，由式（3-47）可知，扩散系数 D 也会升高，有利于 β 相的扩散消除，这也是在 1350℃ 进行热处理时，β 相基本消失，组织基本为片层的原因。从原子扩散角度来看，当温度升高时，β 相富集元素 Nb、Mo 扩散激活能下降，扩散更加容易进行。另外，由于 β、γ 及 γ/α₂ 中的 Ti、Al 元素含量不同，具体表现为 Ti 含量从高到低依次为 β>γ/α₂>γ，在热处理过程中 β 相会最先进入 γ+α₂ 两相区，导致自身分解，在分解的过程中伴随着 Ti 元素的排出以及 Al 元素的吸入[29]。

图 3-36 为 R11 板材分别经过 3 次及 9 次循环热处理后的 TEM 形貌图。在图 3-36（a）中，可以观察到片层周边存在 γ、β 以及 α₂ 晶粒。其中，在 α₂ 晶粒内部可以观察到细小 γ/α₂ 片层团的析出，如框选区域所示。一般来说，β 相在排出 Ti 元素并吸入 Al 元素后，会优先转化为 α 相，这是因为这两个相化学成分更为接近，成分转换完成比较快。随后这些 α 相在冷却过程中转换为 γ/α₂ 片层。图 3-36（b）为热循环 9 次后的 TEM 形貌，可以观察到片层边界处基本已经没有等轴组织，在两个大的片层中间还可以观察到一个尺寸约 2μm 的片层，这应该是 β 相消除后片层还没有完全长大的形貌。综上可知，β 相的消除机制在于 Nb、Mo 等原子扩散以及 β→α→γ+α₂ 相变，其中轧制变形后存在的畸变能、缺陷以及热处理过程中较高的温度、循环热应力驱动了 β 相的消除。

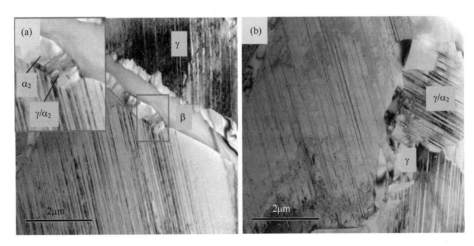

图 3-36　R11 板材循环热处理后的 TEM 形貌

（a）3 次；（b）9 次

3.4.4　TiAl 合金力学性能与断裂机理

（1）TiAl 合金力学性能

图 3-37 为在 1250℃进行 9 次循环热处理后的 TiAl 合金板材室温及高温拉伸力学性能曲线。在室温进行拉伸时，抗拉强度为 676.4MPa，延伸率为 1.63%。相比于热等静压态 TiAl 合金，热处理后的 TiAl 合金板材的抗拉强度提升 90.7MPa，延伸率提升 0.31%，上升幅度分别为 15.5% 和 23.5%。这是因为：一方面，热处理后组织几乎为全片层组织，β 相和 γ 相含量大幅降低，而全片层组织本身就具有较高的强度；另一方面，经过轧制及热处理后，γ/α_2 片层尺寸从 40～50μm 下降到 20～30μm，这在一定程度上增强了 TiAl 合金的塑性。

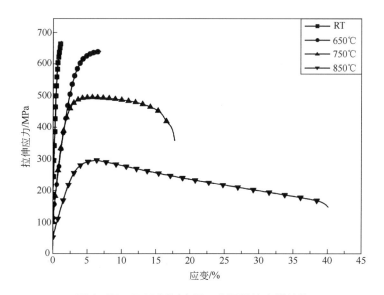

图 3-37　R11 板材室温及高温拉伸力学性能

TiAl 合金板材在 650℃、750℃、850℃下拉伸时的抗拉强度分别为 653.7MPa、498.1MPa 和 301.3MPa，延伸率分别为 6.8%、17.5% 和 41.2%。表现为：随着温度的升高，抗拉强度下降，延伸率上升。这主要是因为随着温度升高，变形热激活能下降，位错运动及孪生变得更加容易，使得塑性变形能够充分进行。

（2）TiAl 合金断裂机理

为研究 TiAl 合金拉伸变形过程中的断裂机理，对 TiAl 合金室温及高温拉伸变形后的断口进行分析，如图 3-38 所示。

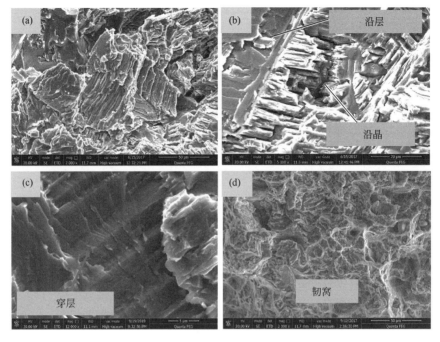

图 3-38 R11 板材室温及高温拉伸断口形貌

（a）（b）（c）室温拉伸断口；（d）850℃拉伸断口

图 3-38（a）显示 TiAl 合金室温拉伸断口呈现穿层、沿层以及沿晶断裂相混合的脆性断裂特征。图 3-38（b）中左上角的小平面为沿层断面，裂纹沿着平行于 γ/α_2 片层取向的方向快速扩展，表现为断面光滑平整。图 3-38（b）中部区域为沿晶断面，裂纹沿着 γ/α_2 片层界面进行延伸，此时，每一次界面交汇处的弯曲与转折都会消耗裂纹延伸的能量，抑制裂纹的进一步扩展。文献表明[30]，沿晶裂纹的扩展速率与片层尺寸有关。当片层尺寸较大时，单位体积内的片层界面和界面交汇点较少，沿晶裂纹扩展速率较高。当片层尺寸较小时，单位体积内片层界面较多，裂纹在界面交汇处遇到更多的阻力，使得裂纹扩展速率减慢，提高了 TiAl 合金塑性。图 3-38（c）为片层内部穿层断裂的断口特征，裂纹以"阶梯"状方式斜着穿过 γ/α_2 片层。一般而言，这种穿层裂纹的扩展速度和片层间距有关：片层间距越小，裂纹扩展单位长度所需要克服的 γ/α_2 界面越多，阻力越大，如图 3-39 所示。同时，当 γ/α_2 片层取向与拉伸轴夹角为 40°～50° 时，更容易出现穿层裂纹，这种现象也在 Ti-44Al-4Nb-1Mo 合金热压缩变形过程中出现[31]。这主要是因为当拉/压力 **F** 作用在片层上后，拉/压力可以分解为平行于片层的 **F₁** 和垂直于片层的 **F₂** 这两个分力，其中 **F₁** 提供了裂纹沿层延伸的动力，而 **F₂** 提供了克服界面阻力并垂直穿过片层的动力。当片层与拉/压轴取向角差为 40°～50° 时，**F₁** 和 **F₂** 的值比较接近，使得裂纹得以持续延伸。在经过循环热处理后，TiAl 合金片层尺寸以及内部片层间距都下降，裂纹扩展速度下

降，提升了 TiAl 合金抵抗裂纹扩展的能力。图 3-38（d）为 TiAl 合金在 850℃进行高温拉伸变形后的断口形貌。可以看到，断口包含大量韧窝，说明 TiAl 合金发生了塑性断裂。

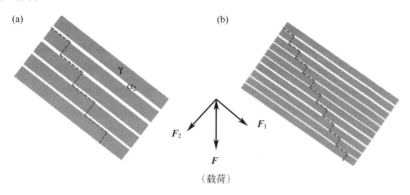

图 3-39　裂纹穿层示意图

（a）粗大片层间距；（b）细小片层间距

为进一步对 TiAl 合金断裂机制进行分析，对 TiAl 合金断口拉伸变形区附近的侧面进行分析，如图 3-40 所示。

图 3-40　R11 板材室温拉伸断口侧面微观组织形貌

（a）混合裂纹；（b）沿层裂纹；（c）γ/α₂ 界面位错塞积；（d）γ/α₂ 界面开裂

　　从图 3-40（a）中可以看到多种裂纹的混合，其中"1""2"和"3"分别代表沿层、穿层和沿晶裂纹。图片中心的"1+2+1+2"这四段小裂纹又可以看作一个大的"2"穿层裂纹（见圆圈区域）。图 3-40（b）为 γ/α_2 片层内部放大 20000 倍的微观组织，可以看到沿层裂纹沿着 γ/α_2 界面进行延伸（其中灰色为 γ 片层，亮白色为 α_2 片层）。对片层区域进行 TEM 分析，如图 3-40（c）所示。其中，较宽的黑色板条为 γ 片层，紧邻的较细板条为 α_2 片层。在 γ 板条内部位错和孪晶同时出现，在 γ/α_2 界面处，可以看到高密度位错的塞积，并形成一层位错墙。在 γ/α_2 界面处，由于 γ 相和 α_2 相的变形不协调，此处极易发生应力集中，并导致开裂，如图 3-40（d）中箭头所指。Kabir 等[32]研究 TNB 合金经过（1230～1300℃）热处理后的室温拉伸断口时发现，裂纹多产生在 γ 晶界、γ/α_2 晶界以及片层和晶粒的交叉处，其认为是晶粒与晶团之间的方向错配度导致了局部应力集中，从而在片层与球化晶粒的界面处产生微裂纹。关于裂纹扩展，有文献表明，当裂纹与合金中的片层束相遇时，裂纹扩展会受到阻碍，裂纹如果继续扩展，只能通过沿片层束与基体界面（沿晶裂纹）继续扩展或者裂纹穿过片层束（穿层裂纹）继续扩展，或者该裂纹受阻后在片层束另一侧的 γ 基体中萌生新的裂纹，以释放能量[33]。但上述几种方式，要么会使裂纹扩展途径延长，要么需要消耗更大的能量，使裂纹的扩展难度增大。综上所述，合金在热循环后的断口基本属于沿层、穿层、沿晶的混合断裂，其中沿层裂纹起源于片层内部 γ/α_2 界面处的位错塞积。

参考文献

[1] Tetsui T, Shindo K, Kobayashi S, et al. A newly developed hot worked TiAl alloy for blades and structural components[J]. Scripta Materialia, 2002, 47(6): 399-403.

[2] Tetsui T, Shindo K, Kaji S, et al. Fabrication of TiAl components by means of hot forging and machining[J]. Intermetallics, 2005,13(9): 971-978.

[3] Sellars C M, Tegart W J. Hotworkability[J]. Intemational Metallurgieal Reviews, 1972(17): 1-24.

[4] Zener C, Hollomon J H. Effect of strain rate upon plastic flow of steel[J]. Journal of Applied Physics, 1944,15(1): 22-32.

[5] Prasad Y V. Modelling of hot deformation for microstructural control[J]. International Materials Reviews, 1998, 43(6): 243-258.

[6] Prasad Y V. Recent advances in the science of mechanical processing[J]. Indian Journal of Technology, 1990, 28(6-8): 435-451.

[7] Prasad Y V, Gegel H L, Doraivelu S M, et al. Modeling of dynamic material behavior in hot deformation: Forging of Ti-6242[J]. Metallurgical Transactions A, 1984, 15(10): 1883-1892.

[8] Prasad Y V. Processing maps: A status report[J].Journal of Materials Engineering and Performance, 2003,12(6): 638-645.

[9] Prasad Y V. Processing maps for hot working of titanium alloys[J]. Materials Science and Engineering: A, 1998, 243(1): 82-88.

[10] Narayana M S, Rao B N. On the flow localization concepts in the processing maps of titanium alloy Ti-24Al-20Nb[J]. Journal of Materials Processing Tech, 2000, 104(1): 103-109.

[11] Narayana M S, Nageswara R B, Kashyap B P. Identification of flow instabilities in the processing maps of AISI 304 stainless steel[J]. Journal of Materials Processing Technology, 2005, 166(2): 268-278.

[12] Srinivasan N, Prasad Y V. Characterisation of dynamic recrystallisation in nickel using processing map for hot deformation[J]. Materials Science and Technology, 1992, 8(3): 206-212.

[13] Ravichandran N, Prasad Y. Influence of oxygen on dynamic recrystallization during hot working of polycrystalline copper[J]. Materials Science and Engineering: A, 1992, 156(2): 195-204.

[14] Schwaighofer E, Clemens H, Lindemann J, et al. Hot-working behavior of an advanced intermetallic multi-phase γ-TiAl based alloy[J]. Materials Science and Engineering: A, 2014, 614: 297-310.

[15] Kong F, Cui N, Chen Y, et al. Characterization of hot deformation behavior of as-forged TiAl alloy[J]. Intermetallics, 2014, 55: 66-72.

[16] Yang F, Kong F, Chen Y, et al. Hot workability of as-cast T-45Al-5.4V-3.6Nb-0.3Y alloy[J]. Journal of Alloys and Compounds, 2014, 589: 609-614.

[17] Roebuck B, Lord J D, Brooks M, et al. Measurement of flow stress in hot axisymmetric compression tests[J]. Materials at High Temperatures, 2006, 23(2): 59-83.

[18] Herzig C, Przeorski T, Mishin Y. Self-diffusion in γ-TiAl: An experimental study and atomistic calculations[J]. Intermetallics, 1999, 7(3-4): 389-404.

[19] Poirier J P. 晶体的高温塑性变形[M]. 关德林译. 大连：大连理工大学出版社，1989.

[20] Poliak E I, Jonas J J. Initiation of dynamic recrystallization in constant strain rate hot deformation[J]. ISIJ International, 2003, 43(5): 684-691.

[21] Inui H, Kishida K, Misaki M, et al. Temperature dependence of yield stress, tensile elongation and deformation structures in polysynthetically twinned crystals of Ti-Al[J]. Philosophical Magazine A, 2006, 72(6): 1609-1631.

[22] Li H Z, Wang H J, Li Z, et al. Flow behavior and processing map of as-cast Mg-10Gd-4.8Y-2Zn-0.6Zr alloy[J]. Materials Science and Engineering: A, 2010, 528(1): 154-160.

[23] Raj R. Development of a processing map for use in warm-forming and hot-forming processes[J]. Metallurgical Transactions A, 1981, 12(6): 1089- 1097.

[24] Li T R, Liu G H, Xu M, et al. Effects of hot-pack rolling process on microstructure, high-temperature tensile properties, and deformation mechanisms in hot-pack rolled thin Ti-44Al-5Nb-(Mo, V, B) sheets[J]. Materials Science and Engineering: A, 2019, 764: 138197.

[25] 罗媛媛，赵彬，郭荻子，等. Ta 对新 β 型 γ-TiAl 基合金板材组织与性能的影响[J]. 稀有金属材料与工程，2019，48（8）：2677-2682.

[26] 彭超群. 循环热处理对 TiAl 基合金组织及性能的影响[D]. 长沙：中南大学，2001.

[27] Petrenec M, Vraspírová E, Němec K, et al. Efect of cyclic heat treatment on cast structure of TiAl alloy[J]. Key Engineering Materials, 2013, 586: 222-225.

[28] 李建波，刘咏，王岩，等. 热处理消除铸态 TiAl 基合金组织中的 β（B2）相[J]. 粉末冶金材料科学与工程，2012，17（6）：687-693.

[29] 许正芳，徐向俊，林均品，等. 热处理消除大尺寸铸态高 Nb-TiAl 基合金组织中的 β 相偏析[J]. 材料工程，2007，9：42-46.

[30] Wang Y, Yuan H, Ding H, et al. Effects of lamellar orientation on the fracture toughness of TiAl PST

crystals[J]. Materials Science and Engineering: A, 2019, 752: 199-205.

[31] Jiang H, Tian S, Guo W, et al. Hot deformation behavior and deformation mechanism of two TiAl-Mo alloys during hot compression[J]. Materials Science and Engineering: A, 2018, 719: 104-111.

[32] Kabir M R, Bartsch M, Chernova L, et al. Correlations between microstructure and room temperature tensile behavior of a duplex TNB alloy for systematically heat treated samples[J]. Materials Science and Engineering: A, 2015, 635: 13-22.

[33] Hsiung L M, Nieh T G. Microstructures and properties of powder metallurgy TiAl alloys[J]. Materials Science and Engineering: A, 2004, 364(1-2): 1-10.

4

TiAl 合金服役性能研究

4.1　TiAl 合金的氧化及防护

　　金属间化合物的环境退化是发展金属间化合物材料需要解决的关键问题之一。所谓环境退化是指材料在服役条件下，受环境中化学以及力学等因素作用，使材料被侵蚀并降低原来性能的现象。按环境的具体作用模式有高温氧化、水溶液腐蚀、液体介质和含固体粒子的冲刷磨蚀及氢脆等。

　　前面已经指出，TiAl 合金作为潜在高温结构材料所面临的一个瓶颈问题就是 750℃以上较差的抗氧化性[1]。这是由于 TiAl 合金的氧化不像 Fe 基、Co 基和 Ni 基合金高温氧化易于形成稳定性高、生长速度慢的 Al_2O_3、Cr_2O_3 和 SiO_2 保护膜。即使 γ-TiAl 中 Al 含量为 50%（原子分数）时，仍然无法形成致密连续的保护性 Al_2O_3 氧化膜。从热力学方面考虑，因为 Al_2O_3 和 TiO 形成自由能十分接近，所以 Al 元素不能发生优先的选择性氧化，而是几乎同时形成 Al_2O_3 和 TiO 的混合物。从 Ti-Al-O 三元相图可知 TiAl 合金可同时生成 Al_2O_3 和 TiO，如图 4-1 所示。随 Al 元素浓度增加，Ti/TiO 平衡氧分压增加，而 Al/Al_2O_3 降低，造成初期氧化生成的 Al_2O_3 相稳定不变，而 TiO 及 Ti_2O_3 亚稳相被氧化为高价 TiO_2[2]。

　　TiAl 合金的氧化行为不仅与氧化温

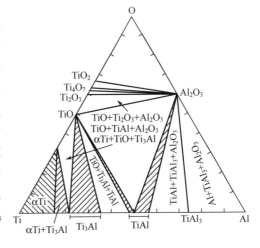

图 4-1　800℃时 Ti-Al-O 相的等温截面[3]

度、时间有关，而且与添加的合金元素含量、氧化气氛、显微组织、表面粗糙度以
及外加载荷等有关。

4.1.1　TiAl 合金氧化行为的影响因素

（1）Al 含量对 TiAl 合金氧化行为的影响

TiAl 基合金的氧化膜结构会直接影响到合金的抗氧化性能，氧化膜的结构不仅
与合金的成分有关，特别是 Al 元素含量，还与工作环境，如氧化温度、氧化时间和
氧化气氛等有关。张亮等[4]通过 Pt 丝作为标记，研究了 Ti-Al（2%～75%Al，原子分
数）合金在 900℃的大气环境中氧化 24h 的氧化膜形成及形态。根据 Al 含量可将氧
化膜形态分为 4 种类型，如表 4-1 所示。

表 4-1　TiAl 合金高温氧化形态[4]

x（Al，原子分数）	类型	外层氧化膜结构	内层氧化膜结构
<30%	I	$TiO_2+Al_2O_3$	TiO_2（少量 Al_2O_3）
30%～55%	II	$TiO_2+Al_2O_3$	$TiO_2+Al_2O_3$（混合态）
55%～60%	III	II 和 IV 交替模式	
>60%	IV	连续 Al_2O_3	

（2）气氛对 TiAl 合金氧化行为的影响

目前认为空气中的氮对 TiAl 的氧化既有有益的正效应，也有有害的负效应。如
上面所说的 TiAl 在空气气氛和在纯氧气氛中的氧化，氮明显起负效应；而在强氮化
环境中可形成 $TiAl_3$/$TiAl_2$/TiAl 体系，显然，富 Al 的 β-$TiAl_3$ 相上易于形成 Al_2O_3 保
护膜，此时氮起正效应。还有研究表明，TiAl 合金在空气中的氧化速度较在氧气中
慢，是由于在金属与氧化膜的界面生成氮化物，这与加 Nb 的 γ-TiAl 合金氧化时氮
的作用相似。Zheng 等[5]也指出氮在 TiAl 不同氧化期（阶段）的影响不同。对高 Al
合金初期形成 Al_2O_3 膜时起有害作用，当 TiAl 合金氧化形成的氧化膜转变为混合氧
化物时，氮从有害作用变为有益作用，因为在合金/膜界面形成连续的富 Ti 氮化物，
抑制了铝的内氧化。在已有的条件下含 Nb 的 TiAl 合金氧化过程中氮都起正效应。

Lu 等[6]对 Ti-46.5Al-5Nb 合金氧化过程中氮化物的形成和相变进行了详细研究，
结果表明合金氧化 5min 后 N 元素就开始在氧化膜下富集，30min 后在氧化膜与基体
界面处生成 Ti_2AlN 和 TiN，如图 4-2 所示。在氧化初始阶段由于形成了 TiN，使之
形成非均匀的 $TiO_2+Al_2O_3$ 的氧化膜，所以合金在空气中的氧化速率高于纯氧。虽然
氮化物层随氧化时间的延长而溶解，但已经无法形成连续的 Al_2O_3 氧化层。相反，氮
化物层也可以充当扩散障，从而减小氧化膜下方 Al 元素的消耗，此时反过来可促进
Al_2O_3 形成，提高了 TiAl 合金的抗氧化性能。随着氧化时间的延长，氧将逐渐地向
内扩散，发生内氧化，使氧化膜与基体间的界面逐渐向内移动，导致氮化物层的氧

压逐渐升高，促使氮化物被氧化成 TiO_2，同时释放出 N_2，加上从空气中随氧气一起扩散进来的 N 在氧化膜与基体界面富集、扩散，又将重新形成氮化物。

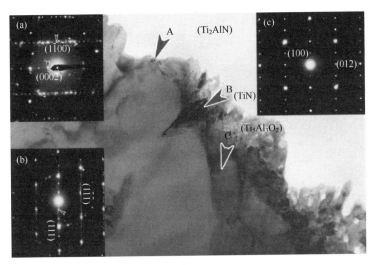

图 4-2　Ti-46.5Al-5Nb 合金在空气中经 900℃氧化 30min 后的 TEM 照片[6]

（3）显微组织对 TiAl 合金氧化行为的影响

TiAl 合金的显微组织决定了其力学性能；同理，显微组织也会影响其抗氧化能力。Stroosnijder 等[7]对 Ti-48Al-2Cr 在 1200℃/2h、1300℃/2h、1360℃/0.5h、1400℃/0.5h 进行热处理，分别得到近 γ 组织（NG）、双态组织（DP）、近片层组织（NL）和全片层组织（FL）。对各种组织在 800℃进行等温氧化 150h 和循环氧化 1000 次（氧化 1h 后取出空冷 12min），并利用 Cahn-171TG 天平测试其氧化增重，其氧化动力学曲线如图 4-3 所示。等温氧化的氧化速率是 NG>DP>NL>FL，全片层组织的抗氧化性

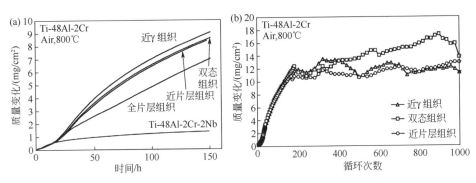

图 4-3　Ti-48Al-2Cr 合金不同显微组织的氧化动力学[7]

（a）800℃等温氧化；（b）800℃循环氧化

能最好，且远好于其他组织，而循环氧化的氧化速率是 DP>NG>NL，近片层组织的抗氧化性能略好于近 γ 组织，但都明显好于双态组织。陈伶晖等[8]对 Ti-33Al-3Cr+0.5Mo（质量分数）合金的 4 种典型显微组织在 900℃的循环氧化行为进行了研究。结果表明，DP 的抗氧化能力最强，NL 最差；而 FL 和 NG 氧化膜的抗剥落能力最佳。其原因是氧化时不同的微观组织显著影响氧化膜的结构、组成和致密性。

（4）表面粗糙度对 TiAl 合金氧化行为的影响

Rakowski 等[9]对 Ti-50Al 合金表面经过不同处理后等温氧化后发现表面粗糙度对氧化行为有较大的影响。他们分别用 600#SiC 砂纸磨光与颗粒为 1μm 抛光膏抛光试样，得到不同粗糙度的表面，然后分别在 900℃的空气和氧气气氛中等温氧化，氧化动力学曲线如图 4-4（a）所示。在空气中氧化时，600#SiC 砂纸磨光的增重略高于 1μm 抛光，氧化动力学曲线符合抛物线规律；在氧气中氧化时，1μm 抛光的增重量远高于 600#SiC 砂纸磨光（高出 1 个数量级）。在空气中试样表面与空气中的 N 接触导致"氮效应"，在表面形成 TiN 和金红石-TiO_2，TiN 起扩散障的作用，同时金红石-TiO_2占动力学的主导地位时氧化速率最大，所以表面粗糙度对氧化影响不大。经磨光的样品在表面形成储存能，高温氧化时再结晶和表层存在较高的位错密度，这些都是快速的扩散通道，增加 Al 的扩散，促进 Al_2O_3 保护性氧化膜的形成，从而降低了氧化速率。经抛光的样品在氧气气氛中氧化后的产物主要是金红石-TiO_2，故氧化速率高。Yang 等[10]对 Ti-50Al 合金在 800℃的空气中预氧化 48h，然后将氧化膜最外层的 TiO_2 抛掉。最后将经过 48h 预氧化的试样和 48h 预氧化后经抛光的试样进行循环氧化实验，其氧化动力学曲线如图 4-4（b）所示，从图中可知，经过预氧化后抛光试样的抗氧化能力显著提高，而且动力学曲线符合抛物线规律。这是由于抛掉 TiO_2 层后应力得到释放，缓解了氧化膜片中裂纹的产生，并且降低了氧化膜中与应力有关的扩散。同时，外层金红石 TiO_2 的催化分子氧解离成原子氧也可能对 TiAl 抗高温氧化起负面作用。

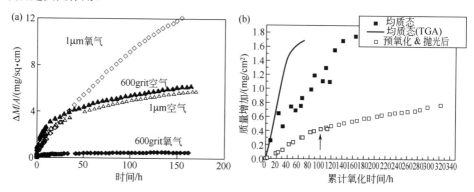

图 4-4 试样表面制备对 TiAl 合金氧化动力学曲线的影响

（a）Ti-50Al 合金用 600#SiC 磨光和 1μm 抛光后在空气和氧气中氧化的 TGA 数据[9]；
（b）Ti-50Al 合金预氧化处理后循环氧化增量[10]

（5）合金元素对 TiAl 合金氧化行为的影响

通过向 TiAl 合金中添加合金元素可以改善其抗高温氧化性能，也是目前研究焦点之一。20 世纪 90 年代，Shida 等[11]系统地研究了添加合金元素对 Ti-34.5Al 合金高温氧化行为影响，大致可分为 3 类：①有害元素，如 Cu、V、Cr 和 Mn；②中性元素，如 Y、Sn、Zr、Hf、Ta、Ni 和 Co；③有益元素，如 Si、Nb、Mo、B 和 W。

（6）外加载荷（或应力）对 TiAl 合金氧化行为的影响

运行的零部件总是处于一定的载荷或应力状态下（如离心力、几何约束力等），在高温环境中，零部件不仅受机械应力的影响，而且要受到高温腐蚀（氧化）环境的损伤。钱余海等[12]对高温合金在载荷下的高温氧化行为进行研究，认为合金在力学载荷作用下会影响氧化动力学、合金的选择性氧化、内氧化、晶界氧化、氧化产物及氧化膜完整性等。研究在 500℃、600℃和 700℃应力水平对 Ti_3Al 基合金（Ti-24Al-14Nb-3V-0.5Mo-0.3Si）选择性氧化的影响，结果表明，在 500℃时，拉应力可减少氧化层中 TiO_2 的含量，增加 Al_2O_3 含量；600℃时，却与 500℃的相反，且随应力增大越加明显；700℃时，应力导致氧化膜开裂，且膜中氧化物含量与应力无关。他们用力学化学活度理论解释该现象，即温度越低，活度比随外加应力增大而迅速增大；而外加应力越高，活度比随温度降低而快速上升，即温度和应力等因素对活度比值的影响最为显著。

4.1.2 TiAl 合金的高温氧化防护

目前，提高 TiAl 基合金抗氧化性能的方法主要有合金化（包括整体与表面合金化）和防护涂层。

（1）合金化

向 TiAl 基合金中添加合金元素是改善力学性能和抗高温氧化性能的有效方法。加入合金的目的：①提高 Al 元素在 TiAl 合金中的扩散系数，在表面能形成致密的保护性 Al_2O_3 氧化膜；②降低氧元素在 TiAl 合金中的扩散系数和溶解度。

① 整体合金化：表 4-2 是合金元素对 TiAl 合金氧化行为的影响。

表 4-2 合金元素对 TiAl 合金氧化行为的影响[13]

元素	Si	Ti	V	Cr	Mn	Y	Nb	Mo	Ta	W	Re
a	↑	↑，↓	↑，↓	↑		↑，↓	↑，↓	↑，↓	↑	↑	
b	↑	↑，↓	↑	↑			↑，↓	↑	↑		
c	+	+	+	+	+	+	+	+	+	+	

注：a—抗氧化能力；b—Al_2O_3 氧化膜的形成；c—对氧化机理的影响；↑—提高；↓—降低；+—对氧化机理有影响。

Si 元素：高温氧化时，Si 元素在氧化膜与基体界面处富集，并氧化生成 SiO_2 层阻碍氧的扩散，从而降低氧化速率[11]。当 Si 含量<0.5%（原子分数），Si 在氧化膜中

溶解度小，氧化过程中会聚集在氧化膜内层起稳定 Ti 元素（阻碍扩散，减小 TiO_2 生成）的作用，同时提高 Al 元素的扩散系数，促使生成 Al_2O_3 氧化膜。Jiang 等[14] 研究表明，Si 可以改善 TiAl 合金的抗氧化性能，可能是 Si 改变了氧化膜的微观结构，随 Si 含量增加，氧化膜内部形成紧凑的 Al_2O_3。

Nb 元素：Nb 元素的添加可提高 Al 元素的热力学活度，促进 Al_2O_3 氧化膜的形成；Nb 元素不仅能促进氧化膜与基体界面间形成连续的 TiN 层，连续 TiN 层能有效降低 Ti 和 O 离子的扩散系数，还可抑制 TiN 氧化成 TiO_2，Nb 元素可降低 TiAl 基合金中氧的溶解度，从而抑制内氧化的发生。林均品等[15]对 Ti-45Al-8Nb 和 Ti-52Al-8Nb 合金在 900℃ 的氧化行为研究表明，Nb 元素改善了合金的氧化性能，作为+5 价阳离子的 Nb 代替了 TiO_2 中的 Ti，并抑制了 TiO_2 的生长。$(Ti,Nb)O_2$ 是致密层，比 TiO_2 更具有保护性，Nb 的添加也降低了外部生成 Al_2O_3 的临界浓度。分析文献[16]也可得知 Nb 能够提高 TiAl 合金的抗氧化性。

W 和 Mo 元素：W 和 Mo 元素在靠近氧化膜/基体界面基体侧聚集形成有利于 Al 外扩散的富 W 和 Mo 的 β-Ti 或 δ-Ti 相的生成，并且添加 W 和 Mo 后，氧在 TiAl 基合金中的溶解度明显减少，促使由内氧化转变为外氧化，氧化膜/基体界面处富钼 $α_2$ 相部分转变成氧溶解度更小的 β-Ti_2AlMo 相，从而有效抑制合金的内氧化形成更具保护性的互联网状 Al_2O_3 氧化膜，高价态 W^{6+} 离子可以取代 Ti^{4+} 离子起到掺杂作用，降低 Ti 离子向外扩散速率，抑制 TiO_2 并促进 Al_2O_3 氧化膜形成。

Y 元素：Y 元素与 O 元素有很强的亲和力，倾向于生成 Y_2O_3，降低 O 在 TiAl 合金的含量；与 Al 元素在晶界处生成 YAl_2，YAl_2 优先与 O_2 生成 Al_2O_3；细化基体晶粒，使得氧化物颗粒得到细化，氧化膜变得致密。氧化膜分层现象和氧化膜最内层的疏松与裂纹消失，促进钉状氧化物的形成，提高氧化膜与基体的黏附性；在氧化膜/基体界面形成富 Y 细晶层阻碍 O 的内扩散，提高氧化膜与基体的黏附性，提高抗剥落能力；但 Y>0.3%（原子分数）易发生严重内氧化[17]。

Ta 元素：Ta 元素的作用与 Nb 元素的作用相似，但加 Ta 合金的循环氧化性能好于加 Nb 合金，即抗剥落能力增强[18]。

② 表面合金化：主要是通过物理或化学方法（如渗透扩散处理、离子注入等），在 TiAl 基合金表面渗入一种或多种能改善抗氧化性能的合金元素，使其表面形成抗氧化的组织层或物质层。渗透（扩散）处理是表面合金化中经济且方便应用的一种方法。对于 TiAl 基合金，主要是对表面进行渗 Al、Cr、Si 和 C 等元素以提高其抗氧化性能。

渗 Al：由于渗 Al 可以直接增加 TiAl 基合金表面的 Al 含量获得富铝 $TiAl_3$ 层，氧化后形成连续致密的 Al_2O_3 氧化膜从而改善合金抗氧化性能，氧化过程中 $TiAl_3$ 层与 TiAl 基合金发生 Ti、Al 元素的互扩散，$TiAl_3$ 层逐渐被消耗并被脆性 $TiAl_2$ 层取代。但由于 $TiAl_3$ 与 $TiAl_2$ 比 TiAl 硬而脆，且存在热胀系数差异，所以在加热与冷却过程中产生的压应力或拉应力使其产生裂纹，影响渗 Al 层与基体间的结合力，最终剥落。

唐兆麟等[19]采用包埋法渗铝，厚度达到 50μm 的渗铝层，在一定程度上改善了 TiAl 合金的抗高温氧化性能，但在 1000℃循环氧化 60h 后出现质量损失。

渗 Cr：由于渗 Cr 可在 TiAl 合金表面形成 TiAlCr 层，氧化时在表面形成保护性 Cr_2O_3 氧化膜；Cr 离子可以取代 TiAl 合金中 Ti 离子，降低 Ti 的活度，提高 Al 的活度，有利于 Al_2O_3 氧化膜的形成。文献[20]采用双层辉光离子渗金属技术，得到 60μm 厚的 TiAlCr 合金层，成分呈梯度分布并与基体结合牢固。TiAlCr 合金层明显提高 900℃时的抗氧化性能，但在 1000℃氧化 80h 后氧化膜脱落。

渗 Si：由于渗 Si 可在 TiAl 合金表面形成致密的 Ti_5Si_3 层，氧化时 Ti_5Si_3 层形成 TiO_2（外层）和非晶态 SiO_2（内层）的氧化膜。因为 Ti_5Si_3 层和 SiO_2 氧化膜均可有效阻碍氧及金属离子的扩散[21]，从而改善 TiAl 合金的抗氧化性能。

渗 C：由于渗 C 可在 TiAl 合金表面形成 $TiC/(Al_3Ti)C_{1-x}$ 碳化物/$(Ti_3Al)C_{1-x}$ 碳化物/基体结构的渗碳层，氧化时渗 C 层能稳定存在，并在表面形成 Al_2O_3 氧化膜。文献[22]利用双辉光离子合金化方法在 TiAl 基合金表面进行渗碳处理，在其表面形成 NbC 和 Nb_2C 合金层，此合金层能有效阻挡氧化过程中元素的扩散并改善合金的抗氧化性能。

（2）防护涂层

高温合金一般要求必须同时具备优异的高温力学性能和抗高温腐蚀性能。但对于同一合金而言，这两方面性能之间有时是相互矛盾的，不可能达到最优化。此时，通过在合金表面沉积合金涂层，或喷涂陶瓷氧化物涂层来解决，即高温防护涂层。

简单总结，高温防护涂层的发展经历了 4 个发展时期[23]。20 世纪 60 年代研制应用的 NiAl 基铝化物涂层属于第一代涂层。为减少涂层与基体的互扩散，改善涂层致密性以提高涂层的使用温度，在 70 年代开发了低压等离子喷涂涂层，即第二代涂层，这些涂层在航空发动机上得到广泛应用。为克服传统铝化物涂层与基体之间互相制约的弱点，在 80 年代开发出可调整成分的 MCrAlY(M=Co、Ni)包覆涂层，即第三代涂层，这些涂层能进一步提高基体金属抗氧化的能力。在 90 年代利用物理气相沉积（Physical Vapor Deposition，PVD）方法在基体材料表面研制出陶瓷热障涂层，即第四代涂层，这一薄薄的陶瓷涂层能够起到显著的隔热效果。

4.2 TiAl 合金氧化性能

TiAl 合金作为高温材料，在使用过程中不可避免地要发生氧化。氧化物的生成会降低零部件的承载面积，限制了其在服役温度下保持完整性的时间，所以研究其高温（尤其是服役温度范围内）氧化行为对材料的使用性能有着重要的意义。通过合理调整 TiAl 合金成分可改善 TiAl 合金的综合力学性能及高温抗氧化性能。众多学者的研究表明，高 Nb-TiAl 能够大幅提高其抗氧化性能，但是，即使在 TiAl 合金中添加含量达 10%（原子分数）的 Nb 元素也难以形成连续的 Al₂O₃ 保护性氧化膜，并且铸造过程容易发生偏析。

以下通过复合添加 Nb 和 Mo 元素以改变 TiAl 合金的氧化膜结构，提高抗氧化性能。主要内容包括：TNM 合金（Ti-44Al-4.0Nb-1.0Mo-0.3Si-0.15B，原子分数）800℃时的等温氧化、循环氧化和应力氧化行为，并且与常规的 4822 合金进行等温氧化和循环氧化效果的对比分析。

4.2.1　TiAl 合金的等温氧化

通常在电阻炉内进行的氧化实验都不充入空气（文献称之为静止的空气中）。虽然电阻炉并非完全密封，但空气也无法正常流通，随着氧化时间增加，炉内氧含量逐渐下降，从而造成氧化后期由于氧含量的变化影响实验结果。为消除此影响因素，在电阻炉基础上加装一台带空气压缩机，外接流量计和压力表，并将压缩空气通往炉内，以保证炉内空气流动和充足的氧含量（注：电阻炉的前后各有一个 φ6mm 的小圆孔）。试样尺寸为 10mm×10mm×5mm，为保证表面粗糙度一致，6 个面均使用机械磨光，粗糙度为(32±3)μm。空气流量和压力分别为 50mL/min 和 0.2MPa。

等温氧化称量点：当氧化时间≤10h 时，在 1h、4h、7h 和 10h 取样称重；当氧化时间在 10～100h 时，每隔 10h 取样称重；当氧化时间在 100～300h 时，每隔 20h 取样称重；当氧化时间在 300～500h 时，每隔 50h 取样称重。每一称量点称 2 个试样。试样放在尺寸 30mm×20mm×12mm，壁厚为 2mm 的长方体小坩埚内（5 个面与空气接触，1 个面与坩埚接触），每个坩埚内放 2 个试样。等温氧化每一称量点从炉中取出试样后不再放入炉内氧化。称重采用梅特勒-托利多公司精度为 0.1mg 的 AL204-IC 电子天平。

（1）氧化动力学

图 4-5（a）是 4822 合金不通空气和通空气实验的氧化动力学曲线，在氧化初期质量增重没有明显的区别，在氧化 10h 后可发现在通空气的情况下质量增重大于不通空气，并随氧化时间增长越加明显。氧化时间在 10～100h 时，通空气的质量增重比不通空气时的质量增重平均增大 30%。通过上述实验可知，炉内空气含量对氧化结果有明显的影响，故本节后面的氧化实验均通空气，空气流量为 50mL/min，压力为 0.2MPa。

图 4-5（b）是 TNM 与 4822 合金氧化 500h 的氧化动力学曲线。从图可知两种合金的氧化曲线类型均属于抛物线型，即在氧化初期质量迅速增加，随后增加速度逐渐减缓。TNM 合金的氧化动力学曲线大致可分为三个阶段：氧化时间在 0～100h，抛物线型；100～300h，抛物线型；300～500h，直线型。从氧化质量增重来看，4822 合金是 TNM 合金的 2 倍，并且在氧化 350h 时由于氧化膜发生剥落造成质量增重下降。

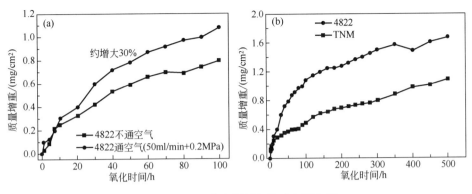

图 4-5　TiAl 合金等温氧化动力学曲线

（a）通/不通空气的 4822；（b）通空气的 TNM 和 4822

上述等温氧化实验采取间歇式取样，此法只能获取某些氧化时间节点的质量，不具有氧化过程中质量变化的连续性。为研究氧化初期动力学过程，采用自制天平测试了合金在 0～14h 氧化过程中的质量连续增重情况，如图 4-6 所示。由于自制简易实验设备容易受外界影响（如：风、来自开关门或行人走动带来的振动等），故氧化动力学曲线略有波动。在 0～4h 氧化时基本没有质量增重，这可能是由于氧化初期质量增重非常少，加之天平的精度达不到质量变化的要求。在 4～14h 氧化时两种合金的氧化动力学曲线呈线性规律，且 4822 合金的质量增重明显大于 TNM 合金（约为 3 倍）。与图 4-5（b）长时氧化相比，两种合金氧化初期阶段的氧化速率变化更明显。

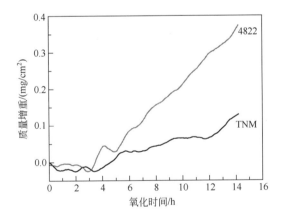

图 4-6　TNM 合金连续氧化动力学曲线（0～14h）

合金氧化增重随氧化时间变化的氧化动力学规律可表示如下[24]：

$$(\Delta W)^n = Kt \qquad (4\text{-}1)$$

式中，ΔW 为金属单位面积氧化增加的质量，mg/cm^2；K 为氧化反应速度常数，mg/(cm^2·h)；t 为时间，h；n 为反应级数。$n \leq 1$ 时，氧化动力学曲线为线性规律，即氧化增重与时间成正比，氧化膜抗氧化性较差；$n=2$ 时，氧化动力学曲线为抛物线规律，即氧化增重的平方与时间成正比，氧化膜具有较好的抗氧化性；$1<n \leq 2$ 时，氧化规律介于直线和抛物线之间，氧化膜厚度与扩散不按比例增长，而在一定程度上增大，呈现减速、加速再减速的复杂变化规律；当 $n>2$ 时，氧化膜致密化，膜中扩散系数减小。

对式（4-1）两边同时取对数，得

$$\ln(\Delta W) = \frac{1}{n}\ln t + \frac{1}{n}\ln K \tag{4-2}$$

根据氧化动力学数据结果，做出 $\ln(\Delta W)$-$\ln t$ 图，并进行线性回归，由直线的斜率可得到反应级数 n 值，由截距计算出氧化速率常数 K，计算结果如表 4-3 所示。

从表 4-3 可知，4822 合金的 n 值基本接近 2，TNM 合金的 n 值随氧化时间增加而下降，在 0～300h 氧化时，$n>2$，说明抗氧化性能好于 4822 合金。在 300～500h 氧化时，$1<n<2$，抗氧化性能下降。从氧化反应速度常数 K 来看，TNM 合金的 K 值小于 4822 合金，即氧化速率小。

表 4-3　等温氧化动力学参数

合金	氧化时间/h	反应级数	氧化反应速度常数/[mg/(cm^2·h)]	氧化动力学规律
4822	0～300	1.949	9.411×10^{-3}	$\Delta W=(9.411\times10^{-3}\times t)^{0.518}$
TNM	0～100	3.462	0.675×10^{-3}	$\Delta W=(0.675\times10^{-3}\times t)^{0.288}$
	100～300	2.565	1.921×10^{-3}	$\Delta W=(1.921\times10^{-3}\times t)^{0.390}$
	300～500	1.663	2.322×10^{-3}	$\Delta W=(2.322\times10^{-3}\times t)^{0.601}$
	0～500	2.795	1.704×10^{-3}	$\Delta W=(1.704\times10^{-3}\times t)^{0.358}$

（2）氧化膜物相

图 4-7 是合金经不同时间等温氧化后的 XRD 图谱。通过对比 TNM 和 4822 合金衍射峰的位置(2θ)，可发现两种合金氧化后的产物主要由 Al$_2$O$_3$ 和 TiO$_2$ 组成，此外，还有基体中的 TiAl(γ) 和 Ti$_3$Al(α_2) 的衍射峰。实际 TNM 合金中还含有 β/B2 相，但由于多个 XRD 图谱组合到一起，β/B2、TiN 和 Ti$_2$AlN 相的峰值强度低，故在此不标出。同时还可发现，TiO$_2$ 的峰值强度随氧化时间增长而增强（如 $2\theta=27.66°$ 和 $2\theta=57.38°$），Al$_2$O$_3$ 的峰值强度从氧化 10h 到 50h 逐渐增强，但 50h 后的峰值强度略有上升（如 $2\theta=44.54°$ 和 $2\theta=57.60°$），而 TiAl($2\theta=38.88°$)的峰值强度随氧化时间增长呈现出减弱的趋势。这是由于随氧化时间增长，氧化膜中的氧化物含量逐渐增多（即氧化膜变厚），使得 X 射线穿透氧化膜的能力减落，所以 TiAl 相的峰值强度下降。但在图 4-7（b）中看到 4822 合金氧化 400h 后的 XRD 图谱中变化趋势与上述相反，

TiAl 相的峰值强度明显增强，而 Al₂O₃ 和 TiO₂ 的峰值强度却变小。这是由于 4822 合金经 350h 氧化后氧化膜开始剥落，部分基体裸露出来造成的。经 500h 氧化后，剥落处的氧化膜厚度变厚，所以 XRD 图谱 Al₂O₃ 和 TiO₂ 的峰值强度明显上升，而 TiAl 相的峰值强度减小。

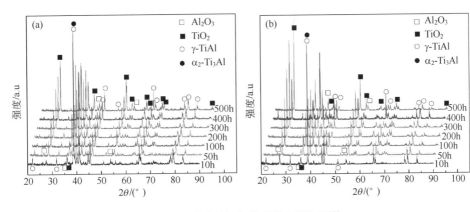

图 4-7　合金等温氧化后的 XRD 图谱

（a）TNM；（b）4822

（3）氧化膜形貌

图 4-8 是两种合金经不同时间氧化后的宏观表面形貌。从氧化膜表面颜色看，TNM 合金呈现淡金黄色→深蓝色→淡蓝色→浅灰色变化；4822 合金表现为淡金黄色→浅灰色→亮灰色→亮灰色+褐色变化。从氧化膜完整性看，TNM 合金经 500h 氧化后氧化膜仍保持其完整性；4822 合金经 400h 氧化后氧化膜出现明显剥落（实验中经 300h 和 350h 氧化后，在试样的边角处已有少量的剥落），经 500h 氧化后氧化膜已经大面积剥落，即出现亮灰色+褐色基底的现象。这与图 4-7（b）中 4822 合金在 400h 氧化后 Al₂O₃、TiO₂ 和 TiAl 相的峰值反常所对应。

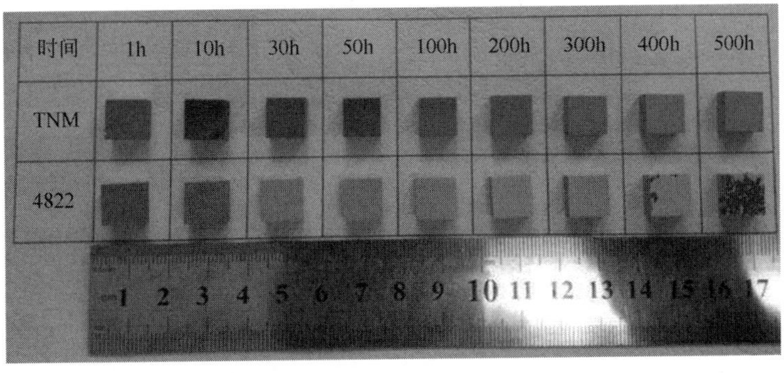

时间	1h	10h	30h	50h	100h	200h	300h	400h	500h
TNM									
4822									

图 4-8　合金等温氧化后的宏观表面形貌（见书后彩插）

图 4-9 是采用共聚焦激光显微镜观察的两种合金氧化膜表面三维形貌。经 50h 氧化，TNM 合金表面既有观察制样时留下的宽而深的划痕，也有制样后遗留的若隐若现细而浅的划痕，且氧化物颗粒非常细小。4822 合金仅能观察到宽而深的划痕，且氧化物颗粒明显大于 TNM 合金。经 300h 氧化，虽然 TNM 合金表面氧化物颗粒明显长大，但氧化物颗粒还未能完全覆盖划痕，4822 合金表面也未被氧化物颗粒完全覆盖，氧化物颗粒不仅大而且表面不平整。

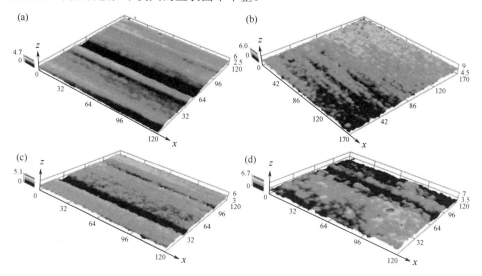

图 4-9　合金氧化后的三维显微形貌

（a）50h/TNM；（b）300h/TNM；（c）50h/4822；（d）300h/4822

　　两种合金的表面粗糙度如图 4-10 所示，合金表面的平均粗糙度变化趋势均是随氧化时间增长先急剧上升→迅速下降→二次上升→平缓变化。在氧化初期，氧化物首先在划痕的凸起部分生成，粗糙度急剧增大；随着氧化时间增加，凹痕处生长出氧化物并长大，造成粗糙度又迅速下降；氧化时间继续增加，由于长大的氧化颗粒大小不均匀，粗糙度开始二次变大；最后，氧化物颗粒大小逐渐变均匀，粗糙度趋于平缓。相对于 TNM 合金，4822 合金粗糙度相对较大，这可能是由于 4822 合金表层氧化物颗粒长大较快且大小不均匀造成，而 TNM 合金表层氧化物颗粒长大较平缓且较均匀细小，故在氧化 200h 后表面粗糙度变化很小。

　　图 4-11 是两种合金经不同时间氧化后的表面微观形貌。经 10h 氧化，TNM 合金表面残留制样时的划痕，针状的氧化物与氧化初期形态一致。经 50h 氧化，表面形成了深灰色细小的氧化物颗粒，并有少量亮白色较大的氧化颗粒团簇，通过对氧化 100h 后表面不同颜色颗粒的能谱分析（表 4-4）可知，深灰色氧化物颗粒主要含有 Al、O 和少量 Ti 元素，判断是 Al_2O_3 和少量的 TiO_2；亮白色氧化颗粒主要含 Ti 和 O 元素，应该是 TiO_2，TiO_2 是在划痕的凹痕处形核，然后向四周生长，形成团簇氧化物。随氧化时间继续增长，TNM 合金表面的 TiO_2 颗粒团簇逐渐增多并长大，逐渐覆

盖 Al_2O_3。对于 4822 合金，在氧化 10h 后表面已经形成较多颗粒状和部分针状的亮白色 TiO_2，经 100h 氧化后，表面已经全部由 TiO_2 覆盖，并伴有小孔洞的出现。随着氧化时间继续增长，4822 合金表面 TiO_2 颗粒继续长大，但小孔洞依然存在。

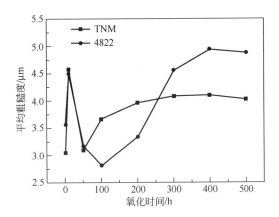

图 4-10　合金等温氧化过程中表面粗糙度演化

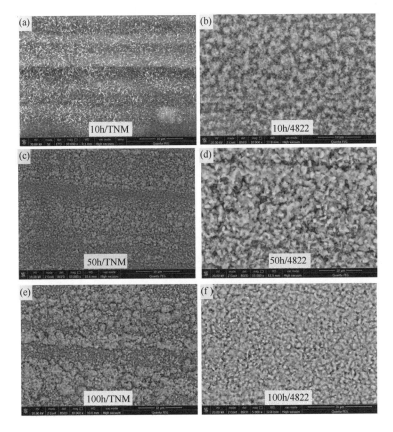

图 4-11

图 4-11　合金等温氧化后的表面微观形貌

（a）10h/TNM；（b）10h/4822；（c）50h/TNM；（d）50h/4822；（e）100h/TNM；（f）100h/4822；
（g）200h/TNM；（h）200h/4822；（i）300h/TNM；（j）300h/4822；（k）500h/TNM；（l）500h/4822

表 4-4　微观形貌中不同颜色区域的元素含量（EDS）　　（原子分数，%）

颗粒颜色	TNM			4822		
	Ti	Al	O	Ti	Al	O
深灰色	9.12	28.85	62.03	—	—	—
亮白色	30.46	1.41	60.13	21.88	0.96	77.16

　　图 4-12 是两种合金经过不同时间氧化后氧化膜截面形貌。从氧化膜厚度来看，两种合金氧化膜厚度均随氧化时间增加而变厚，但在同一氧化时间时，4822 合金氧化膜厚度明显大于 TNM 合金，例如在 200h 氧化后两者的氧化厚度分别为 6.875μm 和 3.086μm，（相差约 2 倍），这与前面的氧化动力学曲线相对应。从完整性来看，TNM 合金经 500h 氧化后氧化膜仍保持完整，无裂纹和任何剥落；但 4822 合金经 300h 氧化后氧化膜外层有部分剥落现象出现，经 500h 氧化后氧化膜

不仅出现垂直于氧化膜的裂纹，而且氧化膜的层与层之间已经分离。从氧化膜组成、致密性并结合能谱分析可知氧化膜均由深色的 Al_2O_3 层和浅色的 TiO_2 层组成。TNM 合金氧化膜由外层致密的 Al_2O_3 层和内层 TiO_2 组成。随着氧化时间增长，Ti 原子逐渐向外扩散，使其最外层逐渐形成 TiO_2，这与表面微观形貌所观察到的一致，即表面由深灰色 Al_2O_3 和亮白色 TiO_2 组成。致密的 Al_2O_3 层阻碍 O 原子向内扩散的同时也阻碍了 Ti 原子的向外扩散，使其表面 Ti 原子含量少，所以表面团簇状的 TiO_2 氧化物只能通过增加氧化时间来长大。结合图 4-11 中的表面形貌，TNM 合金经 500h 氧化最外层基本形成连续的 TiO_2 层。Ti 原子向外扩散的同时，O 原子也将向基体扩散，向内扩散的 O 原子与内部的 Ti 和 Al 原子发生反应生成 TiO_2 和 Al_2O_3 混合层。4822 合金氧化膜由疏松的 TiO_2 外层、TiO_2 和 Al_2O_3 混合中间层和 TiO_2 内层组成，这种疏松的结构无法有效阻碍 O 原子的向内扩散，大量向内扩散的 O 原子与基体的 Ti 和 Al 原子持续反应，氧化膜厚度增加。当氧化膜达到临界厚度时，氧化膜间或氧化膜与基体间发生分离、断裂，最后氧化膜剥落。

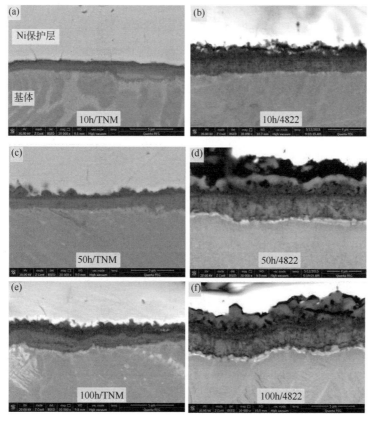

图 4-12

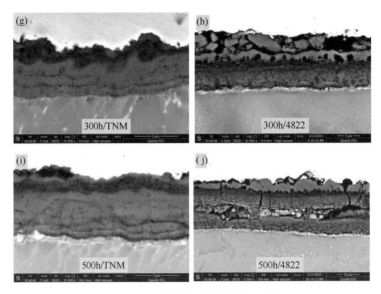

图 4-12　合金等温氧化膜截面形貌

（a）10h/TNM；（b）10h/4822；（c）50h/TNM；（d）50h/4822；（e）100h/TNM；
（f）100h/4822；（g）300h/TNM；（h）300h/4822；（i）500h/TNM；（j）500h/4822

　　图 4-13 是 TNM 合金经 50h、100h、300h 和 500h 等温氧化后的氧化膜截面组织结构和能谱线扫描分析。分析可知，氧化膜呈多层结构，深色层为 Al_2O_3，浅色层为 TiO_2，亮色层为富 Nb 和 Mo 层。经 50h 氧化的氧化膜结构相对比较简单，由约 1μm 厚的外层 Al_2O_3 和约 1.5μm 厚的内层 TiO_2 组成。经 100h 氧化的氧化膜不仅变厚，而且结构变得复杂，最外层是不连续且薄的 TiO_2，然后是 $Al_2O_3/TiO_2+Al_2O_3/TiN$。经 300h 氧化的氧化膜结构基本与氧化 100h 的类似，除氧化膜厚度变厚外，$TiO_2+Al_2O_3$ 混合层中 TiO_2 和 Al_2O_3 层状结构愈加明显。结合图 4-12 与图 4-13 可以发现，TNM 合金氧化膜随氧化时间增长而变厚，外层 Al_2O_3 的厚度并没有发生明显的变化，主要是由内层的 TiO_2 增厚所致。

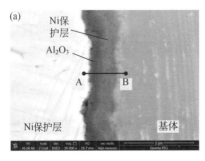

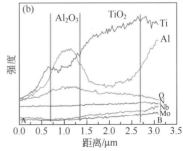

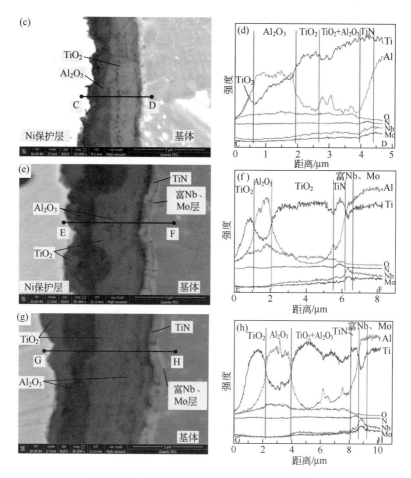

图 4-13　TNM 合金氧化膜结构与能谱分析

（a）（b）50h；（c）（d）100h；（e）（f）300h；（g）（h）500h

图 4-14 是 4822 合金经 100h 等温氧化后的氧化膜结构和能谱分析。从能谱结果可知，氧化膜由外层 TiO_2、内层的 TiO_2 和 Al_2O_3 混合层组成，在氧化膜与基体之间也有 TiN 层。与 TNM 合金比较，4822 合金未能形成连续的 Al_2O_3 层，而是 TiO_2 和 Al_2O_3 颗粒混合，且在最外层（TiO_2）与混合层（TiO_2 和 Al_2O_3）之间有较多孔洞。

（4）等温氧化机制

如果氧化过程中使 TiAl 合金表面能够形成连续致密的 Al_2O_3 保护性氧化膜，便可提高抗氧化性能，但因氧化的热力学和扩散动力学条件原因，在空气气氛中无法形成连续的 Al_2O_3 膜，而是形成 $TiO_2/Al_2O_3+TiO_2$ 层，如前面 4822 合金。原因在于生成 TiO_2 氧化物的速度高于 Al_2O_3，并且 Ti 元素在 TiAl 合金中的自扩散系数远大于 Al 元素，利于 Ti 的向外扩散形成 TiO_2。TiO_2 是 n-型氧化物，间隙 Ti 离子和氧空位是主要缺陷，这些缺陷成为 Ti 原子外扩散与 O 原子向内扩散的通道，加之 TiO_2 是疏松的结构，都将加速氧化。

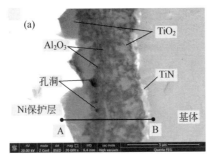 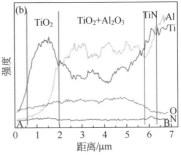

图 4-14　4822 合金氧化 100h 氧化膜结构与能谱分析

（a）氧化膜结构；（b）能谱分析

在 TiAl 合金中添加 Nb 元素可以降低 O 的溶解度，提高 Al 元素的热力学活度，促进 Al_2O_3 的形成和生长，有利于连续 Al_2O_3 膜的形成；添加 Mo 元素可以降低 O 在合金中的固溶度，即阻碍 O 的扩散，从而阻碍了内层 Al_2O_3 的生成，促使外层生成 Al_2O_3 膜。在氧化过程中晶界是原子扩散的通道，也是氧化反应的场所。可以在 TNM 合金中复合添加 Nb 和 Mo 元素，在两种元素的协同作用下促使 TNM 合金在氧化初期就生成连续的外层 Al_2O_3 膜 [如图 4-12（a），氧化 10h]，而 4822 合金仅含有少量的 Nb 元素，故无法形成连续的外层 Al_2O_3 膜。晶界是 O 原子向内扩散的通道，促进内氧化，也是基体原子向外扩散的通道。在 TNM 合金中加入 B 元素起细化晶粒作用，晶界变多，原子扩散的通道也随之增多，有利于 O 原子向内扩散的同时也有利于 Al 原子的向外扩散，进一步促使外层形成 Al_2O_3 膜。有无连续的外层 Al_2O_3 层是 TNM 合金与 4822 合金的主要区别，Al_2O_3 层对提高抗氧化性能起到了至关重要的作用。正是 TNM 合金具有连续的具有保护性的 Al_2O_3 层，使其氧化性能好于 4822 合金。从图 4-11 和图 4-12 的氧化膜表面形貌和截面形貌可观察到 TNM 合金氧化膜最外层的 TiO_2 层生长特别慢，直至氧化 500h，最外层的 TiO_2 还未能全部覆盖整个表面，这正是由于在氧化初期形成了连续的 Al_2O_3 层，阻碍了 Ti 原子的外扩散，故最外层难以形成完整的 TiO_2 层；而 4822 合金却截然不同，在氧化 50h 后 [图 4-11（d）]，氧化膜最外层就完全被 TiO_2 所覆盖。

从图 4-13 的能谱图中可看到在内层 TiO_2 层中有 Nb 和 Mo 存在，此处高价态元素 Nb 和 Mo 可以取代或部分取代 TiO_2 中的 Ti^{4+}，Nb 和 Mo 离子在 TiO_2 晶格中的掺杂，降低了 TiO_2 中氧空位和间隙 Ti 离子的缺陷浓度[25]，从而降低了 O 的内扩散速度，阻碍了内氧化的进行。在图 4-12 中可观察到 TNM 合金氧化膜中 TiO_2 层比 4822 合金的致密，尤其是氧化时间小于 100h。Mo 会在靠近氧化膜的 Ti_3Al 中聚集，氧化过程中富 Mo 的 Ti_3Al 相形成的 Al_2O_3，同时 Ti_3Al 相中部分 Ti 被 Mo 取代形成 O 溶解度较小的 Ti₂AlMo，从而抑制内氧化的进行。从图 4-13 的能谱还可发现，TNM 合金在氧化膜与基体之间还有富 Nb 和 Mo 层，该层可以阻碍 O 向基体扩散和 Ti 原子的向外扩散，也可抑制内氧化的进行。

从图 4-12 中的氧化膜截面形貌可知，TNM 合金经 100h 氧化，氧化膜内层的 TiO_2 层中有少量 Al_2O_3 出现，经 300h 氧化，TiO_2 层中少量的 Al_2O_3 已经逐渐转变成不连续的薄层状，当氧化 500h 时，此现象更明显。这是由于当 TiO_2 层达到一定厚度时，TiO_2 层下出现贫 Ti 富 Al 现象，此时 Al 将与 O 反应生成 Al_2O_3。同理，当 Al_2O_3 层形成后，在 Al_2O_3 层下出现贫 Al 富 Ti 现象，此时又生成 TiO_2 层。以此类推，长时间氧化后出现了多层的 Al_2O_3 层。但由于 Al 的扩散速度远低于 Ti，且基体中的 Al 含量也少于 Ti，氧化时无法提供足够的 Al，故无法形成连续的 Al_2O_3 层，因而 TiO_2 层是厚且连续的。

从图 4-15 的 XRD 图谱中可以发现，氧化膜中有少量的 TiN 和 Ti₂AlN 相存在。在图 4-13 中的 TiN 区域，伴有 Al 含量的上升，也侧面证实了 Ti₂AlN 相的存在。当氧化膜形成之后，在氧化膜与基体界面处的 O 分压降低，而 N 分压上升，此时 N 与 Ti 和 Al 反应生成 TiN 和 Ti₂AlN。随着氧化继续进行以及气体中元素向内扩散，氧化膜与基体界面将向内移动，N 分压下降，而 O 分压上升，此时 O 将与 TiN 和 Ti₂AlN 反应生成 TiO_2 和 N_2。一方面使 TiO_2 层变厚，另一方面，N 及氮化物将向新生成的氧化膜与基体界面扩散，并再次形成 TiN 和 Ti₂AlN。位于氧化膜与基体界面的 TiN 层能阻碍 O 元素的向内扩散，从而抑制内氧化。

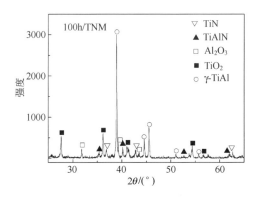

图 4-15　TNM 合金等温氧化 100h 的 XRD 图谱

4.2.2　TiAl 合金的循环氧化

作为航空发动机的热端材料要面临反复使用所造成的冷热交替过程。为保证合金能在高温环境下正常使用，不仅要在高温氧化过程中能形成稳定性高的保护性氧化膜，而且还需在长期冷热循环时氧化膜不开裂、不脱落。由于氧化膜与基体或氧化膜内不同层之间热胀系数不一致，在冷却或加热过程中氧化膜将会产生压应力或拉应力，当此应力超过氧化膜与基体或氧化膜之间的结合力时，氧化膜容易出现开裂，甚至脱落。同时，氧化膜与基体的结合力还与氧化膜厚度、界面缺陷等有关。

（1）氧化动力学

将 TNM 合金与 4822 合金同时放置在内径为 80mm、壁厚为 4mm 的坩埚内。把坩埚放入 800℃的马弗炉，氧化 60min 后取出坩埚冷却 10min，此过程为一个循环氧化，每隔 10 个循环称量 1 次。图 4-16 是 TNM 与 4822 合金循环氧化的动力学曲线。从图可知，两种合金的氧化动力学曲线类型都属于抛物线型，4822 合金的质量增重明显大于 TNM 合金，循环氧化达到 300 次后曲线出现起伏，并且随着循环次数增多，起伏愈加明显。

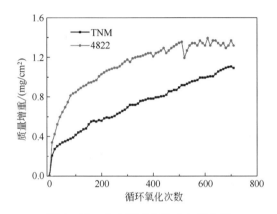

图 4-16　合金循环氧化动力学曲线

经计算的氧化动力学参数如表 4-5 所示。4822 合金的 n 值较接近 2，TNM 合金的 $n>2$，说明其抗氧化性能远好于 4822 合金。从氧化反应速度常数 K 来看，TNM 合金的 K 值小于 4822 合金，即氧化速率小。

表 4-5　循环氧化动力学参数

合金	氧化时间/h	反应级数	氧化反应速度常数 $/[\mathrm{mg}/(\mathrm{cm}^2 \cdot \mathrm{h})]$	氧化动力学规律
4822	0～300	1.838	5.495×10^{-3}	$\Delta W = (5.495 \times 10^{-3} \times t)^{0.544}$
TNM	0～700	2.374	1.487×10^{-3}	$\Delta W = (1.487 \times 10^{-3} \times t)^{0.421}$

（2）氧化膜物相

图 4-17 是合金经不同次数循环氧化后的 XRD 图谱。从图可知，两种合金的氧化产物主要都是由 Al_2O_3 和 TiO_2 组成，对于 TNM 合金，在 $2\theta=27.66°$ 和 $2\theta=57.38°$ 的 TiO_2 的峰值强度随循环次数增多而增强，与等温氧化一致，随着氧化时间增加，氧化产物含量增多。4822 合金在循环氧化 400 次时氧化产物的峰值强度出现下降，而在循环氧化 710 次时氧化产物的峰值强度上升。从图 4-18 可知，4822 合金经 400

次循环氧化后氧化膜开始剥落，氧化物减少。而经 710 次循环氧化的合金表面发生氧化膜剥落后又重新生成氧化物，所以出现图 4-17（b）中氧化产物峰值强度反差现象。

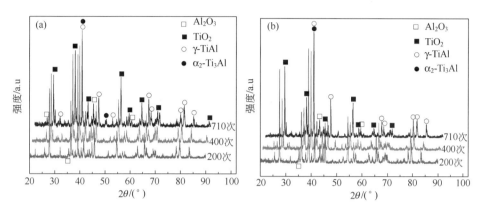

图 4-17　合金循环氧化后的 XRD 图谱

（a）TNM;（b）4822

（3）氧化膜形貌

图 4-18 是合金经不同循环次数氧化后的宏观形貌，4822 合金经 302 次循环氧化后在试样边缘处发生剥落，剥落处呈现出内层褐色的氧化物；经 400 次循环氧化后

图 4-18　不同次数循环氧化后的宏观形貌

（a）302 次；（b）400 次；（c）520 次；（d）710 次

试样多处发生剥落，而原先剥落处又重新生长出氧化膜，颜色由褐色变成灰色；经
520 次循环氧化后试样剥落位置已经贯穿表面；经 710 次循环氧化后试样发生大面积
剥落。剥落时刻与氧化动力学曲线图起伏波动处相对应，如图 4-18 所示。从图 4-18
中还可以看出，TNM 合金经 710 次循环氧化后试样边缘仅有一处小剥落，说明 TNM
合金的抗循环氧化性能远高于 4822 合金。

图 4-19 为合金经不同循环次数氧化后的微观形貌。TNM 合金的表面生长出许
多呈颗粒状 TiO_2 的团簇氧化物，下面有一层 Al_2O_3，4822 合金由棱柱状的 TiO_2 氧化

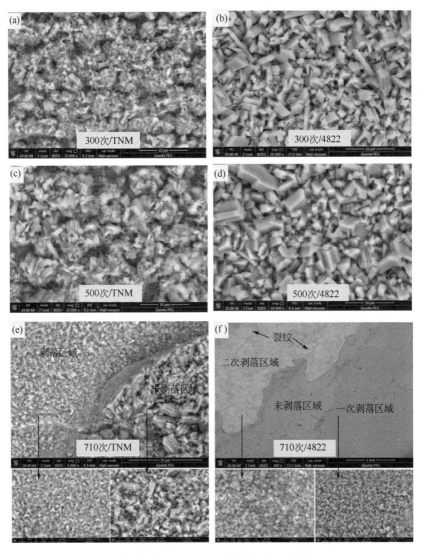

图 4-19　循环氧化后的表面微观形貌

（a）300 次/TNM；（b）300 次/4822；（c）500 次/TNM；
（d）500 次/4822；（e）7100 次/TNM；（f）710 次/4822

物组成，且氧化物间有较多的间隙。两种合金氧化物均随循环次数增多而增大，但在同等循环次数下，4822 合金的氧化物明显比 TNM 合金大。在经 710 次循环氧化后，4822 合金氧化膜出现一次剥落和二次剥落，仅有少量区域未发生剥落，而 TNM 合金仅有一小区域发生氧化膜剥落。在氧化膜剥落区域的氧化物非常细小（此处仅讨论两种合金经 710 次后氧化剥落区域），两种合金剥落区域形貌相似，有许多因氧化膜剥落而留下的凹坑，并且氧化物非常细小。虽然氧化膜结构由层状组成，但层与层或氧化层与基体间的界面不是绝对平面，且每层氧化物颗粒大小也并非均匀，所以氧化膜剥落后呈现出凹坑。氧化膜剥落后使基体或较薄的氧化膜裸露在空气中，基体元素通过薄氧化膜层扩散到表面与氧反应重新生成细小氧化物。无论从宏观角度还是微观角度观察氧化膜表面形貌，均可知 TNM 合金抗剥落能力优于 4822 合金。

图 4-20 是两种合金经过 300 次、500 次和 710 次循环氧化后氧化膜截面形貌。从氧化膜厚度来看，与等温氧化的变化趋势基本一致，两种合金都随循环次数增多变厚，在相同循环氧化次数时，4822 合金氧化膜厚度明显大于 TNM 合金，这与氧化动力学曲线相符合。从氧化膜完整性上看，TNM 合金在 500 次循环氧化后氧化膜仍保持完整，经 710 次循环氧化后在氧化膜与基体之间出现了微裂纹；然而，4822 合金经 300 次循环氧化后，不仅在氧化膜与基体之间出现明显裂纹，而且裂纹已经扩展到 $TiO_2+Al_2O_3$ 混合层中，经 500 次循环氧化后氧化膜不仅与基体分离剥落，而且出现横向断裂，经 710 次循环氧化后出现氧化膜二次剥落和在一次剥落处二次生长成的氧化膜。两种合金氧化膜的组成结构基本与等温氧化一致，但 TNM 合金经 710 次循环氧化后氧化膜最外层已经形成连续的 TiO_2，同时内层 TiO_2 中含有一定量的 Al_2O_3。

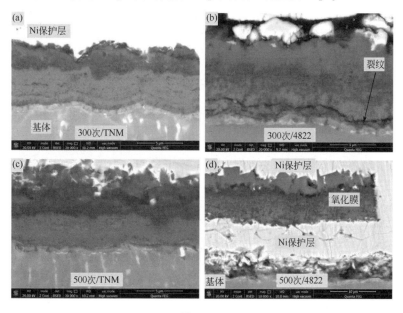

图 4-20

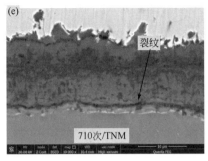

图 4-20　循环氧化后的截面形貌

（a）300 次/TNM；（b）300 次/4822；（c）500 次/TNM；
（d）500 次/4822；（e）710 次/TNM；（f）710 次/4822

（4）循环氧化机制

TiAl 合金抗氧化性能的高低不仅取决于在高温服役环境下表面能否形成致密的具有保护性氧化膜，还取决于在重复使用过程中氧化膜的抗剥落能力。在循环氧化过程中，由于各氧化物和基体的热胀系数差异，温度变化将导致氧化膜与基体间以及氧化膜中不同氧化物层之间产生应力，其计算方法如下[24]：

$$\sigma_{ox} = \frac{-E_{ox}\left(T_a - T_b\right)\left(\alpha_M - \alpha_{ox}\right)}{\left[\left(\dfrac{E_{ox}}{E_M}\right)\left(\dfrac{h_{ox}}{h_M}\right)\right]\left(1 - v^M\right) + \left(1 - v^{ox}\right)} \tag{4-3}$$

式中，σ_{ox} 为氧化物所受到的应力，MPa；E 为弹性模量，GPa，E_{ox} 和 E_M 分别表示氧化物与基体的弹性模量；α 为热胀系数，α_{ox} 和 α_M 分别表示氧化物与基体的热胀系数，℃$^{-1}$；h 为厚度，μm，h_{ox} 和 h_M 分别表示氧化物与基体的厚度；T 为温度，T_a 和 T_b 分别表示热循环变化的起始与结束温度，℃；v 为泊松比，v^{ox} 和 v^M 分别表示氧化物与基体的泊松比。同理，两种氧化物层之间的应力计算方法与式（4-3）类似，可以选择其中一种氧化物层充当式（4-3）中的基体角色。

当 $T_a = T_b$ 时（即恒温氧化），$\sigma_{ox} = 0$，氧化物与基体之间无应力；当 $\alpha_{ox} = \alpha_M$ 或 $\alpha_{ox} \approx \alpha_M$ 时，$\sigma_{ox} = 0$ 或 $\sigma_{ox} \approx 0$，氧化物与基体之间产生的热胀量相等或接近，相互间无应力；当 $\alpha_{ox} < \alpha_M$ 和 $T_a > T_b$（降温阶段）时，$\sigma_{ox} < 0$，表示氧化物受到压应力；当 $\alpha_{ox} < \alpha_M$ 和 $T_a < T_b$（升温阶段）时，$\sigma_{ox} > 0$，表示氧化物受到拉应力。由于氧化膜厚度远小于基体厚度（$h_{ox} \ll h_M$），所以计算氧化膜与基体之间的应力式（4-3）可简化为

$$\sigma_{ox} = \frac{-E_{ox}\left(T_a - T_b\right)\left(\alpha_M - \alpha_{ox}\right)}{\left(1 - v^{ox}\right)} \tag{4-4}$$

图 4-21 为两种合金的热胀曲线。升温阶段，TNM 合金与 4822 合金的膨胀量呈直线上升的温度区间分别是室温至 500℃和室温至 700℃，500℃和 700℃分别是两种合金热胀系数减小的开始点。TNM 合金曲线减小趋势相对平缓，而 4822 合金相对较陡，尤其是在 700～800℃。在降温过程中，两种合金的收缩量都比较平缓。通过热胀曲线计算出各温度区间的热胀系数如表 4-6 所示。从表中可以看出，在每个温度段 TNM 合金的热胀系数均小于 4822 合金。TiO_2、Al_2O_3 和 TiN 的弹性模量分别是 282GPa、400GPa 和 248GPa，泊松比分别是 0.368、0.205 和 0.270[26, 27]。通过式（4-3）和式（4-4）可计算出相应的应力，如表 4-7 所示。

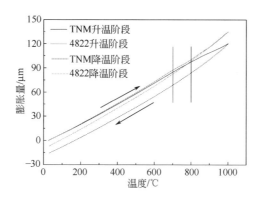

图 4-21　热胀曲线

表 4-6　热胀系数　　　　　　　　　　　　　　　　　　　　　$\times 10^{-6}/℃$

材料	TNM		4822		Al_2O_3[27]	TiO_2[28]	TiN[29]
升/降温	升温	降温	升温	降温	—	—	—
室温	—	—	—	—			
100℃	11.47	11.22	11.69	12.27	6.50	8.20	7.80
200℃	11.54	11.43	12.03	11.91	6.70	8.43	8.45
300℃	12.16	12.00	12.49	13.35	6.83	8.66	8.70
400℃	12.67	12.56	13.02	13.35	7.00	8.89	9.10
500℃	12.97	12.60	13.27	13.47	7.40	9.11	9.55
600℃	13.39	13.44	13.79	14.03	7.66	9.34	9.95
700℃	13.38	14.18	14.39	15.06	7.86	9.57	10.40
800℃	12.63	15.16	13.11	15.95	8.12	9.79	10.98
900℃	11.22	16.35	15.34	17.36	8.33	—	—
1000℃	11.25	19.19	18.80	18.89	8.50	—	—
室温至 800℃	12.57	12.89	12.94	13.73	—	—	—

表 4-7 氧化层间应力值 　　　　　　　　　　　MPa

| 温度/℃ | | TiO₂与基体 | | Al₂O₃与TiO₂ | TiN与基体 | | TiO₂与TiN |
		TNM	4822	TNM/4822	TNM	4822	TNM/4822
升温阶段	100	104.39	111.49	67.44	89.20	99.18	8.54
	200	138.73	160.54	95.98	104.95	127.43	0.60
	300	156.39	170.78	101.53	117.71	134.90	1.19
	400	168.72	184.15	104.86	121.33	139.51	6.27
	500	172.20	185.47	94.87	116.16	132.38	13.14
	600	180.55	198.39	93.21	116.74	136.63	18.22
	700	169.84	214.87	94.87	101.11	141.95	24.79
	800	126.79	148.00	92.66	56.11	75.75	35.55
	室温至800℃	1217.62	1373.70	745.43	823.31	987.74	108.32
降温阶段	800	−93.31	−125.70	−65.27	−80.45	−110.19	−8.27
	700	−133.86	−155.19	−95.98	−101.24	−123.16	−0.60
	600	−148.85	−209.12	−101.53	−111.97	−165.50	−1.19
	500	−163.85	−198.86	−104.86	−117.62	−151.25	−6.27
	400	−155.80	−194.39	−100.13	−103.68	−139.49	−13.14
	300	−182.76	−209.09	−98.38	−118.43	−145.17	−18.22
	200	−205.73	−245.19	−94.87	−128.44	−166.15	−24.79
	100	−239.78	−275.04	−92.66	−142.14	−177.16	−35.55
	800℃至室温	−1323.96	−1612.58	−753.69	−903.96	−1178.08	−280.36

表 4-7 是循环氧化过程中各温度段氧化膜与基体或氧化膜间的应力值。在氧化膜与基体之间无 TiN 情况下，氧化膜中紧靠基体的是 TiO_2，TNM 合金中 TiO_2 受到基体的拉应力随温度升高逐渐上升，在 600℃时达到最大值 180.55MPa，4822 合金在 700℃时应力达到最大值 214.87MPa。TNM 合金中 TiO_2 各阶段受到基体的应力值均比 4822 合金小，在 700℃时出现了最大应力差值 45.03MPa。在冷却过程中，两种合金中 TiO_2 受到基体的压应力均随温度的降低而增大，最大压应力差值为 −60.27MPa，但 4822 合金所受的压应力明显大于 TNM 合金。氧化膜中 Al_2O_3 受到 TiO_2 拉/压应力无明显的变化趋势，且应力值相对偏小，但从式（4-3）中可知推测出，随氧化时间增长氧化膜中的 TiO_2 层变厚，此时 Al_2O_3 受到 TiO_2 应力将增大。在氧化膜与基体之间形成明显的 TiN 情况下，TiN 受到基体的拉/压应力变化趋势与 TiO_2 类似，其应力值有所减小，这是由于 TiN 的热胀系数比 TiO_2 高，更接近基体，但 TNM 合金受到的应力还是比 4822 合金小。由于 TiO_2 与 TiN 的热胀系数较接近，故它们之间的应力最小。

虽然每个阶段（以 100℃为间隔）受到的应力不是特别大，但加热和冷却时间短，在短时间内累积的应力能达上千兆帕，且循环氧化要经许多次冷热交替，使氧化膜反复受到拉/压应力疲劳作用。当应力超过结合力，随之产生微裂纹、扩展和剥落。

从应力值来看，无论是 TiO$_2$ 还是 TiN，受到基体的应力是较大的，故裂纹的产生应该是在氧化膜与基体之间，而不是氧化膜内，这正与图 4-20 一致，所以氧化膜剥落后裸露出基体。TNM 合金抗氧化性好于 4822 合金的原因除了氧化膜受到基体的应力小和应力变化平稳外，还与其氧化膜的结构有关，TNM 合金的氧化膜有明显的层状结构，而 4822 合金却形成 TiO$_2$ 和 Al$_2$O$_3$ 的混合结构氧化膜，这种结构不仅无法有效阻止氧的向内扩散，避免内氧化，使其氧化膜变厚、应力增大，而且此结构在冷热循环氧化过程中使整个氧化膜均处于较大的应力状态中。

4.2.3 TiAl 合金的应力氧化

高温结构材料在高温恶劣环境使用过程中总会受到外界或自身的各种应力作用，如外加机械应力造成的拉/压应力、设备运转的离心力、设备的重力以及温度变化引起的热/内应力等。已有研究表明，外加应力会影响金属氧化膜的生长，甚至会引起氧化产物类型的变化，也可能会影响氧化膜与基体界面的合金元素扩散及其反应，外加应力还可能引起氧化开裂失效等。以下主要内容包括 TiAl 合金在拉应力作用下的氧化动力学、氧化产物组成及应力氧化机制等。

（1）氧化动力学

TiAl 合金应力氧化所用设备及参数与等温氧化一样。试样为狗骨形，通过改变试样尺寸来改变试样受到的应力大小，分别为 39MPa 和 70MPa。

图 4-22 是 TNM 合金分别在 0MPa、39MPa 和 70MPa 拉应力作用下的氧化动力学曲线。与等温氧化和循环氧化相类似，应力氧化的氧化动力学曲线类型也属于抛物线类型，即氧化初期质量增重迅速增加，随着氧化时间增加，质量增加速率逐渐减缓。在同一氧化时间时，质量增重随拉应力的增大而增加，如在氧化 50h 时，39MPa 和 70MPa 拉应力的质量增重分别比 0MPa 的质量增重高出 19.64% 和 37.68%，说明拉应力会影响 TNM 合金的氧化行为。

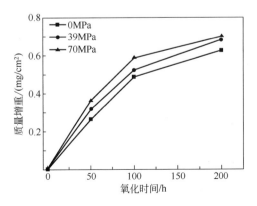

图 4-22　TNM 合金应力氧化动力学曲线

（2）氧化膜物相

图 4-23 是 TNM 合金分别在 0MPa、39MPa 和 70MPa 拉应力作用下的氧化膜的 XRD 图谱。从图可知拉应力作用对合金氧化产物类型没有明显影响，主要都是由 Al_2O_3 和 TiO_2 组成。随着拉应力的增大，γ-TiAl 峰的强度有所减弱，TiO_2 峰先增强后减弱。

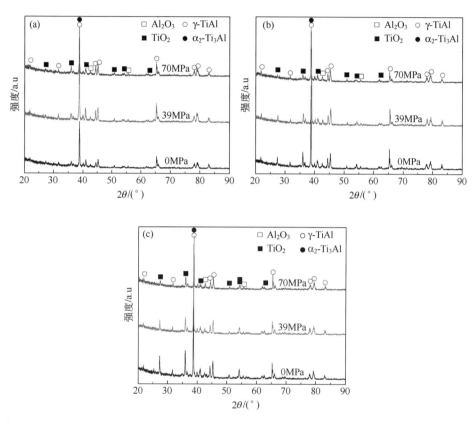

图 4-23　TNM 合金应力氧化后的 XRD 图谱

（a）50h；（b）100h；（c）200h

（3）氧化膜形貌

图 4-24 是 TNM 合金分别在 0MPa、39MPa 和 70MPa 拉应力作用下氧化膜的表面形貌。从图可知氧化物颗粒随拉应力增加而增大，与氧化动力学曲线中质量增重随拉应力增大而增加相对应。此外，应力氧化实验的氧化膜表面形貌与等温氧化相似（图 4-11），但有较明显的划痕。划痕的差别是由于等温氧化和循环氧化试样表面均采用机械磨光，而应力氧化的试样表面采用砂纸磨光所致。

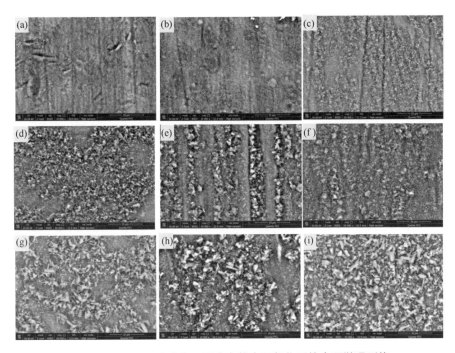

图 4-24　TNM 合金在不同应力状态下氧化后的表面微观形貌

（a）50h/0MPa；（b）50h/39MPa；（c）50h/70MPa；（d）100h/0MPa；（e）100h/39MPa；

（f）100h/70MPa；（g）200h/0MPa；（h）200h/39MPa；（i）200h/70MPa

　　图 4-25 是 TNM 合金分别在 0MPa、39MPa 和 70MPa 拉应力作用下氧化膜截面形貌。从氧化膜厚度来看，相同之处是氧化膜厚度随氧化时间增加而变厚；不同之处是在相同的氧化时间下，拉应力状态下的氧化膜比无应力状态厚，并随拉应力增大而增厚。这与氧化动力学曲线结果相符合，都说明拉应力促进了合金氧化。从氧化膜结构来看，与等温和循环氧化类似，应力氧化也是由最外层不连续的 TiO_2、次外层连续致密的 Al_2O_3 和 TiO_2 内层组成，说明拉应力对氧化膜的结构类型并没有影响。从氧化膜与基体结合情况来看，无论有无应力及氧化时间长短，氧化膜均与基体紧密结合一起。从前面的等温和循环氧化结果可知，500h 等温氧化或 500 次循环氧化均不会有氧化膜剥落，与基体间也没有裂纹，而本节的应力氧化时间相对较短（200h），尚未达到造成氧化膜剥落或产生裂纹的程度。

　　（4）应力氧化机制

　　当前的研究表明，外加载荷（一定的应力状态下）会影响合金的氧化动力学、氧化产物、合金元素的选择性氧化以及氧化膜的完整性等。例如，Zhou 等[30]研究了纯 Ni 在 800℃时受到 10MPa 和 20MPa 压应力的氧化行为，发现压应力会影响氧化膜结构，氧化速率随压应力增大而加速，因此应力改变了其氧化动力学。Moulin 等[31]研究了外加载荷对 Ni 氧化中氧扩散的影响，发现在恒定应力作用下，氧更易于进入

基体,氧的晶界扩散系数增加了近百倍。金诚等[32]研究 Ni₃Al 合金在拉应力(250MPa)
状态下的氧化行为,发现氧化产物主要是 NiO,而无应力时氧化产物主要是 Al₂O₃,
并认为拉应力使合金晶格点阵发生畸变,且降低了体系自由能,使之氧化产物发生
变化。

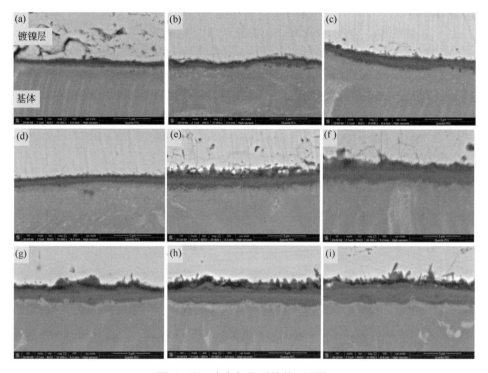

图 4-25　应力氧化后的截面形貌

（a）50h/0MPa；（b）50h/39MPa；（c）50h/70MPa；（d）100h/0MPa；（e）100h/39MPa；
（f）100h/70MPa；（g）200h/0MPa；（h）200h/39MPa；（i）200h/70MPa

从图 4-22 可知拉应力对 TNM 合金的氧化动力学产生了影响,即增加了氧化速
率。氧化初期(氧化物形核时期),外加拉应力使 TNM 合金氧化试样近表面区域产
生局部应力集中,应力的作用将提高此区域的空位、位错和缺陷数量,增加氧化形
核点,氧化物颗粒尺寸减小,使氧化膜中氧化物晶界面积增大,增加了元素的短路
扩散途径。同时,拉应力也加剧了氧的向内扩散,提高了氧化速率,使 TNM 合金产
生了内氧化。随氧化时间的增长,基体元素的外扩散也不断增多,最终氧化膜表面
的氧化物颗粒也不断长大。由于氧化物颗粒的长大,其氧化物晶界面积随之减小,
元素短程扩散途径减少,氧化时间继续增长,在各应力作用下氧化颗粒大小差别不
是很明显。如图 4-24（g）和（h）所示,经 200h 氧化后氧化物颗粒大小差异性减小。

从图 4-23 的 XRD 图谱可知拉应力作用对合金氧化产物种类没有明显的影响,

但随拉应力的增大，TiO_2 峰先增强后减弱，这与等温氧化不同。经 50h 氧化时，拉应力促进氧化，TiO_2 峰增强；之后 γ-TiAl 和 TiO_2 峰峰的强度有所减弱，这可能是由于拉应力的作用改变了氧化产物的含量，使得 Al_2O_3 含量有所增加。但 XRD 能谱上并未看出 Al_2O_3 峰值强度有明显增加，一方面，随氧化时间增加，TiO_2 含量仍然占主要部分，Al_2O_3 含量较少；另一方面，由于试样尺寸较小，存在一定的误差。

氧化膜内的应力一般通过氧化膜的破裂或发生变形而得到释放。表 4-8 列出了经应力氧化后试样的延伸率，随着氧化时间增长，延伸率先迅速增加，而后减缓；随着应力的增大，延伸率显著增加。在应力状态下氧化膜未能发生开裂剥落的原因有：①由于氧化时间相对较短，氧化膜较薄，内部的应力还未能超过氧化膜破裂的临界应力；②虽然应力氧化使试样发生了塑性变形，但其变形量较小（均小于 1%），无法使氧化膜破裂。从 Schütze [33]研究可知，在外加载荷时氧化膜开裂的拉伸应变临界值为 1%，大于本节的最大值 0.79%。

表 4-8　应力氧化后试样的延伸率　　　　　　　　　　　　　　　　　　%

应力/MPa ＼ 氧化时间/h	50	100	200
39	0.18	0.30	0.33
70	0.51	0.63	0.79

4.3　微观组织对 TiAl 合金氧化行为的影响

TiAl 合金广泛应用在航空发动机叶片中，在服役过程中不可避免地需要与高温空气接触。氧化物的生成会降低零部件的承载面积，缩短零部件在使用温度下能够保持完整性的时间，所以研究其高温（尤其是使用温度范围内）氧化行为对材料的使用性能有着重要的意义。在 4.1.1 节中介绍到，TiAl 合金的氧化行为受到其微观组织的影响。本节选用化学成分为 Ti-44Al-4.0Nb-1.5Mo-0.1B-0.1Y（原子分数）的 TiAl 合金，即 TNM2 合金，对热等静压态（双态组织）及热处理态（近片层组织）TiAl 合金的长期氧化行为（包括物相、氧化层形貌、组织结构）进行深入研究，以揭示不同微观组织特征对 TiAl 合金氧化行为的影响。

4.3.1　TiAl 合金各相氧化热力学

TiAl 合金中含有 γ、β 和 $α_2$ 三种不同的相，三种相具有不同的抗氧化性能，因此需要对三种相的氧化行为进行系统深入研究。由于三相在长时间氧化后基本无法区分，故需要对各相的短期氧化行为进行分析。以下采用扫描电镜对 TiAl 合金进行二次电子（Secondary Electron, SE）和背散射模式的观察对比，确定各相的氧化行为。由于热处理态 TiAl 合金近片层组织中 β 相较少，故选择热等静压态 TiAl 合金（Ti-44Al-4.0Nb-1.5Mo-0.1B-0.1Y，原子分数）作为初始氧化行为的研究对象。

图 4-26（a）为热等静压态 TiAl 合金在 800℃进行均匀化热处理之后的微观组织，主要由 γ/α$_2$ 片层、β 相和 γ 相组成。γ 相的平均晶粒尺寸约为 14μm。需要注意的是，组织中也存在一些大块 γ 相，其尺寸超过 40μm，如图 4-26（a）所示。图 4-26（b）为 TiAl 合金在 800℃经 3min 氧化后的片层形貌。其中，α$_2$ 相呈现亮白色，γ 相呈现灰色。对 γ/α$_2$ 片层进行能谱分析，结果如表 4-9 所示（其中 spot1 和 spot4 为 α$_2$ 相，spot2

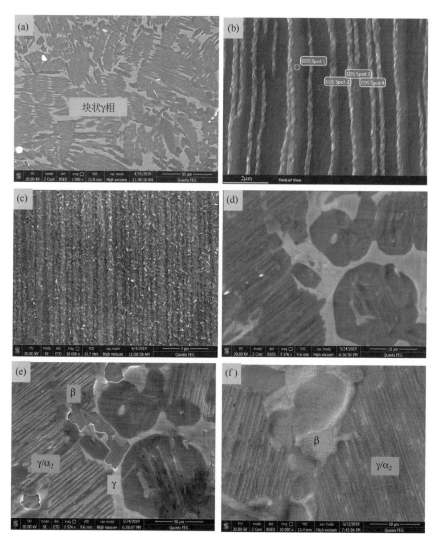

图 4-26　热等静压态 TiAl 合金 SEM 微观组织

（a）氧化前和在 800℃氧化后；（b）3min, BSE；（c）20min, SE；（d）3min, BSE；（e）3min, SE；（f）20min, SE

和 spot3 为 γ 相)。可以看出，片层内 α_2 相中氧含量明显高于 γ 相中氧含量，这也意味着 α_2 相与氧气结合的能力比 γ 相高。Maurice 等[34]报道了氧原子在 α_2、γ 相中的固溶度分别为 16%和 2%，并认为 α_2 相具有较高的氧溶解度的原因在于 α_2 相的晶体结构中含有更多可以容纳氧原子的八面体间隙位置。此外，对能谱中的几个点进行分析发现，在去除氧原子后，α_2 相和 γ 相中的 Ti/Al 原子比保持恒定，在 1.11～1.16 之间（表 4-9）。而在进行氧化前，α_2 相中 Ti/Al 原子比约为 1.26，γ 相中的 Ti/Al 原子比约为 1.01（表 2-4）。文献[35]测定 Ti-48Al-2Cr-2Nb 合金中 α_2 相、γ 相中 Ti/Al 原子比分别为 1.61 和 0.98。一般来说，Ti/Al 原子比随着化学成分的不同而改变，且 α_2 相和 γ 相的 Ti/Al 原子比应该具有较大的差别。然而，TiAl 合金在氧化后 α_2 相和 γ 相中的 Ti/Al 原子比十分接近，说明在初始氧化期间发生了原子扩散。此现象也与之前研究认为氧化早期氧化层的生长与原子的扩散有关相符合。

图 4-26（c）显示 TiAl 合金氧化 20min 后，γ/α_2 片层中 α_2 相的氧化已经十分明显，并且出现了氧化物的横向生长，片层间距变小。图 4-26（d）和（e）分别为氧化 3min 后的 BSE 及 SE 照片。可以看出，相对于 γ 相，β 相及 α_2 相表现为亮白色，而 γ 相较暗，意味着 β、α_2 相优先于 γ 相氧化。图 4-26（f）为氧化 2h 后的表面形貌，发现 β、α_2 相表面变得粗糙并有颗粒状凸起，证实了两相的优先氧化。

表 4-9   氧化后片层化学元素分析 　　　　　　　　　　（原子分数，%）

元素点	O	Ti	Al	Ti/Al
Spot1	49.54	25.97	22.47	1.156
Spot2	41.59	29.52	26.63	1.108
Spot3	42.14	29.43	26.13	1.126
Spot4	49.14	26.05	22.79	1.143

TiAl 合金的氧化热力学可以通过 Ti 和 Al 原子氧化的热力学 Gibbs 自由能来计算[36]：

$$Al(s)+3/4O_2=1/2Al_2O_3(s)$$

$$\Delta G_{Al_2O_3}=-1120480+214.22T \qquad (932\sim2345K) \qquad (4-5)$$

$$Ti(s)+O_2=TiO_2(s)$$

$$\Delta G_{TiO_2}=-943490+179.08T \quad (298\sim1940K) \qquad (4-6)$$

式中，T 为温度（K）。根据上述公式，在 800℃时形成 Al_2O_3 的 Gibbs 自由能为 −668.0kJ/mol，800℃时形成 TiO_2 的 Gibbs 自由能为−751.3kJ/mol。因此可知，含有更多 Ti 元素的相更容易与氧气结合并被氧化。TiAl-1.5Mo 合金中各相的化学组成如表 2-4 所示。可以看出，β 相和 α_2 相含有比 γ 相高的 Ti 元素，且 β 相最高，因此 TiAl 合金中三相的抗氧化能力从优到差，依次是 γ，α_2，β。该计算结果与图 4-26（b）和（e）中的实验观察结果一致。Umakoshi 等[37]在研究了 Al3Ti 和 TiAl 合金的抗氧化性之后，认为只有足够的 Al 元素才能够形成致密的 Al_2O_3 氧化膜。此外，富含 Al 元素的 $TiAl_2$

和 TiAl₃ 也被认为是合适的 TiAl 合金抗氧化涂层材料。这些都说明各相中 Ti/Al 原子比值在抗氧化性能中起到了重要作用。Ti/Al 原子比值越高，抗氧化性越差，反之亦然。

4.3.2　TiAl 合金各相及晶界氧化行为

TiAl 合金中晶界与合金的抗氧化性能息息相关，需要对氧化后的晶界进行分析。在氧化 2h 后［图 4-27（a）］，在 TiAl 合金晶界处发现白色氧化物颗粒。图 4-27（b）是图 4-27（a）的局部放大图。可以看出，这些晶界不是 γ/α_2 片层的边界，而是原始粗大 α 相的边界。TiAl 合金的凝固路径如下：$L \rightarrow L+\beta \rightarrow \alpha \rightarrow \alpha+\gamma \rightarrow \alpha_2+\gamma$，在一个初始粗大的 α 晶粒内部可以形成数个 γ/α_2 片层。图 4-27（c）展示了图 4-27（b）中白色氧化颗粒的 EDS 分析结果，其由 56.40% O、23.78% Al、16.90% Ti、0.62% Nb 和 4.09% Y（原子分数）组成，其中 Y 含量明显高于合金的原始成分，说明 Y 元素在原始粗大的 α 相晶界发生了偏析。也有研究者发现，Y 元素在 TiAl 合金中以 YAl₂ 化合物的形式存在，对氧具有很强的亲和力并形成 Y_2O_3[38]。图 4-27（d）显示了图 4-27（b）中晶界的放大图。从图 4-27（d）中可以看出，裂纹出现在 γ/α_2 片层的边界。同时，在 γ/α_2 片层内部出现了一些孔洞。这些裂纹和孔洞会成为 O 原子向内扩散的通道，不利于合金的抗氧化性能。

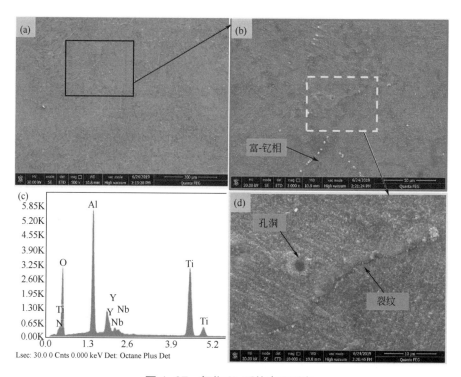

图 4-27　氧化 2h 后的表面形态

（a）SEM 微观组织；（b）实线方框的放大图；（c）白色氧化颗粒的 EDS 分析；（d）虚线方框的放大图

对于 γ 相，通过氧化热力学计算表明其具有较好的抗氧化性能，但当 γ 相尺寸大于 40μm 时，情况却有所不同。图 4-28（a）显示了热等静压态 TiAl 合金 5min 氧化后的表面形态，可以看到，在大块状 γ 相中出现了带状条纹。图 4-28（b）证实了带状条纹是在块状 γ 相上形成的氧化物。对大块 γ 相进行面扫描成分分析，图 4-28（d）～（h）显示了 20min 氧化后元素 O、Al、Nb、Ti、Mo 在图 4-28（c）所示的区域中的分布。

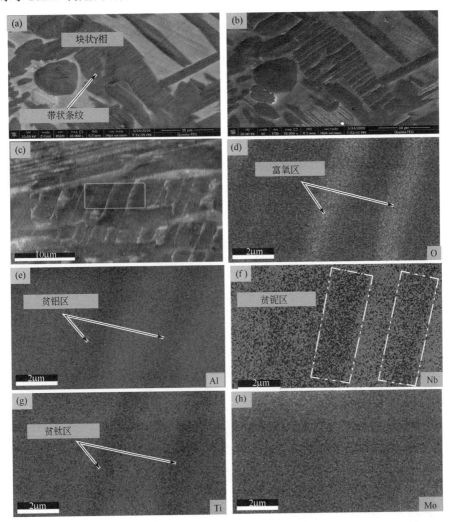

图 4-28 800℃氧化后的 SEM 照片

（a）5min, BSE；（b）5min, SE；（c）20min, SE；（d）O；（e）Al；（f）Nb；（g）Ti；（h）Mo

可以看出，该带状条纹区富含 O，贫 Al 和 Ti，表明形成了 TiO_2 和 Al_2O_3。同时，发现带状氧化物上 Nb 含量低于正常区域的 Nb 含量，而 Mo 元素在整个区域均匀分布，如图 4-28（f）和（h）所示。有关研究表明，Nb 通过抑制 TiO_2 的形成来提高 TiAl 合金的抗氧化性[39]。也有研究者认为，Nb 增强抗氧化性能的机制是 Nb 原子取代了 Ti^{4+}离子[40]。因此，可以合理地推测在块状 γ 相中 Nb 元素的不均匀分布是形成带状氧化物的主要原因。

对于 β 相，可以看出 3min 的氧化后，在 β 相的表面出现明暗斑驳的块状结构[图 4-29（a）]。较暗的区域是氧含量较低的基体，而较亮的区域是氧含量较高的氧化物[图 4-29（b）]。氧化物在 β 相上形成后容易剥落，主要是因为 β 相具有较高的热胀系数，为 $13.8×10^{-6}$，而 $α_2$ 相和 γ 相的热胀系数分别为 $5.2×10^{-6}$ 和 $10.1×10^{-6}$[41, 42]。氧化物从 β 相的表面剥离，在裸露的基体上形成新的氧化物层，然后发生剥落-氧化的连续循环。图 4-29（c）和（d）分别显示了在 SE 和 BSE 模式下观察到的微观组织结构。在 β 相内部可以发现深入基体的孔洞。这些孔洞成为氧气向内扩散的路径，从而加速了氧化过程。在图 4-29（e）中，颗粒状氧化物在 β 相上生长。氧化 4h 后，由于片层边界处氧化物的生长速率明显大于片层内部氧化物的生长速率，使得片层边界显得凸出。

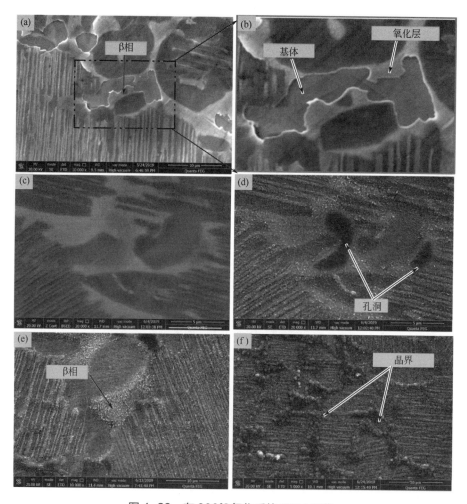

图 4-29　在 800℃氧化后的 SEM 图像

（a）3min, SE；（b）3min, SE；（c）1h, BSE；（d）1h, SE；（e）2h, SE；（f）4h, SE

图 4-30 分别为热等静压态与热处理态 TiAl 合金在氧化 1h 后的表面形貌，可以看出热等静压态 TiAl 合金表面凹凸不平，同时表面存在一些长长的白色氧化条带。对这些白色氧化条带进行 EDS 分析，如图 4-31 所示，这些氧化条带富含钇和氧，且钇和氧的原子比约为 37.6∶61.4，接近于 2∶3，可判断这些氧化条带为 Y_2O_3。图 4-30（b）中可以观察到热处理态 TiAl 合金氧化表面较为平整，晶界处没有出现凹凸不平，也没有长条钇化物的存在，只存在一些等轴的白色颗粒，这是钇化物破碎后发生了氧化形成的 Y_2O_3 颗粒。在轧制变形过程中，微观组织中的长条钇化物破碎分解成颗粒，在后续的氧化过程中难以大幅长大。

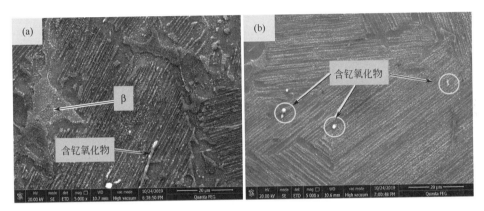

图 4-30　TiAl 合金在 800℃氧化后的 SEM 照片

（a）热等静压态 TiAl 合金；（b）热处理态 TiAl 合金

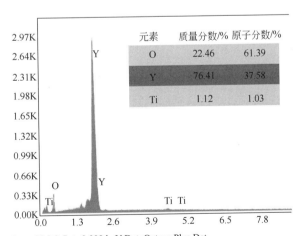

图 4-31　Y 化物能谱分析结果

4.3.3 不同初始微观组织 TiAl 合金的氧化行为

4.3.3.1 氧化膜物相及形貌特征

图 4-32 是不同微观组织结构的 TiAl 合金在 800℃进行不同时间等温氧化后的 XRD 图谱。可以看出 TiAl 合金氧化后的产物主要由 Al_2O_3 和 TiO_2 组成，此外，还有基体中的 γ-TiAl 和 α_2-Ti_3Al 的衍射峰。氧化 96h 后，可以观察到明显的 γ 相衍射峰，说明此时氧化膜厚度很薄，X 射线能够轻易穿过氧化膜而检测到基体。当氧化到 168h 时，γ 相的衍射峰峰值强度迅速下降，而代表 TiO_2 的衍射峰强度迅速升高。随着氧化时间的延长，TiO_2 和 Al_2O_3 的峰值强度增强，且 TiO_2 峰值强度增加得最为明显，说明长时间氧化后表面物相主要为 TiO_2。

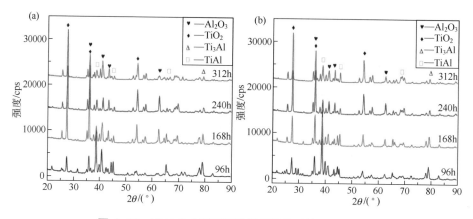

图 4-32　TiAl 合金不同初始组织氧化后的 XRD 图谱
(a) 热等静压态；(b) 热处理近片层态

图 4-33 为热等静压态 TiAl 合金在 800℃分别氧化 96h、168h 和 312h 后的氧化表面形貌。氧化 96h 后，在试样表面依然可以看到制样时的横向划痕［图 4-33（a）］，此时表面生成的氧化物颗粒十分细小，直径在 0.7～0.9μm，并且排列细密［图 4-33（b）］。氧化 168h 后，表面的划痕已经观察不到，但可以看到氧化物的横向排列［图 4-33（c）］，这种横向排列方式和划痕存在"遗传"关系。TiAl 合金划痕造成表面的波峰、波谷交替，而在波峰处更容易接触氧原子，导致优先氧化，从而导致氧化物的排列方向与划痕方向一致。图 4-33（d）显示氧化表面上存在柱状的大颗粒与弥散在其间的小颗粒。对这些颗粒进行 EDS 分析，如图 4-34 所示。粗大的柱状氧化颗粒中含有较多的 Ti 元素［图 4-34（b）］，Al 含量较少，应该是 TiO_2 颗粒。而黏附在柱状 TiO_2 周边的小颗粒中含有较多 Al 元素［图 4-34（c）］，应该是 Al_2O_3。EDS 能谱分析结果证实了氧化表面 TiO_2 和 Al_2O_3 的共存，该结果也和 XRD 检测的结果相一致。当氧化 312h 后，可以在表面观察到大片的白色团簇状氧化皮，如图 4-33（e）所示。这些表面粗糙

的氧化物颗粒团簇的变化对应着 TiO$_2$ 颗粒的快速长大，图 4-33（f）中显示 TiO$_2$
颗粒的尺寸达到了 5μm。

图 4-33　热等静压态 TiAl 合金在不同氧化时间后的表面形貌
（a）96h，2000 倍；（b）96h，20000 倍；（c）168h，2000 倍；
（d）168h，20000 倍；（e）312h，2000 倍；（f）312h，20000 倍

　　图 4-35 为热处理态 TiAl 合金在 800℃分别氧化 96h、168h 和 312h 后的表面形
貌。氧化 96h 后可以观察到划痕，氧化颗粒细小，平均尺寸在 0.6～0.9μm。氧化 168h
后，氧化颗粒长大，尺寸在 1～2μm。氧化 312h 后，主要表现为 TiO$_2$ 颗粒的快速长
大。对比图 4-35（e）与图 4-33（e）可以看出，与热等静压态 TiAl 合金相比，热处
理态 TiAl 合金在长时间氧化后表面没有出现大片的团簇状氧化物，这也从侧面说明
了热处理态 TiAl 合金具有较好的抗氧化性能。

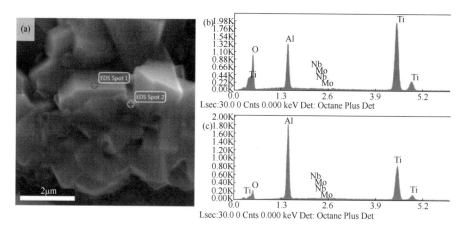

图 4-34　TiAl 合金氧化 240h 后能谱分析

（a）SEM 照片；（b）Spot 1；（c）Spot 2

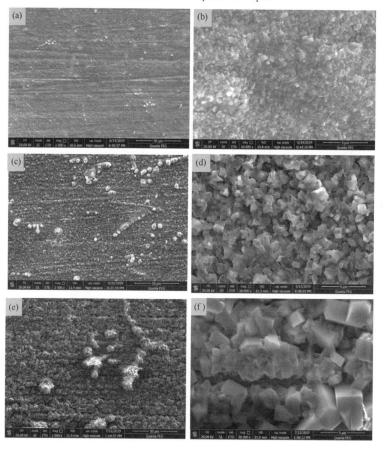

图 4-35　热处理态 TiAl 合金在不同氧化时间后的表面形貌

（a）96h，2000 倍；（b）96h，20000 倍；（c）168h，2000 倍；
（d）168h，20000 倍；（e）312h，2000 倍；（f）312h，20000 倍

4.3.3.2　氧化层结构分析

为了分析 TiAl 合金氧化行为，分别对热等静压态及热处理态 TiAl 合金在 800℃氧化 96h、240h 后的氧化层截面进行观察，如图 4-36 所示。图 4-36（a）显示在氧化 96h 后，热等静压态 TiAl 合金表面生成了厚度约 3.1μm 的氧化层。对比图 4-36（a）和（c）可以得知，热处理 TiAl 合金氧化层厚度为 2.7μm，略小于热等静压态 TiAl 合金，且氧化物颗粒更加细小。线扫描结果表明，在氧化层中存在 Ti 和 Al 的尖峰，说明 TiO_2 和 Al_2O_3 发生共存。同时注意到 Ti 的强度明显高于 Al 的强度，说明 TiO_2 占据主要成分。在氧化 240h 后，热等静压态 TiAl 合金和热处理态 TiAl 合金中氧化层厚度分别增加到 15.8μm 和 12.4μm。在氧化层内部可以观察到灰色和暗色区域的交替分层现象，线扫描结果显示，灰色区域出现了 Ti 元素峰值，暗色区域出现了 Al 元素峰值，说明灰色区域和暗色区域分别对应 TiO_2 和 Al_2O_3 氧化层。除此之外，在氧化层内部还出现了微裂纹和碎块，说明在长时间氧化后氧化膜疏松，容易从基体上破碎剥离。对于两种不同组织状态的 TiAl 合金，随着氧化时间的增长，氧化层厚度逐渐增加，并且氧化层有出现裂纹并导致开裂的倾向。

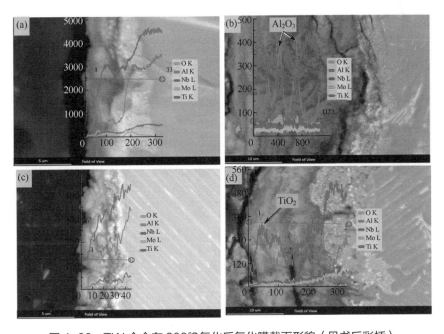

图 4-36　TiAl 合金在 800℃氧化后氧化膜截面形貌（见书后彩插）

（a）热等静压态，96h；（b）热等静压态，240h；（c）热处理态，96h；（d）热处理态，240h

为深入分析探讨 Mo 等 β 相稳定元素在 TiAl 合金氧化行为中所起的作用，对 TiAl 合金截面进行面扫描分析。图 4-37 为热等静压态 TiAl 合金的氧化截面元素分布。图 4-37（b）显示 O 原子的浓度分布沿着靠向 TiAl 合金基体的方向逐渐下降，表明了 O 原子的向内扩散。图 4-37（c）显示氧化层最外侧的粗大颗粒是 TiO$_2$，且 Ti 元素基本遍布整个氧化层。图 4-37（d）显示紧邻最外层 TiO$_2$ 下面是一层厚度 2～3μm 的富铝层，即是说在最外层 TiO$_2$ 下面是 Al$_2$O$_3$。图 4-37（e）和图 4-37（f）分别为 Nb 和 Mo 元素在氧化层中的分布，可以观察到最外侧 Nb 和 Mo 元素的含量很少，两种元素的浓度沿着靠向 TiAl 合金基体的方向逐渐上升，并且 Nb 和 Mo 的分布区域存在多处重合，如图 4-37（e）和（f）中圆圈标识区域所示，这在一定程度上说明 Nb 和 Mo 在提升 TiAl 合金抗氧化性能方面存在协同作用。

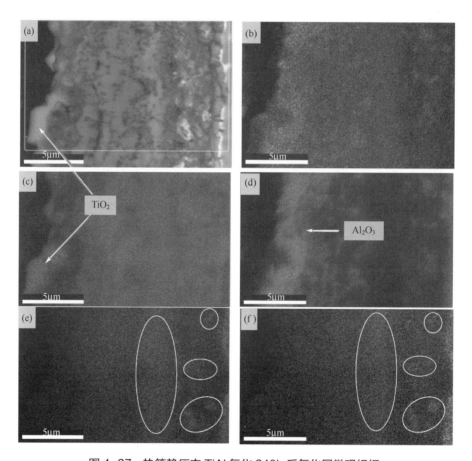

图 4-37　热等静压态 TiAl 氧化 240h 后氧化层微观组织

（a）SEM 照片和元素分布图；（b）O；（c）Ti；（d）Al；（e）Nb；（f）Mo

图 4-38 为热处理态 TiAl 合金截面处的元素分布。各个元素的分布特征与热等静压态 TiAl 合金类似。有所不同的是，相比于热等静压态 TiAl 合金，热处理态 TiAl 合金氧化层中所形成的 Al、Nb 和 Mo 富集层更加致密，这些富集层分别对应 Al$_2$O$_3$、Nb 和 Mo 的氧化物。在热等静压态 TiAl 合金中，β/B2 相聚集在片层边界，Nb、Mo

元素也会相应地出现偏聚，导致富 Nb、富 Mo 区的离散分布，如图 4-37（e）和（f）所示。而热处理态 TiAl 合金中 Nb、Mo 原子在热处理过程中充分扩散进入片层，均匀分布在组织中，更容易形成连续致密的富集层。这些富集层能够阻挡 O 原子的内扩散，提升 TiAl 合金的抗氧化性能。

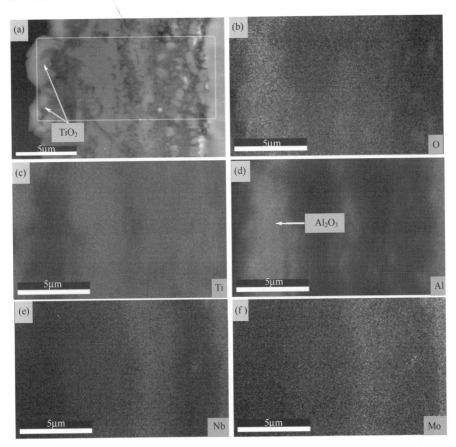

图 4-38 热处理态 TiAl 合金氧化 240h 后氧化层微观组织
（a）SEM 照片和元素分布图；（b）O；（c）Ti；（d）Al；（e）Nb；（f）Mo

图 4-39 为热处理态 TiAl 合金氧化层与基体接触界面的 SEM 形貌照片，可以看出，在靠近基体的氧化层内部出现了很多"树突"状物质，这些"树突"的心部为暗色，代表 Al 元素的富集，周边为灰色，代表 Ti 元素的富集。同时，这些"树突"的取向与片层取向一致，且树突与片层中的 α_2 板条连接到一起。在进行局部放大的图 4-39（b）中，可以看到 A 区域中灰色颗粒尺寸较大，约为 1.5μm，B 区域灰色颗粒较为细小。其中 A 区域更加靠向氧化层，其形貌可以视为 B 区域发生氧化及长大后的形貌。

图 4-40 为片层组织氧化的示意图。首先，根据短期氧化实验可知，片层中的 α_2

相具有更强的氧亲和力，氧原子在 α_2 相周边聚集。随后 α_2 相发生氧化，生成了 TiO_2，生成 TiO_2 的同时消耗了大量的 Ti 元素，导致 α_2 相中 Al 元素得到富集（图 4-39（b）中树突心部区域表现为暗色），并进一步诱导了 Al_2O_3 的生成。由于 Al_2O_3 的生长速度慢于 TiO_2，TiO_2 颗粒沿横向快速生长，Al_2O_3 颗粒弥散分布在 TiO_2 之下，形成图 4-39（b）中的区域 A。随后，其下面的 B 区域重复 A 区域的氧化过程，进而完成了片层的氧化。

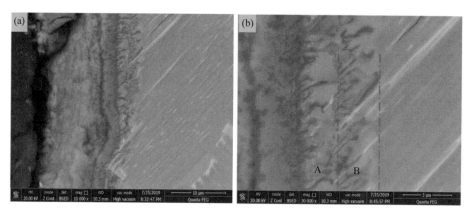

图 4-39　热处理态 TiAl 合金氧化层截面

（a）SEM 形貌照片；（b）局部放大图

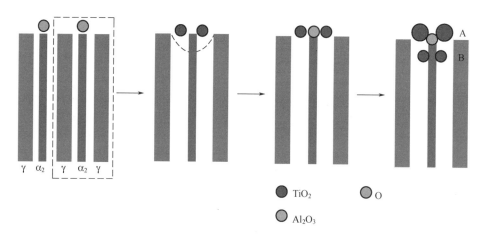

图 4-40　热处理态 TiAl 合金片层组织氧化示意图

4.3.3.3　钇化物对 TiAl 合金氧化行为的影响

图 4-41（a）为热等静压态 TiAl 合金在氧化 312h 后的氧化截面形貌。可以看出，在靠近氧化层的基体内侧出现一个异常长大的团簇物。如图 4-41（b）所示，对这个团簇物进行面扫描分析。该团簇物内部中心富含 Y 和 O，可确认该核心为钇化物，

钇化物的长度约在 11μm。围绕钇化物的是富钛层，外侧是树枝状的富 Al 层（暗黑色），最外层又是富钛层（灰色）。其中富铝层和富氧层相重合，说明暗黑色为 Al_2O_3。该团簇物直径在 20μm 左右，会对 TiAl 合金的抗氧化性能造成不利影响。图 4-42 为热等静压态与热处理态 TiAl 合金氧化截面的 SEM 照片，可以看出，热等静压态 TiAl 合金中钇化物尺寸较大，尤其当钇化物生长方向与氧化层相垂直时，此时这种团簇会一直深入到基体内部，成为氧原子向内部扩散的通道，如图 4-42（a）所示。图 4-42（b）中钇化物尺寸较小，这是因为在经历过轧制变形之后，钇化物破碎分解。

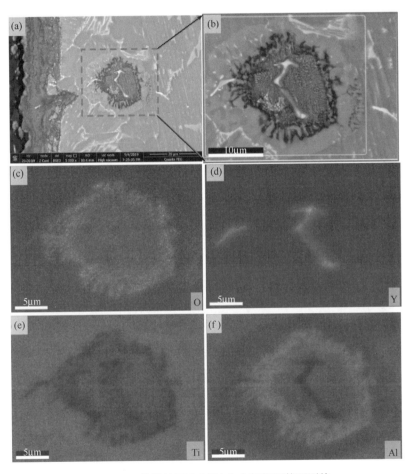

图 4-41　热等静压态 TiAl 合金氧化层截面形貌
（a）（b）SEM 图及元素分布；（c）O；（d）Y；（e）Ti；（f）Al

有关研究[43]认为，添加 Y 元素对 TiAl 合金的抗氧化性能起到提升作用。一方面，适量的 Y 可以细化晶粒，提高氧化膜和基体的结合力；另一方面，Y 能够促进 Al_2O_3 的形成。Y 元素在 α_2 相和 γ 相中的固溶度很低，只有不到 0.1%（原子分数），当 Y

含量高于 0.1%（原子分数）时，Y 元素就会在晶界处聚集。由于 Y 元素和 O 原子的强烈结合力，Y 很容易形成 Y_2O_3。在低氧分压时，Al 的平衡氧分压（10^{-36}atm❶）小于 Ti 平衡氧分压（10^{-30}atm），因此 Al 可能会优先氧化，导致氧化层中最先出现 Al_2O_3 氧化层。这也是添加适量 Y 元素能够提升抗氧化性能的原因。在图 4-41 中，钇化物周边都生成了 Al_2O_3。然而，随着氧化时间的增加，钇化物会恶性生长导致尺寸过大，并且钇化物的生长方向直接插入基体时，对 TiAl 合金抗氧化性能会造成不利影响。通过轧制变形破碎钇化物能有效改善 Y 元素添加后的弊端。

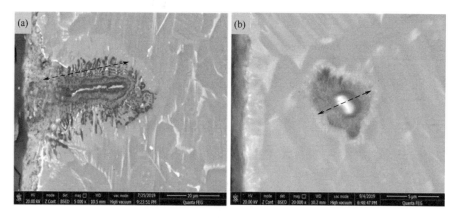

图 4-42　氧化层界面附近钇化物生长形貌

（a）热等静压态；（b）热处理态

4.3.3.4　微观组织对 TiAl 合金抗氧化性能的作用机制

TiAl 合金的氧化主要可以分为 3 个阶段：在氧化初期，合金表面吸收氧原子，氧原子溶解在此表面，并向基体扩散，最终达到饱和状态；第 2 阶段，由于 Al_2O_3 和 TiO_2 的自由焓比较接近，两者基本同时形成，氧化膜生长动力学介于两者的生长动力学中间，然而 TiO_2 的生长速度超过 Al_2O_3，使得最外层为 TiO_2 颗粒。由于 Ti 的快速扩散，根据 Kirkendall 效应，在外层 Ti 氧化物和下面富 Al_2O_3 氧化层之间产生了许多孔洞；第 3 阶段，当外部 TiO_2 和下面的 Al_2O_3 氧化层都比较厚时，氧化过程中所有扩散介质的扩散速率都出现下降，氧化质量增重也会变得缓慢。

一般来说，TiAl 金属间化合物无法在空气中建立起连续的 Al_2O_3 氧化皮，这与 Al_2O_3 和 TiO_2 的自由焓比较接近相关。也有一种观点认为这与氧化物/基体界面处氮化钛（TiN 和 Ti_2AlN）的形成密切相关（通常被称为氮效应）。由图 4-37、图 4-38 可以看出，在 TiO_2 层内部生成了厚约 3μm 的连续 Al_2O_3 氧化层，这和 TiAl 合金中添加的 Nb 和 Mo 元素有关。在 TiAl 合金中添加 Nb 和 Mo 元素可以降低 O 的溶解度，提高 Al 元素的热力学活度，促进 Al_2O_3 的形成和生长，有利于连续 Al_2O_3 膜的形成。

---

❶ atm 为大气压强单位，1atm=101325Pa。

至于氧化层内部的裂纹，可能是在冷却至室温的过程中由于基体和氧化层的热应力造成的。

对于热等静压态及热处理态 TiAl 合金，两者具有相同的氧化层结构，如图 4-43 所示，它们的最外层都是 TiO_2，TiO_2 层之下是 Al_2O_3，再内侧是 TiO_2 和 Al_2O_3 的混合层。

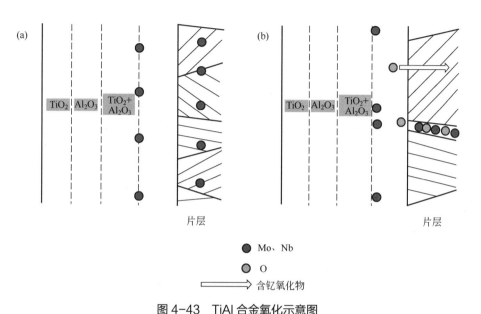

图 4-43　TiAl 合金氧化示意图

（a）热处理态；（b）热等静压态

虚线代表氧化层结构，右侧平行线段代表片层组织

综合上述分析，可知热处理态 TiAl 合金较热等静压态 TiAl 合金的抗氧化性能有较大的提升。这主要由以下几个方面决定的：

① 经过轧制变形及热处理后，TiAl 合金的片层得到了细化，相当于晶粒尺寸减小，对抗氧化性能起到提升作用；

② 热等静压态 TiAl 合金中片层边界遍布 β 相，这些 β 相抗氧化性能差，易形成 O 原子向内扩散的通道，损害抗氧化性能，而热处理态 TiAl 合金由于消除了 β 相，抗氧化性能升高；

③ 热处理态 TiAl 合金在热处理过程中，β 相中的 Nb、Mo 原子进行了充分的扩散，弥散分布在片层组织中［图 4-43（a）］，在氧化过程中，容易形成连续致密的富 Nb、富 Mo 层，阻碍 O 原子的向内扩散；

④ 热等静压态 TiAl 合金中存在粗大的钇化物，经过长时间氧化后，刺入基体，降低了抗氧化能力，而热处理态 TiAl 合金中钇化物得到了变形破碎，难以长大，有利于保护基体。

4.3.4　TiAl 合金片层稳定性

TiAl 合金经过长时间高温氧化后,其内部组织存在化学不稳定。为研究 TiAl 合金在高温长时间氧化后的组织演变,需要对热处理态 TiAl 合金的片层组织进行分析。图 4-44 为氧化 384h 后的 TiAl 合金内部片层组织 TEM 形貌。

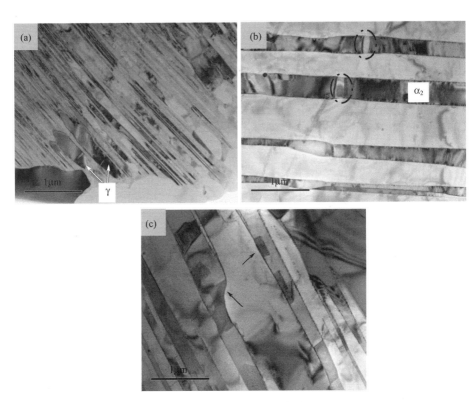

图 4-44　热处理态 TiAl 合金片层组织

(a) γ 板条粗化;(b) α_2 板条分解;(c) 片层内部缺陷

图 4-44(a)中可以观察到片层中出现了局部的粗化,这是 γ 板条的连续粗化。在 γ/α_2 板条界面上存在多种类型缺陷,包括界面台阶、中断的片层、弯曲的界面、γ 片层中的有序畴界,如图 4-44(c)中箭头所指。这些界面上的缺陷能改变两侧片层之间的热力学平衡状态,使片层组织处于不稳定状态,并成为连续粗化的起始位置[44]。

图 4-44(b)显示在 TiAl 合金板条内部出现了块状及颗粒状析出物,说明板条发生了部分相变。图 4-45 为对片层组织在 TEM 视野下的面扫描元素分布图。图 4-45(c)显示,在图 4-45(a)中出现颗粒状析出的板条位置,可以观察到贫 Al 区,说明析出颗粒的板条为 α_2 板条。同时,析出颗粒位置出现了 Mo 元素的富集 [图 4-45(e)],说明析出颗粒为 β 相。TiAl 合金在形成片层组织时依靠的是 α→γ 相变,在此相变过

程中由于冷却速度过快等原因，造成 α_2 相含量与平衡组织中的含量不匹配。在长时间氧化后，高温引起的热驱动力会推动 α_2 相发生相变，其中 $\alpha_2 \rightarrow \beta$ 相变即是 α_2 相垂直分解的一种。研究人员[45]对 α_2 相分解生成 β 相进行了研究，认为 α_2 相中位错运动导致 α_2/γ 界面处原子错排，促使 β 相在此形核。

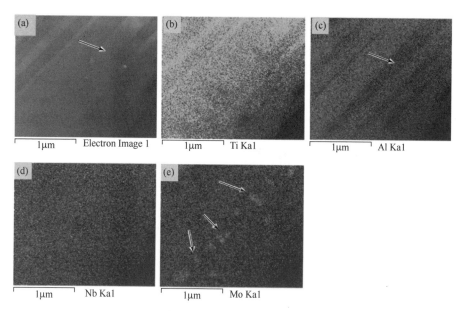

图 4-45　热处理态 TiAl 合金 TEM 视野下片层组织及元素面扫描分析
（a）片层组织；（b）Ti；（c）Al；（d）Nb；（e）Mo

4.4　TiAl 合金热冲击变形行为研究

　　TiAl 合金由于密度低、比强度高和抗氧化性能优异，已被用于航空、航天和汽车行业，该合金是替代镍基高温合金的候选材料。然而，它们也存在较大脆性和损伤容限有限的问题。近年来，研究人员使用合金化、热处理和热机械处理等方法提高 TiAl 合金的热加工性能[46]。TiAl 合金的主要构成相（具有 L1$_0$ 结构的 γ 相和具有 D0$_{19}$ 结构的 α_2 相）缺乏足够的滑移系，因此引入具有体心立方（bcc）结构的 β 相以提高其加工性能[47]。

　　TiAl 合金在高温高压条件下长时间工作，并承受温度和压力的快速变化。Zhang 等[48]原位分析研究了 TiAl 合金的疲劳裂纹，发现裂纹扩展行为随着裂纹尖端的微观结构变化而变化。同时，裂纹扩展速率与片层的取向有关。Zhu 等[49]研究了高铌 TiAl 合金的断裂韧性，发现裂纹偏转和剪切韧带有利于提升 TiAl 合金的韧性。Roth 等[50]报道了 TiAl 合金的热机械疲劳行为，并使用 Smith-Watson-Topper 损伤参数描述了

TiAl 合金的疲劳寿命。在某种程度上，热冲击可以看作由于剧烈的循环温度变化引起的极端情况下的热疲劳。在热冲击过程中，通常会导致合金表面出现微裂纹。由于应力集中，热冲击破坏了 TiAl 合金的力学性能和显微组织稳定性。Pei 等[51]发现 4822 合金的延伸率和抗拉强度在热冲击后急剧下降。此外，在 800℃ 热冲击后出现了一些微裂纹和细小 α_2 相。李涌泉等[52]研究了 TiAl 合金在 700℃ 时的热冲击行为，并认为具有双相结构的 TiAl 合金抗热冲击性能低于近片层组织的 TiAl 合金。

迄今为止，对 TiAl 合金疲劳行为的研究主要集中在机械疲劳行为上，而对于 TiAl 合金抗热冲击行为的报道十分有限。TiAl 合金在受到热冲击时的裂纹萌生和扩展行为尚不清楚。研究 TiAl 合金的抗热冲击行为有助于了解 TiAl 合金的失效原因和相关失效机制，这对开发新型 TiAl 合金至关重要。

4.4.1 TiAl 合金的热冲击行为

分析研究采用的 4 个 TiAl 合金（TNM1～TNM4）成分及加工工艺，参照 2.2 节。从热等静压后的铸锭上切下尺寸为 10mm×10mm×10mm 的块状试样，使用 SiC 砂纸将其研磨至 1000 目 ❶，然后超声清洗 10min。将试样置于电阻炉中，在 900℃ 加热 5min，然后迅速从炉中取出，立即投入冷水（约 4℃）中。上述加热和冷却过程称为一个循环，分别重复循环 2、5 和 25 次。每种合金使用 3 个试样重复测试以保证测试结果的可靠性。

使用电火花切割方法从立方体试样的表面切取 10mm×10mm×2mm 的样品。使用 FEI Quanta 450 场发射扫描电子显微镜在 BSE 模式下表征热冲击前后的微观结构。从样品表面切下尺寸为 10mm×10mm×0.3mm 的圆片并研磨至 50μm。使用 6%高氯酸、34%正丁醇和 60%甲醇溶液进行电解抛光。在 Tecnai G2F30 透射电子显微镜上进行 TEM 观察。在 OLS-4100 激光扫描共聚焦显微镜上对裂纹长度和数量进行观察，使用 Image Pro® 图像分析软件计算每种合金的表面裂纹平均数量和尺寸。

对 4 种 TiAl 合金经过 2 次热冲击循环后的裂纹进行观察分析，得到的结果如图 4-46 所示。经过 2 次热冲击后，4 种 TiAl 合金表面均出现微裂纹，表明热冲击引起的热应力足够大，导致裂纹的萌生。TNM1 和 TNM2 合金的平均裂纹数分别为 8.0 和 7.0，小于 TNM3 和 TNM4 合金的平均裂纹数分别为 18.8 和 35.7。此外，TNM1 和 TNM2 合金的裂纹长度一般小于 1000μm，而 TNM3 和 TNM4 合金的裂纹长度则较长。对于 TNM3 合金，大部分裂纹的长度在 500～1000μm，而 TNM4 合金的大部分裂纹长度在 1000～3000μm。因此，TNM1 和 TNM2 合金的热冲击性能明显优于 TNM3 和 TNM4 合金。

---

❶ 目，指一平方英寸上可以打多少个孔，即目数。

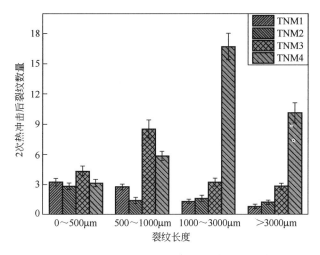

图 4-46　2 次热冲击循环后 4 种 TiAl 合金裂纹长度统计数据

　　图 4-47 显示了 4 种 TiAl 合金在 25 次热冲击循环后的表面形貌。随着 Mo 含量的增加，微裂纹的数量也随之增加。从图 4-47（c）和（d）中可以看出，主裂纹和微裂纹相互交织，该结果与 2 次热冲击循环后观察到的结果一致（图 4-46）。如果温差相同，热应力取决于材料常数，如弹性模量、热胀系数、泊松比和固有强度等，且材料常数与微观组织特性密切相关，因此 4 种合金的抗热冲击性能由添加不同含量 Mo 元素引起的显微组织差异所决定。

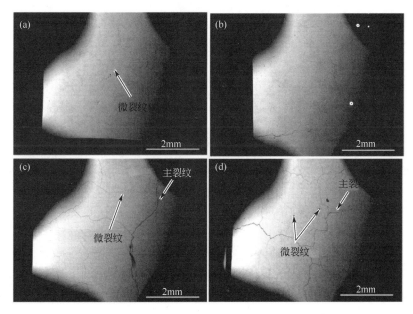

图 4-47　4 种 TiAl 合金在 25 次热冲击循环后的 SEM 照片
（a）TNM1；（b）TNM2；（c）TNM3；（d）TNM4

4.4.2　热冲击过程中的裂纹演变

为进一步研究微观组织对 TiAl 合金热冲击行为的影响，有必要研究裂纹在热冲击过程中的萌生、扩展和终止行为。图 4-48 显示了表面的裂纹萌生。图 4-48（a）中右上角方框是微裂纹源头的放大图。可以看出，裂纹起源于 γ/α₂ 片层内部，且裂纹方向（虚线箭头所指）与片层取向平行。随着 Mo 含量的增加，等轴 γ 相和 β 相含量增加。裂纹不仅起源于 γ/α₂ 片层的内部，还起源于片层与等轴相或等轴相之间的界面，如图 4-48（b）中的箭头所示。对于 TNM3 和 TNM4 合金，裂纹源主要位于等轴相内部或等轴相之间的界面处，少数裂纹源出现在 γ/α₂ 片层内部，如图 4-48（c）和图 4-48（d）所示。

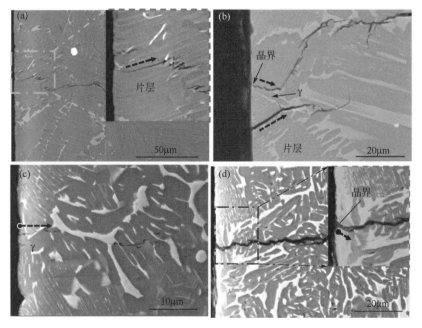

图 4-48　4 种 TiAl 合金在 5 次热冲击循环后裂纹萌生的 SEM 图像
（a）TNM1；（b）TNM2；（c）TNM3；（d）TNM4

图 4-49（a）显示了 TNM1 合金中的裂纹扩展路径。其裂纹扩展路径是弯弯曲曲的，并与 γ/α₂ 片层取向密切相关。当裂纹方向与 γ/α₂ 片层取向夹角较小时，裂纹沿片层取向逐渐扩展，表现为层间裂纹。当裂纹扩展方向与片层取向的夹角大于 45°时，裂纹扩展遇到阻力而发生偏转。裂纹要么进入 γ/α₂ 片层并不断调整路径方向，最终穿过片层，表现为穿层裂纹模式，要么绕过片层沿晶界扩展。

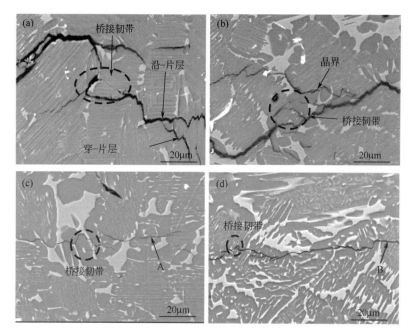

图 4-49　4 种 TiAl 合金在 5 次热冲击循环后的裂纹扩展行为
(a) TNM 1；(b) TNM2；(c) TNM3；(d) TNM4

可以观察到，一些微裂纹附着在主裂纹上并形成桥接韧带，如虚线圆圈区域所示（图 4-49）。TNM2 合金的情况与 TNM1 合金的情况类似，但与 TNM1 合金相比，TNM2 合金具有更多的晶界。当裂纹扩展遇到阻力时，一些裂纹沿 γ 相和 β 相的界面延伸 [图 4-49（b）]。应该指出的是，TNM3 和 TNM4 合金含有大量的主裂纹。除了对主裂纹进行观察外，还应该关注一些微观结构细节。因此，选择图 4-49（c）和图 4-49（d）所示的细小微裂纹进行裂纹扩展观察。在 TNM3 和 TNM4 合金中，裂纹扩展路径相对简单，其路径主要贯穿等轴相，尤其是等轴 γ 相。与 TNM1 和 TNM2 合金不同，TNM3 和 TNM4 合金中的裂纹在通过 γ/α$_2$ 片层时几乎没有大的偏转，如图 4-49（c）和（d）中 A 和 B 区域所示。为了比较这些裂纹扩展时的弯曲程度，可以引入"曲折系数"。曲折系数是某一平面内实际裂纹长度与裂纹起点和终点直线距离的比值。这里应用 Image Pro 软件来计算曲折系数。TNM1、TNM2、TNM3 和 TNM4 合金的曲折系数分别为 2.13、1.59、1.24 和 1.17。曲折系数越低，裂纹偏转越小，意味着裂纹扩展遇到的阻力越小。

对 4 种合金的裂纹尖端进行观察，如图 4-50 所示。从图 4-50（a）～（d）可以看出，4 种 TiAl 合金裂纹尖端周围均存在微裂纹，如图 4-50 中的箭头所示。值得注意的是，这些微裂纹的方向大多与裂纹的方向平行，有时会出现不止一条微裂纹，这种现象称为"裂纹屏蔽"。

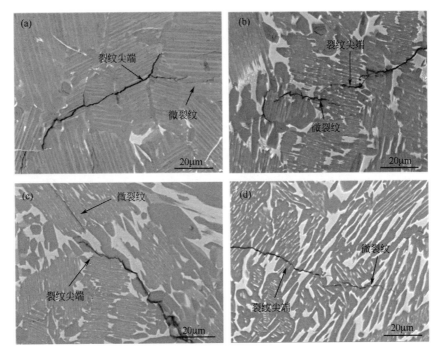

图 4-50　5 次热冲击循环后裂纹尖端的观察

（a）TNM1；（b）TNM2；（c）TNM3；（d）TNM4

4.4.3　热冲击对微观组织稳定性的影响

多次热冲击后，TiAl 合金表面微观结构发生变化。图 4-51 显示了 4 种 TiAl 合金在 25 次热冲击循环后的微观组织。在 TNM1 合金中，裂纹斜穿 γ/α_2 片层，破坏了 γ/α_2 片层结构。图 4-51（b）显示了 TNM1 合金中 γ/α_2 片层的 TEM 图像。可以看到，明亮的白色滑移带出现在 γ 板条上，如箭头所示，表明 γ 板条已经发生了微观变形。滑移带最终演化为裂纹，然后倾斜穿过 γ/α_2 片层，形成跨片层裂纹。在图 4-51（a）右上角的放大框中，裂纹周围 β 相的对比度发生了变化。这种变化在图 4-51（c）中更为明显：在裂纹周围形成宽度约为 10μm 的带状区域，由于 β 相中析出了细小颗粒，使得该区域在 SEM/TEM 视野下显示出与其他区域不同的对比度，如图 4-51（d）所示。这些颗粒是有序 ω 相，其化学分子式为 Ti_4Al_3Nb。ω 相的形成机制将在后面进行讨论。图 4-51（e）和（f）是远离主裂纹的微观结构图像。在 TNM3 和 TNM4 合金中，等轴 γ 相中出现了大量裂纹。这些裂纹相互平行，但不相连。结合图 4-51（b）、（e）和（f），可以推断出 γ 相受到较高的热应力并优先发生塑性变形甚至开裂。

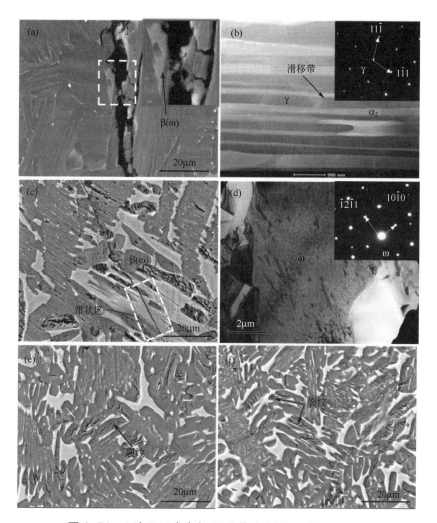

图 4-51　4 种 TiAl 合金在 25 次热冲击循环后的显微组织

（a）TNM1；（b）TNM1 合金薄片区的 TEM 图像；（c）TNM2；
（d）TNM2 合金 β(ω)区的 TEM 图像；（e）TNM3；（f）TNM4

4.4.4　热冲击开裂机制分析

4.4.4.1　热冲击应力计算

TiAl 合金作为一种脆性材料，在极端条件下容易失效。因此，从工程应用的角度出发，研究 TiAl 合金的热冲击行为具有重要意义。热冲击断裂理论认为，当温度变化引起的热冲击应力（σ_H）大于材料的固有强度（σ_f）时，就会产生裂纹[53]。热冲击应力来源于材料表面和内部温度场之间的瞬态分布不均匀。材料表面温度急剧下降，表面收缩，而内层因短时间内冷却不充分而无法收缩。因此，材料的表层受到来自内层的拉应力，可表示如下[54]：

$$\sigma_{\mathrm{H}} = \frac{E\alpha}{1-\nu} \times \Delta T \qquad (4\text{-}7)$$

式中，E 为材料的弹性模量，α 为热胀系数，ν 为泊松比，ΔT 为热冲击温差。

由式（4-7）可知，当温差恒定时，热应力值与 E 和 α 的值成正比，与 $1-\nu$ 的值成反比。事实上，热应力值还受各相体积分数、尺寸和形貌等微观结构特征的影响。例如，相邻的 γ 相与 α_2 相之间，由于热应力差较大，会产生新的力，导致 γ/α_2 片层产生裂纹。

4.4.4.2 元素对组织稳定性的影响

在图 4-51（a）和（c）中，ω 相析出发生在 TNM1 和 TNM2 合金的 β 相内部。ω 相的标称化学成分为 Ti4Al3Nb，因此添加较高的 Nb 含量增加了从 β 相到 ω 相的相变概率。$\beta \rightarrow \omega$ 相变可以分为形核、生长两个步骤。ω 相的形核是一种切变和短程扩散机制，可以在高冷却速率下完成。然而，ω 相的生长却是一个长程扩散过程。图 4-51（c）中可以观察到 TNM1 和 TNM2 合金中存在 ω 相，说明 ω 相有足够的时间在热冲击循环过程中生长。β 和 ω 相的嵌合容易导致基体脆性，裂纹往往在这里萌生并迅速扩展。有趣的是，即使在 TNM3 和 TNM4 合金中都含有大量的 β 相，也很难观察到裂纹周围的 $\beta \rightarrow \omega$ 相变化。这意味着 TNM3 和 TNM4 合金中 $\beta \rightarrow \omega$ 相的形核过程受到抑制。这与相变所依赖的成分机制密切相关。研究表明，合金元素对相变的影响很大，Ni 等元素能促进该相变，而 Cr、W、Mo 等元素则抑制该相变[55]。Niu 和 Stark 分别通过第一性原理计算和高能 X 射线衍射（HEXRD）分析，证明 Mo 合金化可以稳定 TiAl 合金中的 β 相并抑制 $\beta \rightarrow \omega$ 相变[56, 57]。由于在 TNM3 和 TNM4 合金中过量添加 Mo 元素，Mo 原子在 β 相中严重偏析，抑制了 $\beta \rightarrow \omega$ 相变。4 种 TiAl 合金的 β 相中的 Mo 含量分别为 2.84%、3.13%、5.67%和 7.68%（原子分数）。因此，可以推断在 3.13%～5.67%之间存在一个临界 Mo 含量，它抑制了 $\beta \rightarrow \omega$ 相变。

4.4.4.3 微观组织特征对热冲击性能的影响

在热冲击引起的热应力作用下，TiAl 合金表面产生裂纹。TiAl 合金不是单相，而是由 γ、α_2 和 β 相组成。分析发现，γ 和 α_2 相之间的界面以及 γ 和 β 相之间的界面容易引起应力集中。从图 4-52（a）可以看出，高密度位错在 γ/α_2 界面处缠结在一起，这些位置是裂纹的萌生点。对于 TNM1 和 TNM2 合金，显微组织主要由 γ/α_2 片层组成，由于 γ 和 α_2 板条之间的结合力低，裂纹主要发生在 γ/α_2 片层界面处。Cao 的计算结果表明，产生层间裂纹需要 160MPa，远低于形成穿层裂纹所需的 500MPa[58]。这解释了为什么图 4-48（a）和（b）中的裂纹源表现为层间模式。

对于 TNM3 和 TNM4 合金，TiAl 合金中 Mo 含量较高，显微组织由少量 γ/α_2 片层和大量等轴晶粒组成。裂纹主要发生在晶界或 γ 相内部。晶界处容易开裂，这已在其他文献中得到证实。Simkin 等[59]的研究表明，微裂纹经常出现在集中变形平面与 γ-γ 晶界的交叉处。同时，观察到孪晶导致晶界局部应变不均匀，进而导致裂纹的形成。对于 γ 相内部出现的裂纹，这主要是由于 γ 相的断裂韧性较低。受到热应力时，由于 β 和 α₂ 相的强度高于 γ 相，裂纹优先出现在 γ 相中，从而缓解了热应力。Zhang 等[48]在高 Nb-TiAl 合金的疲劳试验中发现了类似的现象。在 TNM3 和 TNM4 合金中，许多裂纹出现在被 β 相包裹的 γ 相内部，而 β 相内很少观察到裂纹出现。在 TNM3 和 TNM4 合金中，大部分裂纹是主裂纹，这是在几次热冲击循环后就产生的。在随后的热冲击过程中，主裂纹扩展并加厚，同时 γ 相中产生一些微裂纹，缓解了局部应力集中。应力集中的减弱也是 TNM3 和 TNM4 合金的 γ/α₂ 片层几乎没有层间裂纹的原因之一。

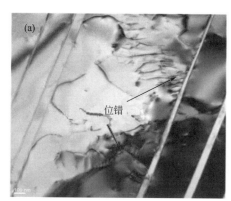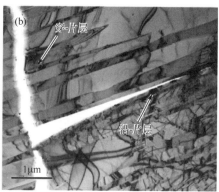

图 4-52　TNM1 合金中的 TEM 图像

（a）在 γ/α₂ 界面处缠结的位错；（b）γ/α₂ 片层中的裂纹扩展

Zhu 等[49]表明 β 相在 TiAl 合金的裂纹扩展中起重要作用。在全片层或近全片层结构中，分布在片层边界的 β 相在主裂纹末端诱发微裂纹，起到增韧作用。在近 γ 相或双相结构中，裂纹沿 γ 相的{111}面延伸，直接穿过脆性 β 相而无偏转。β+γ 相结构显示出非常低的断裂韧性。事实上，片层大小和层状间距也会影响材料的断裂韧性。根据剪切韧带增韧模型[60]，断裂韧性随着片层尺寸的增加而增加。Chan 和 Kim[61]通过实验证明，当片层尺寸小于 600μm 时，断裂韧性随片层尺寸增大而增加，但超过 600μm 后，断裂韧性逐渐降低。此外，小的层间距抑制了穿层裂纹，导致较大的剪切韧带和更高断裂韧性。因此，在 TNM3 和 TNM4 合金中，由于 γ/α₂ 片层尺寸较小，片层对裂纹扩展的阻力减弱，裂纹容易顺利通过片层。

4.4.4.4　热冲击开裂机理

图 4-53 显示了 TiAl 合金中裂纹扩展的示意图。当裂纹在 TNM1 和 TNM2 合金中延伸时，它们很容易遇到很大的阻力。由于 γ/α₂ 片层取向的差异，裂纹需要不断

调整扩展方向，称为"裂纹偏转"。同时，裂纹在单个 γ/α₂ 片层内也表现出层间和穿层裂纹模式 [图 4-52（b）]。裂纹偏转在扩展过程中不断消耗能量，产生裂纹扩展阻力。从某种意义上说，裂纹偏转有利于抑制裂纹扩展。对于 TNM3 和 TNM4 合金，裂纹首先在 γ 相中形成。虽然 β 相不会成为裂纹源头，但一旦裂纹穿过脆性 β 相，裂纹几乎不会遇到任何阻力。需要注意的是，TNM3 和 TNM4 合金中也存在一些 γ/α₂ 片层，但由于片层尺寸较小，它们很难成为有效的屏障。因此，在 TNM3 和 TNM4 合金中，通过裂纹偏转终止裂纹的能力是有限的。

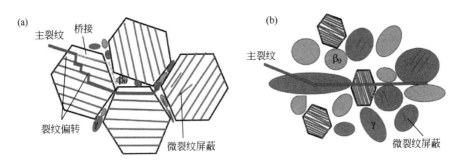

图 4-53　裂纹扩展示意图
（a）TNM1 和 TNM2 合金；（b）TNM3 和 TNM4 合金

此外，对于所有 4 种 TiAl 合金，微裂纹均在主裂纹的尖端形成。这些微裂纹起着多种作用。一方面，微裂纹的出现为主裂纹扩展提供了可能的路径，加速了材料的断裂；另一方面，微裂纹的存在也改变了裂纹尖端周围应力-应变场的分布和大小，使最大应力远离裂纹尖端，降低裂纹尖端的应力集中，从而增加了材料的韧性。研究人员在金属的疲劳裂纹扩展中发现了类似的现象，称为"微裂纹屏蔽效应"，认为其阻碍了 TiAl 合金的裂纹扩展[62]。一般来说，裂纹屏蔽有利于提高 TiAl 合金的抗热冲击性能。经过多次热冲击后，其中一个微裂纹成为主裂纹并继续在材料内部延伸。剩余的微裂纹通过桥接主裂纹，成为主裂纹的一部分。因此，裂纹表现为渐进式扩展，并且在裂纹扩展过程中会持续消耗能量。桥接机制涉及剪切变形，这会降低裂纹扩展速率。在图 4-49 中，TNM1 和 TNM2 合金的桥接尺寸明显大于 TNM3 和 TNM4 合金。在 TNM3 和 TNM4 合金中，桥接的增韧效果可以忽略不计。

总而言之，从微观结构来看，TNM1 和 TNM2 合金含有较多的 γ/α₂ 片层，而 TNM3 和 TNM4 合金主要是脆性 β+γ 相。在 TNM1 和 TNM2 合金中，较大的片层尺寸提高了 TiAl 合金的韧性。同时，Mo 的偏析也是 TNM3 和 TNM4 合金脆性的重要原因。从裂纹扩展的角度来看，对于 TNM1 和 TNM2 合金，裂纹偏转、桥接和微裂纹屏蔽都有助于抑制裂纹扩展。对于 TNM3 和 TNM4 合金，只有微裂纹屏蔽起增韧作用，因此，TNM3 和 TNM4 合金的抗热冲击性能较差。

4.5　TiAl 合金高温涂层防护

4.5.1　TiAl 合金防护涂层及研究进展

诸多学者[63, 64]在 TiAl 基合金中加入 Nb、Ta、Mo、Mn 等合金元素，并且通过多种固态相变来调控微观结构，可大大提高 TiAl 基合金的热加工性能。MTU Aero Engines 公司成功将其研制的 TNM 合金（Ti-43.5Al-4Nb-1Mo-0.1B，原子分数）应用在 GTF[TM] 发动机中低压涡轮叶片上。

然而，当使用温度达到 750℃以上，TiAl 基合金的抗高温氧化性能变差，限制了它们作为高温零部件的应用。TiAl 基合金的高温氧化行为决定了其长期使用的最高服役温度。例如，应用在 GTF[TM] 发动机上的 TNM 合金，当温度超过 850℃时，会发生严重氧化，因此该合金只能用作低压涡轮叶片，同时需要在其表面涂覆热障涂层。目前提高 TiAl 基合金高温抗氧化性能的手段主要有两种：整体合金化和表面涂层处理。通过合金化改变 TiAl 合金表面氧化膜物相和形貌，从而提高 TiAl 合金的高温抗氧化和耐腐蚀性能。然而整体合金化只能在一定程度上提高 TiAl 合金的高温抗氧化能力。随着高温氧化时间的增长，会发生抗氧化元素的消耗、氧化膜的失稳剥落以及合金的严重氧化。同时，添加较多抗氧化元素时，可能会对 TiAl 合金的力学性能产生负面影响。因此，合金化并不是提高 TiAl 合金高温抗氧化性能的最理想方法。若要使 β-γTiAl 合金更广泛地应用于航空以及汽车发动机领域，其使用温度必须提高至 900℃以上。因而在 β-γTiAl 合金表面开发抗高温氧化涂层至关重要。

目前，已研究了许多涂层对提升 TiAl 合金抗氧化性能的作用，比如 MCrAlY（M=Ni、Co 以及 NiCo 等）涂层、Ti-Al-X 涂层、热障涂层、陶瓷涂层等[65, 66]。其中，热障涂层（Thermal Barrier Coatings, TBCs）已被广泛应用于 Ni 基高温合金，以提高其服役温度。热障涂层通常是由陶瓷面层和金属黏结层组成。陶瓷面层具有较低的热导率和高的热胀系数，在高温氧化和燃烧气氛中能够保持稳定。金属黏结层则协调了陶瓷面层和基体物理性能的不一致性。目前，通过热喷涂的氧化钇稳定氧化锆（Yttria Stabilized Zirconia，YSZ）涂层是广泛使用且性能优异的陶瓷面层。MCrAlY（M=Ni、Co 或 NiCo）是抗高温氧化最重要的金属黏结层之一，该涂层作为黏结层已广泛应用于涡轮叶片和其他热端部件。

以往的研究表明，TBC 的使用寿命取决于陶瓷面层与黏结层之间热生长氧化物（Thermally Grown Oxide, TGO）的性质[67]。TGO 层过度生长引起的生长应力和热胀系数不匹配引起的热应力导致了热障涂层的失效。经过长时间高温氧化，TGO 中易形成混合氧化物，如多孔尖晶石相，容易导致裂纹成核，这与混合氧化物体积膨胀和韧性差有关。此外，Dong 等[68]发现，通过大气等离子喷涂（Air Plasma Spray，APS）制备的 TBC 涂层临界 TGO 厚度约为 6.0μm，在此期间，热循环寿命随着 TGO

厚度的增加而显著减小。TGO 过度生长引起的裂纹破坏了 TBCs 结构的完整性，为氧气向涂层内部扩散提供更多的通道，从而显著加速 TBCs 失效。因此，研究 TGO 的形成和生长行为对于提高 TBCs 的寿命至关重要。有必要研究热障涂层在 β-γTiAl 合金表面的微观结构演变和氧化行为的作用，着重分析陶瓷面层与黏结层之间的 TGO 演变，揭示热障涂层的失效机理，可为 β-γTiAl 合金表面设计合理的涂层成分提供理论指导。

4.5.2 8YSZ/NiCoCrAlY 涂层的组织特征与抗氧化性能

针对 8YSZ/NiCoCrAlY 涂层研究所用的 β-γTiAl 合金名义成分为 Ti-44Al-4Nb-1.5Mo（B,Y）（原子分数），是通过真空熔炼炉以及热等静压制备得到的。从铸锭上切割 60mm×30mm×4mm 试样，使用 16～24 号刚玉对其表面进行喷砂预处理，去除表面氧化皮与污渍，增加基体的表面积，使涂层和表面有更好的机械结合。NiCoCrAlY 粉末呈直径为 26～53μm 的球状多相混合颗粒。由图 4-54（c）看出，该粉末主要以 γ/γ'相为主，且包含有 β-NiAl 相和 σ-(Cr, Co) 相。8YSZ 粉末呈不规则块状，主要由四方（$Zr_{0.92}Y_{0.08}O_{1.96}$）相、立方 c-$ZrO_2$ 相，以及少量的四方 t-ZrO_2 相构成。采用超声速火焰喷涂（High Velocity Oxygen Fuel，HVOF）制备 NiCoCrAlY(Ni22Co25Cr 6Al0.5Y，质量分数)黏结层，采用大气等离子喷涂制备 8YSZ($ZrO_{2.8}Y_2O_3$，质量分数)陶瓷面层，喷涂参数如表 4-10 所示。

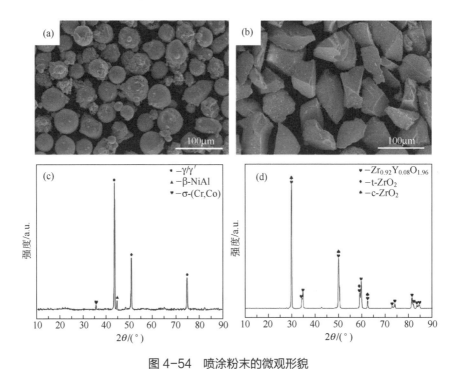

图 4-54 喷涂粉末的微观形貌

（a）NiCoCrAlY；（b）8YSZ 及 X 射线衍射图；（c）NiCoCrAlY；（d）8YSZ

表4-10 热障涂层喷涂参数

喷涂方式	电流 /A	电压 /V	氧气 (SCFH)	煤油 (GPH)	进给速率 /(r/min)	喷涂距离 /mm	厚度 /mm
HVOF	—	—	1950	6.5	4	400	0.1
APS	550	70	—	—	4	100	0.22

通过循环氧化实验，评价 8YSZ/NiCoCrAlY 热障涂层和 β-γTiAl 合金的抗氧化性能。从带有涂层和不带涂层的 β-γTiAl 合金上切取 15mm×15mm×4mm 的试样，随后浸泡在酒精溶液中进行超声波清洗并吹干；在箱式电阻炉内进行循环氧化实验，温度为 950℃，每隔 10h 为一个周期进行重量测量，用精度为 0.1mg 的分析天平测量氧化增重。为保证实验数据的准确性，每种合金用 3 个试样进行称重，结果取其平均值。

如图 4-55（a）所示，该复合涂层的表面组织均匀致密，但也可以观察到一定量的孔洞和微观裂纹。微观裂纹的产生是源于粉末喷涂到基体表面时，快速冷却过程中产生的拉伸应力。也可以观察到保持纳米结构的未熔融和部分熔融区域，不过这些缺陷对陶瓷面层的功能并没有很大影响。图 4-55（b）显示了涂层的横截面形态，并显示了相应的 EDS 图。该复合涂层为层状结构，陶瓷面层厚 220μm，黏结层厚 100μm。从图中可以清楚地观察到涂层与基体之间的强黏附性。热喷涂涂层中没有贯

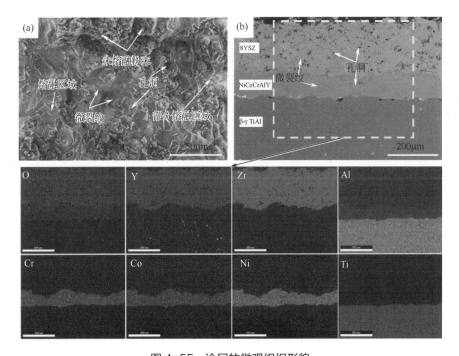

图 4-55 涂层的微观组织形貌

（a）表面形貌；（b）涂层横截面形貌及元素分布图

穿性裂纹，只有一些横向裂纹。陶瓷面层存在较多的微小孔洞，呈现多孔结构，这对隔热具有重要的作用。黏结层较为致密，不仅协调了陶瓷面层与基体的不一致，也有效地隔绝了有害气体的侵入。通过 EDS 面扫可以看出，涂层间、涂层与基体间并无明显的元素互扩散现象，涂层与基体之间处于机械结合状态。

图 4-56 为带有/未带涂层的 β-γTiAl 合金氧化曲线。图中可见明显的误差棒，这意味着氧化数据出现明显的分散，这主要是由于氧化皮的不均匀剥落导致的。在氧化初期，两种试样的增重都较快，该阶段的氧化速率受界面反应所控制。氧气与试样表面首先发生物理吸附，随后氧分子分解成氧原子并从金属晶格中吸引电子，氧离子与金属晶格表面的金属离子结合形成氧化物，吸附方式转变为化学吸附。随着氧化膜的形成，基体氧化增重并没有明显减弱。说明该合金在 950℃不能长时间服役。基体的增重为 $6.98mg/cm^2$，而带有涂层的增重仅有 $2.45mg/cm^2$，该涂层明显提高了合金的高温抗氧化性；氧化过程中的氧化速率常数见表 4-11。明显可见，涂层体系的氧化速率比基体低一个数量级。该热障涂层极大提升了 β-γTiAl 合金的抗氧化性能。

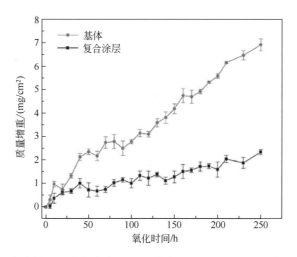

图 4-56　TiAl 合金基体及含复合涂层 TiAl 合金在 950℃静态空气中氧化动力学曲线
（误差棒表示与平均测量值的标准偏差）

表 4-11　TiAl 合金基体及含复合涂层 TiAl 合金的氧化速率常数

氧化速率常数	基体	复合涂层
$k_p/[mg^n/(cm^{2n}\cdot s)]$	4.06×10^{-5}	4.36×10^{-6}

对基体表面进行物相分析。从图 4-57 可以看出，初期氧化后，氧化皮主要由氧化钛和氧化铝组成。由于它们相似的生长动力学，形成了 TiO_2 和 Al_2O_3 的混合物。随着氧化时间的增长，氧化层发生了剥落。可以检测到氧化层中有少量的氮化物，说明 N 元素有较强的侵入性。同时也能检测到基体相，这意味着氧化层的厚度不足以防止 X 射线束向下穿透到金属基板。对比不同氧化时间的 XRD 图，峰值也存在

些许的变化，这与氧化层的演变有关。

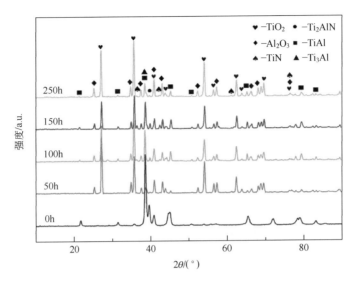

图 4-57　TiAl 合金基体在 950℃静态空气中不同氧化时间的 XRD 图谱

　　图 4-58 显示了基体经过不同时间循环氧化后的表面形貌。在氧化 50h 后[图 4-58（a）]，合金表面主要生成了三种形态的氧化物（团簇状氧化物、等轴状颗粒以及细小颗粒，细小颗粒弥散分布于大颗粒氧化物间隙中），团簇状氧化物主要为 TiO_2，等轴颗粒和细小颗粒是由 TiO_2 和少量的 Al_2O_3 组成的混合氧化物，结构较为疏松，具有较低的抗氧化作用。由热力学数据可知，TiO_2 和 Al_2O_3 的标准生成自由能很接近[69]，在氧化初期，Ti 和 Al 两种元素同时被氧化，而由于氧化膜表面的氧分压较高，使得 TiO 形成后又很快被氧化成 TiO_2，且 Ti 元素的扩散速率较大，以致 TiO_2 以团簇状形貌出现。

　　如图 4-58（c）所示，在氧化 150h 后，合金表面氧化皮出现反复剥落和再生。图 4-58（d）中亮色的 Al_2O_3 生长在暗色 TiO_2 的四周，并出现了孔洞，为空气的侵入提供通道。由于两种氧化物热胀系数的不同以及热应力的影响，导致了氧化层在长时间氧化后，出现大量的剥落并产生空洞，说明 β-γTiAl 合金不能在 950℃下长时间服役。

　　图 4-59 展示了 TiAl 合金经过循环氧化 50h 之后的横截面形态、EMPA 结果以及氧化层结构示意图。经过 50h 氧化后，TiAl 合金表面已形成较为明显的分层结构。合金氧化膜主要由 Al_2O_3 层和 TiO_2 层组成，随着氧化时间增加，Ti 原子逐渐向外扩散，使其最外层逐渐形成 TiO_2，这与表面微观形貌所观察到的结果一致[图 4-58（a）]，即表面由大量的亮白色 TiO_2 和少量的深灰色 Al_2O_3 组成。由于 Ti 元素的过度消耗，导致局部 Al 元素的含量增加，因此在最外层 TiO_2 层下方会形成一层致密的 Al_2O_3 层。致密的 Al_2O_3 层起到阻碍 O 氧原子向内扩散的同时，也阻碍了 Ti 原子的向外扩散，使其表面 Ti 原子含量降低。因此，表面团簇状的 TiO_2 氧化物只能通过增加氧化

时间来长大，直至表面形成粗大连续的 TiO_2 层。Ti 原子向外扩散的同时 O 原子也向基体扩散，向内扩散的 O 原子与内部充足的 Ti 和 Al 原子发生反应，在靠近基体的表面生成 TiO_2 和 Al_2O_3 的混合层。疏松多孔的混合层不仅对空气没有阻碍作用，也会降低氧化皮的黏附性。从图 4-59（b）中可以看到，长时间氧化和元素扩散后，在合金基体的表面处存在贫 Ti 层，主要存在的是 $TiAl_3$ 相，这对合金表面的力学性能是有害的。图 4-59（e）中，在基体近表面处有一层致密的（Ti, N）化物，主要是由 TiN 和 Ti_2AlN 相组成。该氮化物层的生成主要源于以下反应[70]：

$$2TiAl + [N] + 5[O] = TiN + Al_2O_3 + TiO_2 \qquad (4-8)$$

$$3TiAl + [N] + 5[O] = Ti_2AlN + Al_2O_3 + TiO_2 \qquad (4-9)$$

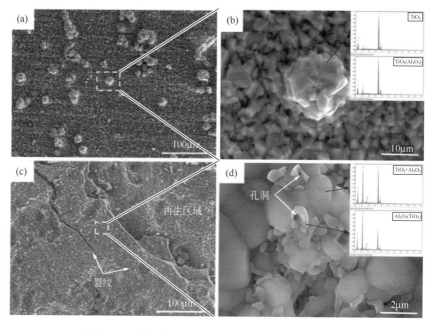

图 4-58　循环氧化后 TiAl 合金基体表面 SEM 图像

（a）（b）950℃50h；（c）（d）950℃150h；（b）和（d）中的插图显示相应的 EDS 结果

有研究表明，侵入的氧原子会置换出钛氮化物中的 N 原子，致使 N 原子向内部侵入。因此富氮层会随着氧化的进行继续向内扩散，出现在基体的近表面。同时，在近表面也能观察到 Nb 和 Mo 的富集［图 4-59（f）和图 4-59（g）］，并与 TiO_2 发生反应形成氧化物[71]：

$$TiO_2 + [Nb] = (Ti, Nb)\,O_2 \qquad (4-10)$$

$$TiO_2 + [Mo] = (Ti, Mo)\,O_2 \qquad (4-11)$$

Nb 元素可以增加 Al 元素的活性，降低二氧化钛晶格中的氧空位浓度，并促进氮化钛层的形成，以阻碍 Ti 和 O 的扩散。Ti_3Al 相中部分 Ti 原子被 Mo 原子取代，形成 O 溶解度较小的 Ti_2AlMo 相，以阻碍氧的向内扩散。这两种合金元素提升 TiAl 合金抗氧化性能的内在机制在以往的研究中已有报道[72]。图 4-59（h）展示了这一阶段 TiAl 合金氧化层结构的物理模型。氧化层主要由氧化铝和二氧化钛组成。与其他 TiAl 合金不同，β-γTiAl 合金的混合层由于存在 Mo 和 Nb 元素而相对致密。此外，Ti-Al-N 层和富（Nb, Mo）层起到了阻隔空气向内部扩散和金属离子向外部扩散的作用。

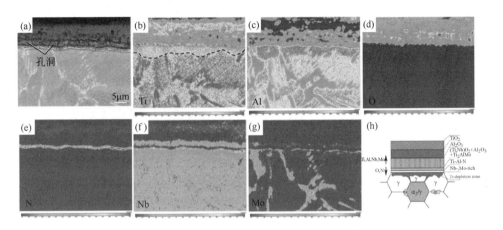

图 4-59　TiAl 合金基体在 950℃氧化 50h 后的横截面微观组织及
EMPA 分析（见书后彩插）

（a）SEM 图像；（b）Ti；（c）Al；（d）O；（e）N；（f）Nb；（g）Mo；（h）氧化层结构模型

如图 4-60 所示，氧化 100h 后，氧化层基本由混合氧化物组成，没有了明显的分层，说明最开始的 TiO_2 层和 Al_2O_3 层已发生脱落，内部也出现大量裂纹。150h 之后氧化层出现大片剥落，与图 4-58（c）中展示的基体表面形貌一致。

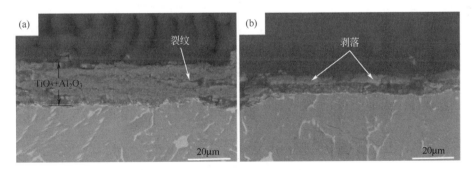

图 4-60　TiAl 合金基体横截面 SEM 图像

（a）950℃，100h；（b）950℃，150h

从图 4-61（a）中可知，陶瓷面层在经过长时间氧化后，非平衡相 t-$Zr_{0.92}Y_{0.08}O_{1.96}$ 和 t-ZrO_2 含量相对减少，而平衡相 c-ZrO_2 含量增加，诱导了面层的自愈合；同时，物相随氧化时间的增加并没有发生太大的改变，面层不易与空气发生反应，组织较为稳定。涂层表面形貌与氧化前并没有太大的区别，同样存在孔洞、微裂纹、未熔融及部分熔融区。

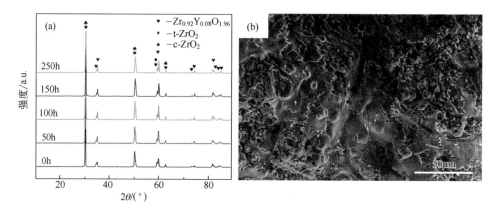

图 4-61　陶瓷面层在 950℃氧化后的物相变化及微观形貌分析

（a）不同时间氧化后的 XRD 图谱；（b）氧化 250h 后的表面形貌

带有涂层的合金氧化 100h 后截面元素的电子探针显微分析（Electron Probe Micro-Analyze, EPMA）结果如图 4-62 所示。结合 EPMA 的面扫描和线扫描分析结果，

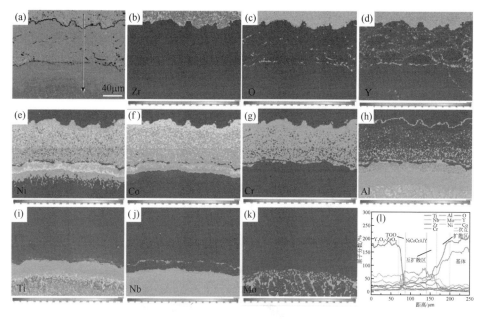

图 4-62　复合涂层氧化 100h 后的横截面微观组织（见书后彩插）

（a）SEM 形貌；（b）Zr；（c）O；（d）Y；（e）Ni；（f）Co；（g）Cr；（h）Al；（i）Ti；（j）Nb；（k）Mo；
（l）元素线扫描结果

（a）中标记的箭头显示了进行线扫描分析的位置和方向

可以将整个截面分为以下几个区域：陶瓷面层 8YSZ、热生长氧化物 TGO、黏结层 NiCoCrAlY、扩散区、二次扩散区以及基体。图 4-62（b）～（h）显示，经过长时间氧化，由于陶瓷材料耐高温以及结构稳定的固有性质，陶瓷面层并没有与黏结层之间发生明显的元素互扩散现象。但是，在陶瓷面层和黏结层之间生成一层热生长氧化物。图 4-62（1）显示，热生长氧化物主要是富含 Al 的氧化物。以往研究表明，TGO 的产生是热障涂层失效的一个重要原因。通过图 4-62（e）～（g）观察到，黏结层中的两个主要元素 Ni、Co 均向基体发生了扩散。这使得涂层与基体从机械结合演变成冶金结合，大大提高了涂层的抗剥落性能。

4.5.3 热障涂层中 TGO 的生长与扩散机制

经过不同时间氧化后的 TGO 截面形貌如图 4-63 所示。经过长时间的高温氧化，陶瓷面层和黏结层的界面处被氧化。这主要是因为在 TBCs 系统中，陶瓷面层存在较多的孔洞和微裂纹，具有较高的氧渗透率，导致黏结层和面层之间的氧浓度高于黏结层中金属形成氧化物所需要的氧浓度。因此在其界面处形成热生长氧化物 TGO。由图 4-64 的 EMPA 分析结果和表 4-12 中 EDS 结果可知，在氧化 50h 时，黑色的 TGO 主要是由致密的 Al_2O_3 组成。TGO 的形成消耗了黏结层上部的 Al 元素，导致黏结层

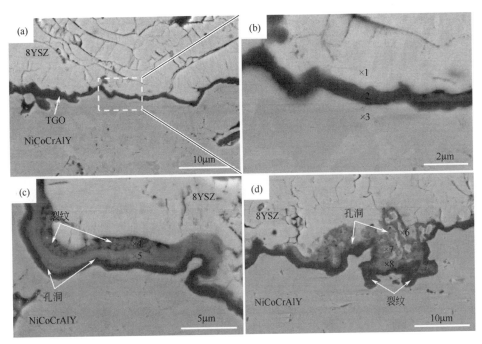

图 4-63　在 950℃不同时间氧化后的 TGO 微观结构（SEM 图片）

（a）（b）50h；（c）100h；（d）150h

的上部主要是 σ-NiCoCr 相。由图 4-64（c）观察到，经过 100h 氧化后，TGO 由黑色的 Al_2O_3 和灰色的氧化物组成。灰色的氧化物与 Al_2O_3 层之间可以观察到孔洞，同时灰色氧化物本身并不是致密的，存在裂纹和孔洞。对灰色氧化物进行元素分析可知（表 4-12 和图 4-64），它是由 Ni、Co、Cr 组成的氧化物。这主要是由于 Al 元素的耗尽，导致 Ni、Co、Cr 形成氧化物所需的氧分压减小，形成氧化铬、尖晶石和氧化镍等。元素分析和以往研究表明，灰色层状氧化物主要是由 $(Ni,Co)Al_2O_4$ 和 Cr_2O_3 组成的氧化铬/尖晶石氧化物（Chromia, Spinel Oxide，CS）混合层。TGO 中的 Al_2O_3 与 $(Cr、Al)_2O_3$、$(Co、Ni)O_2$ 反应，转变为 CS 混合层。经过更长时间的氧化，如图 4-64（d）所示，在 CS 混合层的基础上生成了团簇状的氧化物。该团簇状氧化物主要含有大量的 Ni 元素，形成氧化铬、尖晶石和氧化镍（Chromia, Spinel and Nickel Oxide, CSN）团簇。研究表明，黏结层中 Al 或 Cr 元素的耗尽导致了 CSN 在先前形成的 CS 层下大量生长，加速了 TGO 的生长[73]。TGO 层明显分散，原本致密的 Al_2O_3 层变得不连续且疏松多孔。陶瓷和黏结层界面处出现了一些空隙，聚集在与 CSN 团簇相连的区域，使得这些区域具有多孔性，并增加了裂纹扩展能力。在陶瓷面层中也发现一些与 TGO 平行的裂缝，主要也与 CSN 团簇有关[74]。

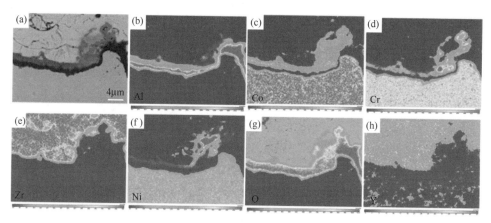

图 4-64　在 950℃/100h 氧化后的 TGO 微观结构（EPMA 分析）（见书后彩插）

(a) 选区形貌；(b) Al；(c) Co；(d) Cr；(e) Zr；(f) Ni；(g) O；(h) Y

表 4-12　图 4-63 标记区域的 EDS 分析结果

区域	化学成分/（原子分数，%）							推测相
	Ni	Co	Cr	Al	Y	Zr	O	
1	4.07	2.76	3.39	4.49	2.97	18.73	39.82	Y_2O_3-ZrO_2
2	5.11	3.14	5.12	27.60	1.13	6.21	42.40	Al_2O_3
3	22.13	12.89	20.87	13.12	0.84	4.51	14.83	σ-NiCoCr
4	5.12	8.15	9.97	15.91	0.73	4.28	51.21	$(Ni,Co)Al_2O_4$+Cr_2O_3
5	4.82	7.95	3.46	17.30	0.59	2.59	49.35	$(Ni,Co)Al_2O_4$

续表

区域	化学成分/（原子分数，%）							推测相
	Ni	Co	Cr	Al	Y	Zr	O	
6	27.10	14.25	7.18	11.99	0.62	4.59	26.70	NiO
7	27.81	4.72	3.15	7.04	0.54	4.19	47.21	(Co、Ni)O$_2$
8	6.03	5.65	11.41	17.68	0.39	2.69	51.05	(Ni,Co)Cr$_2$O$_4$+Ni(Cr,Al)$_2$O$_4$

以上研究表明，连续致密的 Al$_2$O$_3$ 层大大减少氧离子的向内扩散和金属离子的向外扩散。换句话说，金属阳离子必须通过更长的扩散途径，这些途径能够降低氧化铝在黏结层/TGO 界面的形成氧分压。然而，CS 层和 CSN 团簇都是有害混合氧化物，在黏结层与面层的界面处具有较高的局部体积膨胀率。TGO 过度生长会导致 TBCs 直接的应力累积。由于体积的增加，比如一个 Ni 原子氧化成 NiO 时，其体积会膨胀 67%，从而导致 TBC 的失效[75]。

图 4-65 展示了 TGO 随氧化时间增长的演变模型。主要分为三个阶段：初始氧化阶段、中期氧化阶段以及长期氧化阶段。

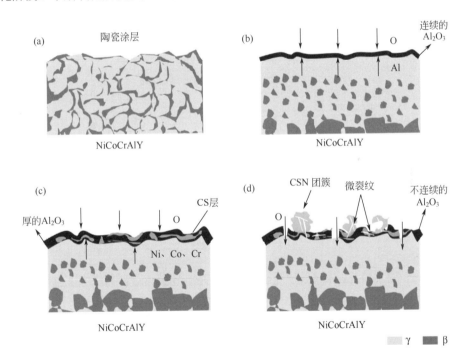

图 4-65　TGO 在 950℃氧化时的演变示意图

（a）原始结构；（b）初始氧化阶段；（c）中间氧化阶段；（d）长期氧化后

① 初始氧化阶段。这一阶段由于氧气的向内扩散和黏结层金属离子的向外扩散，在黏结层与陶瓷面层的界面处快速生成 TGO。TGO 主要由 Al$_2$O$_3$ 组成，快速生

长是由于 Al 原子较高的传输能力所致。与其他金属组分如 Ni、Cr 等氧化物的形成相比，Al_2O_3 的形成具有最低的 Gibbs 自由能和较低的氧分压。

② 中期氧化阶段。随着氧化时间的增加，黏结层上形成的氧化铝层逐渐增厚。同时氧化铝层阻挡了氧离子的向内扩散，导致 TGO 的生长速率减慢。黏结层中的其他元素 Ni、Co、Cr 也发生了扩散，并依托于 Al_2O_3 层形成 CS 层。CS 层不连续且存在较多的裂纹，为氧离子的进入提供了通道。

③ 长期氧化后。在此阶段可观察到不连续的 Al_2O_3 层和有害混合氧化物 CSN。黏结层上部的 Al 和 Cr 元素耗尽，尖晶石相和 NiO 的生长导致 TGO 加速生长，最终造成热障涂层的失效。

连续致密的 Al_2O_3 抑制了 TGO 的生长，只要黏结层中的 Al 含量足够高，就足以保持 Al_2O_3 层的生长，而不转化为 CS 层以及 CSN 团簇，TGO 的生长速率就会降低。因此，在黏结层中保持一定水平的 Al 含量以减缓 TGO 的生长速率和裂纹的传播，从而提高 TBC 的耐久性。

参考文献

[1] Shida Y, Anada H. Oxidation behavior of binary Ti-Al alloys in high temperature air environment[J]. JIM Materials Transactions, 1993, 34(3): 236-242.

[2] 张永刚, 韩雅芳, 陈国良, 等. 金属间化合物结构材料[M]. 北京: 国防工业出版社, 2001.

[3] Das S. The Al-O-Ti (aluminum-oxygen-titanium) system[J]. Journal of Phase Equilibria, 2002, 23(6): 525-536.

[4] 张亮, 肖伟豪, 姜惠仁. Ti-Al 合金高温氧化膜的形态及形成[J]. 中国有色金属学报, 2006, 16 (5): 889-903.

[5] Zheng N, Quadakkers W J, Gil A, et al. Studies concerning the effect of nitrogen on the oxidation behavior of TiAl-based intermetallics at 900℃[J]. Oxidation of Metals, 1995, 44(5-6): 477-499.

[6] Lu W, Chen C, Xi Y, et al. The oxidation behavior of Ti-46.5Al-5Nb at 900℃[J]. Intermetallics, 2007, 15(8): 989-998.

[7] Stroosnijder M F, Haanappel V A C, Clemens H. Oxidation behaviour of TiAl-based intermetallics-influence of heat treatment[J]. Materials Science and Engineering: A, 1997, 239-240: 842-846.

[8] 陈伶晖, 贺跃辉. TiAl 基合金显微组织对高温抗氧化性的影响[J]. 热加工工艺, 1995 (6): 7-9.

[9] Rakowski J M, Meier G H, Pettit F S, et al. The effect of surface preparation on the oxidation behavior of gamma TiAl-base intermetallic alloys[J]. Scripta Materialia, 1996, 35(12): 1417-1422.

[10] Yang M, Wu S K. Oxidation resistance improvement of Ti-50Al intermetallics by pre-oxidizing and subsequent polishing[J]. Materials Chemistry and Physics, 2000, 65(2): 144-149.

[11] Shida Y, Anada H. Role of W, Mo, Nb and Si on oxidation of TiAl in air at high temperatures[J]. Materials Transactions-JIM, 1994, 35: 623-631.

[12] 钱余海, 李美栓, 张亚明. 外加拉应力对 Ti_3Al 基合金 500～700℃下选择性氧化的影响[J]. 金属学报,

2003（09）：989-994.

[13] Doychak J. Oxidation behavior of high-temperature intermetallics[J]. Intermetallic Compounds, 1994, 1: 977-1016.

[14] Jiang H, Wang Z, Ma W, et al. Effects of Nb and Si on high temperature oxidation of TiAl[J]. Transactions of Nonferrous Metals Society of China, 2008, 18(3): 512-517.

[15] Lin J P, Zhao L L, Li G Y, et al. Effect of Nb on oxidation behavior of high Nb containing TiAl alloys[J]. Intermetallics, 2011, 19(2): 131-136.

[16] Xiang L L, Zhao L L, Wang Y L, et al. Synergistic effect of Y and Nb on the high temperature oxidation resistance of high Nb containing TiAl alloys[J]. Intermetallics, 2012, 27: 6-13.

[17] 李光燕, 赵丽利, 张来启, 等. Y 含量对高 Nb-TiAl 合金循环氧化行为的影响[J]. 稀有金属材料与工程, 2011, 40（6）：1000-1004.

[18] Mitoraj M, Godlewska E M. Oxidation of Ti-46Al-8Ta in air at 700℃ and 800℃ under thermal cycling conditions[J]. Intermetallics, 2013, 34: 112-121.

[19] 唐兆麟, 王福会, 吴维支. 涂层对 TiAl 金属间化合物抗循环氧化性能的影响[J]. 中国有色金属学报, 1998（01）：59-63.

[20] 王小峰. TiAl 合金等离子表面渗 Cr 及抗高温氧化性能的研究[D]. 太原：太原理工大学, 2008.

[21] Liang W, Zhao X G. Improving the oxidation resistance of TiAl-based alloy by siliconizing[J]. Scripta Materialia, 2001, 44(7): 1049-1054.

[22] Guo C, Liu X, Ben H, et al. Oxidation resistance of TiAl alloy treated by plasma Nb-C alloying[J]. Surface and Coatings Technology, 2008, 202(9): 1797-1801.

[23] 何利民. 高温防护涂层技术[M]. 北京：国防工业出版社, 2012.

[24] Birks N. High temperature oxidation and corrosion of metals[M]. Cambridge: Cambridge University Press, 2008.

[25] 赵丽利, 林均品, 王艳丽, 等. Ti50Al 和 Ti45Al8Nb 合金高温初期氧化行为[J]. 金属学报, 2008（05）：557-564.

[26] Jiang S S, Zhang K F. Study on controlling thermal expansion coefficient of ZrO_2-TiO_2 ceramic die for superplastic blow-forming high accuracy Ti-6Al-4V component[J]. Materials & Design, 2009, 30(9): 3904-3907.

[27] 胡宝玉, 徐延庆, 张宏达. 特种耐火材料实用技术手册[M]. 北京：冶金工业出版社, 2004.

[28] 陈鹏, 周晓林, 逯来玉, 等. 金红石结构 TiO_2 结构和热力学性质的第一性原理研究[J]. 原子与分子物理学报, 2012（02）：372-376.

[29] Milevskii A G, Lisenko A A, Morozov M M, et al. First principle calculations of the basic thermodynamic properties of titanium and vanadium nitrides[J]. Physica Status Solidi (b), 1996, 198(2): 629-638.

[30] Zhou C H, Ma H T, Wang L. Comparative study of oxidation kinetics for pure nickel oxidized under tensile and compressive stress[J]. Corrosion Science, 2010, 52(1): 210-215.

[31] Moulin G, Arevalo P, Salleo A. Influence of external mechanical loadings (creep, fatigue) on oxygen diffusion during nickel oxidation[J]. Oxidation of Metals, 1996, 45(1-2): 153-181.

[32] 金诚, 林栋梁. 应力对 Ni_3Al 合金表面氧化膜成分的影响[J]. 金属学报, 1993（10）：73-75.

[33] Schütze M. Mechanical properties of oxide scales[J]. Oxidation of Metals, 1995, 44(1-2): 29-61.

[34] Maurice V, Despert G, Zanna S, et al. XPS study of the initial stages of oxidation of α_2-Ti_3Al and γ-TiAl intermetallic alloys[J]. Acta Materialia, 2007, 55(10): 3315-3325.

[35] Menand A, Tatarenko H, Partaix A. Atom-probe investigations of TiAl alloys[J]. Materials Science and Engineering: A, 1998, 250(1): 55-64.

177

[36] Tian S, Jiang H, Zhang G, et al. Investigation on the initial oxidation behavior of TiAl alloy[J]. Materials Research Express, 2019, 6(10): 106595.

[37] Umakoshi Y, Yamaguchi M, Sakagami T, et al. Oxidation resistance of intermetallic compounds Al_3Ti and TiAl[J]. Journal of Materials Science, 1989, 24(5): 1599-1603.

[38] Gong X, Chen R R, Fang H Z, et al. Synergistic effect of B and Y on the isothermal oxidation behavior of TiAl-Nb-Cr-V alloy[J]. Corrosion Science, 2018, 131: 376-385.

[39] Jiang H, Hirohasi M, Lu Y, et al. Effect of Nb on the high temperature oxidation of Ti-(0-50 at.%) Al[J]. Scripta Materialia, 2002, 46(9): 639-643.

[40] Yoshihara M, Miura K. Effects of Nb addition on oxidation behavior of TiAl[J]. Intermetallics, 1995, 3(5): 357-363.

[41] Senkov O, Chakoumakos B, Jonas J, et al. Effect of temperature and hydrogen concentration on the lattice parameter of beta titanium[J]. Materials Research Bulletin, 2001, 36(7): 1431-1440.

[42] Zhang C Y, Hou H, Zhao Y H, et al. First-principles study on structural, elastic and thermal properties of γ-TiAl and α_2-Ti_3Al phases in TiAl-based alloy under high pressure[J]. International Journal of Modern Physics B, 2017, 31(11): 1750079.

[43] Zhao L L, Li G Y, Zhang L Q, et al. Influence of Y addition on the long time oxidation behaviors of high Nb containing TiAl alloys at 900℃[J]. Intermetallics, 2010, 18(8): 1586-1596.

[44] 胡锐，王旭阳，杨劼，等. TiAl 基合金组织热稳定性和演化机制及对力学性能的影响[J]. 航空制造技术，2017，60（23-24）：30-39.

[45] Wu Y, Hagihara K, Umakoshi Y. Influence of Y-addition on the oxidation behavior of Al-rich γ-TiAl alloys[J]. Intermetallics, 2004, 12(5): 519-532.

[46] Chen L, Lin J, Xu X, et al. Microstructure refinement via martensitic transformation in TiAl alloys[J]. Journal of Alloys and Compounds, 2018, 741: 1175-1182.

[47] Liu Y, Xue X, Fang H, et al. Study on improving directional microstructure of Ti44Al6Nb1Cr alloy by continuous regional phase transformation[J]. Journal of Alloys and Compounds, 2021, 861: 158441.

[48] Zhang M, Song X, Yu L, et al. In situ observation of fatigue crack initiation and propagation behavior of a high-Nb TiAl alloy at 750℃[J]. Materials Science and Engineering: A, 2015, 622: 30-36.

[49] Zhu B, Xue X, Kou H, et al. Effect of microstructure on the fracture toughness of multi-phase high Nb-containing TiAl alloys[J]. Intermetallics, 2018, 100: 142-150.

[50] Roth M, Biermann H. Thermo-mechanical fatigue behaviour of a modern γ-TiAl alloy[J]. International Journal of Fatigue, 2008, 30(2): 352-356.

[51] Pei Y L, Song M, Ma Y, et al. Effects of heat shock at 800℃ on mechanical properties of γ-TiAl alloys[J]. Intermetallics, 2011, 19(2): 202-205.

[52] 李涌泉，杜晓娟，周友世，等. 显微组织对 TiAl 合金抗热冲击性能的影响[J]. 热加工工艺，2017，46（10）：57-59.

[53] Kingery W D. Factors affecting thermal stress resistance of ceramic materials[J]. Journal of the American Ceramic Society, 1955, 38(1): 3-15.

[54] Lee S C, Weng L C. On thermal shock resistance of austenitic cast irons[J]. Metallurgical Transactions A, 1991, 22(8): 1821-1831.

[55] Song L, Lin J, Li J. Effects of trace alloying elements on the phase transformation behaviors of ordered ω phases in high Nb-TiAl alloys[J]. Materials & Design, 2017, 113: 47-53.

[56] Niu H Z, Chen X J, Chen Y F, et al. Microstructural stability, phase transformation and mechanical properties of a fully-lamellar microstructure of a Mo-modified high-Nb γ-TiAl alloy[J]. Materials Science

and Engineering: A, 2020, 784: 139313.

[57] Stark A, Rackel M, Tchouaha T A, et al. In situ high-energy X-ray diffraction during hot-forming of a multiphase TiAl alloy[J]. Metals, 2015, 5(4): 2252-2265.

[58] Cao R, Yao H J, Chen J H, et al. On the mechanism of crack propagation resistance of fully lamellar TiAl alloy[J]. Materials Science and Engineering: A, 2006, 420(1-2): 122-134.

[59] Simkin B A, Ng B C, Crimp M A, et al. Crack opening due to deformation twin shear at grain boundaries in near-γ TiAl[J]. Intermetallics, 2007, 15(1): 55-60.

[60] Chan K S. Micromechanics of shear ligament toughening[J]. Metallurgical Transactions A, 1991, 22(9): 2021-2029.

[61] Chan K S, Kim Y W. Effects of lamellae spacing and colony size on the fracture resistance of a fully-lamellar TiAl alloy[J]. Acta Metallurgica Et Materialia, 1995, 43(2): 439-451.

[62] Kachanov M. On crack-microcrack interactions[J]. International Journal of Fracture, 1986, 30(4): R65-R72.

[63] Klein T, Schachermayer M, Holec D, et al. Impact of Mo on the ω_0 phase in β-solidifying TiAl alloys: An experimental and computational approach[J]. Intermetallics, 2017, 85: 26-33.

[64] Raji S A, Popoola A P, Pityana S L, et al. Characteristic effects of alloying elements on beta solidifying titanium aluminides: A review[J]. Heliyon, 2020, 6(7): e04463.

[65] Sahmani S, Nouri S, Asayesh M, et al. Microstructural characterization of YSZ-CoNiCrAlY two-layered thermal barrier coating formed on γ-TiAl intermetallic alloy via APS process[J]. Intermetallics, 2020, 118: 106704.

[66] Wang S, Xie F, Wu X, et al. CeO$_2$ doped Al$_2$O$_3$ composite ceramic coatings fabricated on γ-TiAl alloys via cathodic plasma electrolytic deposition[J]. Journal of Alloys and Compounds, 2019, 788: 632-638.

[67] Chen W R, Wu X, Marple B R, et al. The growth and influence of thermally grown oxide in a thermal barrier coating[J]. Surface and Coatings Technology, 2006, 201(3-4): 1074-1079.

[68] Dong H, Yang G J, Li C X, et al. Effect of TGO thickness on thermal cyclic lifetime and failure mode of plasma-sprayed TBCs[J]. Journal of the American Ceramic Society, 2014, 97(4): 1226-1232.

[69] Rahmel A, Schütze P, Quadakkers W J. Fundamentals of TiAl oxidation-A critical review[J]. Materials and Corrosion, 1995, 46(5): 271-285.

[70] Qu S J, Tang S Q, Feng A H, et al. Microstructural evolution and high-temperature oxidation mechanisms of a titanium aluminide-based alloy[J]. Acta Materialia, 2018, 148: 300-310.

[71] Pflumm R, Donchev A, Mayer S, et al. High-temperature oxidation behavior of multi-phase Mo-containing γ-TiAl-based alloys[J]. Intermetallics, 2014, 53: 45-55.

[72] Zhao N, Liu W, Wang J J, et al. Thermodynamic assessment of the Ni–Co–Cr system and Diffusion Study of its fcc phase[J]. Calphad, 2020, 71: 101996.

[73] Shi J, Zhang T, Sun B, et al. Isothermal oxidation and TGO growth behavior of NiCoCrAlY-YSZ thermal barrier coatings on a Ni-based superalloy[J]. Journal of Alloys and Compounds, 2020, 844: 156093.

[74] Slámeka K, Jech D, Klakurková L, et al. Thermal cycling damage in pre-oxidized plasma-sprayed MCrAlY + YSZ thermal barrier coatings: Phenomenon of multiple parallel delamination of the TGO layer[J]. Surface and Coatings Technology, 2020, 384: 125328.

[75] Chen W R, Wu X, Marple B R, et al. Oxidation and crack nucleation/growth in an air-plasma-sprayed thermal barrier coating with NiCrAlY bond coat[J]. Surface & Coatings Technology, 2005, 197(1): 109-115.

5

Ti₂AlNb 合金成分设计及 Mo 元素作用机制

5.1 合金元素与 Ti₂AlNb 合金组织性能的内在联系

添加合金元素会对 Ti₂AlNb 合金的微观组织产生影响，进而影响其力学性能。除了 Ti、Al 两种基本元素外，对 Ti₂AlNb 合金产生重要影响的元素还包括 Nb、Mo、Y、V 等。各元素的作用总结如下：

元素 Nb：张振兴[1]系统地研究了 Ti-22.5Al-xNb（x=17，19，21，23，25，27，29；原子分数）合金体系中 Nb 元素含量对合金组织性能的影响。发现对于均匀化后的铸态 Ti₂AlNb 合金，相组成均为 O（板条状）+B2（基体）+α₂相。当 x≤27 时，组织主要由 O 相板条构成，随着 x 的增大，板条尺寸逐渐减小且板条分布越发均匀。合金的维氏硬度与压缩应力-应变曲线分别如图 5-1 和图 5-2 所示。在 x=25 时材料综合性能最佳，维氏硬度为 359.28HV，室温抗压强度达到 2240.51MPa，最大压缩应变为 39.92%。

Khadzhieva 等[2]发现，由于 Nb 原子的扩散，α₂相中 Nb 元素的过饱和会导致 α₂相分解，形成贫 Nb 区和富 Nb 区。贫 Nb 区保持原有的 α₂相结构，而富 Nb 区中 α₂相在畸变能量的驱动下晶格发生微变形，最终形成 O 相，其转变过程如图 5-3 所示。

元素 Mo：Mo 元素作为 β 相稳定元素，对于 Ti₂AlNb 合金有着重要的作用。Mo 元素虽然在一定程度上降低了合金凝固过程的流动性和收缩率，影响了合金的铸造性能，但 Mo 与 Nb 一样都是 β 相稳定元素，一方面可起到多组元复合固溶强化作用，另一方面能够促进 α 板条的细化[3]。Tang 等[4]使用 Mo 元素代替 Ti-22Al-27Nb 合金中的部分 Nb 元素，制备出了 Ti-22Al-11Nb-4Mo 合金，发现 Ti-22Al-11Nb-4Mo 合金的室温弹性模量和维氏硬度分别比 Ti-22Al-27Nb 合金高出 6% 和 13%。Hagiwara 等[5]

为了提高 Ti₂AlNb 基合金的力学性能，尤其是抗蠕变性能，分别用 Fe、Mo、Cr、W、V 等元素替代 Ti-22Al-27Nb 合金中的部分 Nb，结果发现通过添加 Mo 等合金元素，新合金在室温下具有比 Ti-22Al-27Nb 合金更高的蠕变抗力和屈服强度。

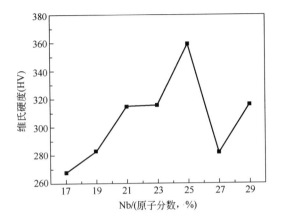

图 5-1 均匀化 Ti-22.5Al-xNb 合金的维氏硬度曲线[1]

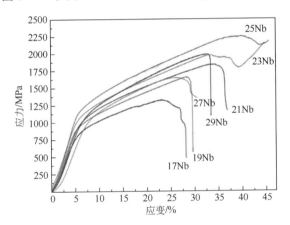

图 5-2 均匀化 Ti-22.5Al-xNb 合金压缩应力-应变曲线[1]

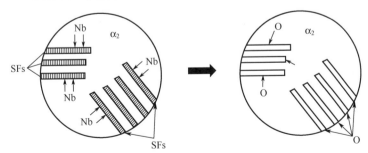

图 5-3 α_2 相转变为 O 相的结构示意图[2]

SFs 代表堆垛层错

元素 Y：Çetin 等[6]通过机械合金化制备出 Ti-22Al-25Nb 和 Ti-22Al-25Nb-1Y 合金，并分析了合金的显微组织和力学性能。结果表明，添加 Y 元素后合金中的 bcc 相转化为稳定的 O 相。比较不同温度热处理后的纯 Ti、Ti-22Al-25Nb 和 Ti-22Al-25Nb-1Y 合金的硬度变化，如图 5-4 所示，与 Ti-22Al-25Nb 相比，Ti-22Al-25Nb-1Y 合金显微硬度值较高，原因在于 Ti-22Al-25Nb 合金中加入 Y 后，诱导显微组织中 O 相的形成，产生了更好的强化效果并提高了硬度值。

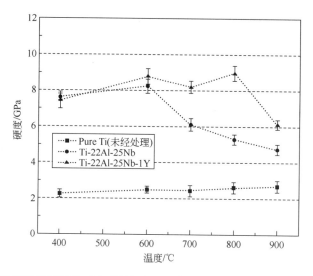

图 5-4　不同退火温度下纯 Ti、Ti-22Al-25Nb 和 Ti-22Al-25Nb-1Y 合金的显微硬度[6]

司玉锋等[7]熔炼出含有 0.36%（原子分数）Y 的 Ti_2AlNb 合金，并对其热处理后的显微组织与压缩性能进行了研究。结果表明，添加 Y 元素，促进了 B2 相分解，合金中 O 相的衍射峰强度明显增加。Y 元素在合金中以 Y_2O_3 的形式存在。Y_2O_3 具有良好的稳定性，并在基体中弥散分布。因此在 Y_2O_3 第二相粒子强化和晶界强化的共同作用下，Ti_2AlNb 合金压缩力学性能得到提高。Chen 等[8]研究了 Y 对 Ti-17Al-27Nb 合金组织与力学性能的影响，发现合金中的 Y 以 AlY_2 的形式存在，主要分布在晶界处。AlY_2 对晶界起到了强化与钉扎作用，细化了铸态合金组织，从而提高了合金的抗拉强度。Y 的加入也改变了合金的断裂模式，从不加 Y 的沿晶断裂转变为沿晶+穿晶混合断裂，改善了合金的塑性。

元素 V：李博等[9]制备了掺杂 V 的 Ti_2AlNb 合金粉末，利用 SPS 工艺压制出了 Ti_2AlNb-xV（x=0，1，2，3）体系的合金，并对其相结构及显微组织进行了研究。发现 V 的加入会抑制 hcp→bcc 结构转变，从而增加了 α_2 相与 O 相的含量。当 V 含量为 2%时，相变抑制作用最为强烈，α_2 相含量最高。结合能谱与显微组织照片（图 5-5）可知，V 元素均聚集在 O 相存在的区域，且 V 元素的加入会导致 O 相区域 Ti 原子比例下降，这说明 V 原子作用于 O 相且可以替代 Ti 原子。随着 V 元素含量的增加，合金中针状 O 相组织形貌趋于圆滑且分布均匀，当 V 含量为 3%时出现均匀层片状网篮组织。

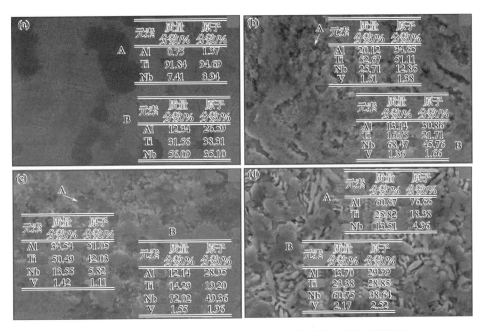

图 5-5　不同 V 含量下 Ti₂AlNb 合金的显微组织及能谱分析结果

（a）Ti₂AlNb-0V；（b）Ti₂AlNb-1V；（c）Ti₂AlNb-2V；（d）Ti₂AlNb-3V[9]

胡新煜等[10]采用粉末冶金法成功制备了 Ti-22Al-25Nb-2V 合金，并对合金进行了固溶（1100℃）与时效（700～850℃，12h）处理。结果表明，V 元素的添加提高了 O 相转变为 B2 相或 α₂ 相的转变温度、增加了合金的 β 相稳定性并促进了 O 相的形成，使得时效处理过程中 O 相从基体 B2 相内部析出，形成三相组织；随时效温度的升高，含 V 合金的相对密度和显微硬度降低，压缩强度和屈服强度先降低后升高。

元素 W：Yang 等[11]对 W 改性 Ti₂AlNb 合金和无 W 的 Ti₂AlNb 合金进行了比较，发现 W 元素的添加加速了 α₂ 和 O 相在高温保持期间的溶解过程，并且有助于魏氏组织的形成。虽然 W 改性合金的硬度低于无 W 合金，但在 B2 相区进行固溶处理后，W 改性合金的硬度有了明显提高，表明 W 改性 Ti₂AlNb 基合金的力学性能可以通过调控微观组织来改善。杨俊鹏[12]采用常压烧结工艺，在不同相区烧结得到了名义成分为 Ti-22Al-23.4Nb-1.6W 的合金。发现 W 合金化对魏氏组织起到一定的细化作用，在 B2 单相区时作用尤其明显。除此之外，还发现不同的时效工艺会影响 O 相的形貌，O 相板条会随着时效时间的增加而发生一定程度的弯曲与粗化，合金的硬度也会随着时效时间的增加而减小，但是 W 合金化可以减缓硬度下降趋势，加 W 后的合金硬度也远高于原合金。Yang 等[13]在 Ti₂AlNb 基合金中加入了 W 元素，发现合金晶粒尺寸变大，魏氏板条宽度变窄。由于 W 原子半径与 Nb 原子半径非常相似，因此 W 原子可以占据 O 相晶胞中 Nb 原子位置。然而 W 的共价半径更小，电负性高于 Nb，使得添加 W 的 O 相晶胞尺寸小于未添加 W 的晶胞尺寸。同时还发现 W 合金化后力学性能（屈服强度和极限抗拉强度）有所提高。

元素 Ta：Ta 元素与 Nb 元素一样，可以对 β 相起到稳定作用。毛勇等[14]发现，Ta 合金化的 Ti_2AlNb 合金具有优良的室温塑性及高的屈服强度，含 Ta 元素的 Ti_2AlNb 合金在 $O+\alpha_2+B2$ 三相区和 O+B2 两相区进行热变形并在 O+B2 两相区进行固溶+时效处理后获得的三相复合显微组织具有最佳的综合力学性能，其室温屈服强度达到 1200MPa，延伸率为 9.8%，650℃下屈服强度高达 970MPa，延伸率达到 14.0%。Peng 等[15]还发现 Ta 元素的添加可以提高 Ti_2AlNb 基合金中魏氏组织转变的起始温度，这决定了 B2 相向 O 相的转变方式。同时，发现在含 Ta 元素的 Ti_2AlNb 合金中发生了 α_2 相到 O 相转变，但在 O+B2 相区中固溶和/或时效时，α_2 相相对稳定。黄晟[16]对 Ti-22Al-23Nb-xV-$(4-x)$Ta（x=0，1，2，3，4）合金体系的固溶、时效工艺进行了系统的研究。研究表明，V、Ta 元素的加入并没有对合金的显微组织造成明显改变，合金组织依旧以 B2/β 基体相，O 相与少量的 α_2 相为主。V、Ta 大部分固溶于基体，少部分 V、Ta 随 α_2 相与 O 析出。V、Ta 的添加对合金的相对密度影响较小，V 对相对密度的影响要大于 Ta。但是 Ta 元素在增加合金显微硬度方面的作用要高于 V 元素，显微硬度与 Ta 元素的含量成正比，4%Ta 时合金显微硬度可达到最高（793.1HV）。当 V、Ta 比例相同时（2%），合金室温下的压缩性能（抗压强度 1261.9MPa，压缩塑性 24%）将达到最佳。

元素 Zr：Germann 等[17]发现，Ti_2AlNb 合金想要获得良好的抗氧化性能就必须拥有较高的 Al/Nb 比，但是减少 Nb 会导致合金延展性和蠕变强度的降低，这可以通过添加 Zr 元素来弥补，Zr 元素能够显著提高合金抗蠕变性能而不损害延展性和屈服强度。Du 等[18]发现，当 Zr 的原子分数从 0 增加到 2%时，β/B2 和 α_2 相的体积分数明显减小。此外，还发现 β/B2 和 α_2 相之间出现 O 相，其含量随 Zr 含量的增加而增加，说明 Zr 元素的增加可以促进 β/B2+α_2→O 相转变。随着 Zr 含量增加，Ti_2AlNb 合金显微硬度也随之增加，增幅可达到 6%。

5.2　Mo 元素对 Ti_2AlNb 合金微观组织的影响

近年来，在航空、航天工业领域快速发展的迫切需求推动下，为了解决 Ti_2AlNb 基合金的脆性，提高其塑性加工变形能力，研究人员对 Ti_2AlNb 合金的成分优化进行了大量的研究。Mo 元素与 Nb 元素一样都是 β 相稳定元素，在 Ti_2AlNb 基合金中添加一定含量的 Mo 元素，除了能稳定 β 相，有效地改善合金热加工性能外，还可以起到多组元复合固溶强化的作用；此外，添加一定的 Mo 元素还能够促进合金组织中板条的细化，从而提高合金的力学性能。但 Mo 元素也会对合金的流动性和收缩率产生负面影响，不利于合金的铸造性能。以下通过在 Ti₂AlNb 合金中添加一定含量的 Mo 元素，分析 Mo 元素对铸造、热等静压处理及热成形工艺的影响规律。

5.2.1　铸态 Ti₂AlNb 合金宏观形貌特征

不同 Mo 含量 Ti₂AlNb 基合金铸锭化学成分实测值如表 5-1 所示，为了便于表述，将 Ti-25Al-19Nb-0.5Mo 合金标识为 0.5Mo 合金，Ti-25Al-19Nb-2Mo 合金标识为 2Mo 合金。

表 5-1　试验用 Ti₂AlNb 合金的化学成分

合金	元素成分/（原子分数，%）			
	Ti	Al	Nb	Mo
Ti-25Al-19Nb-0.5Mo（0.5Mo）	Bal.	25.545	19.074	0.514
Ti-25Al-19Nb-2Mo（2Mo）	Bal.	25.447	19.112	2.079

图 5-6 为不同 Mo 元素含量 Ti₂AlNb 合金铸锭外形宏观形貌。一次铸锭经三次重熔后获得最终 Ti₂AlNb 合金铸锭，在 0.5Mo 和 2Mo 合金铸锭表面均未发现明显缺陷。在铸锭的冒口附近垂直圆柱面横切，得到如图 5-7 所示的剖面图。从图 5-7 可以看到，

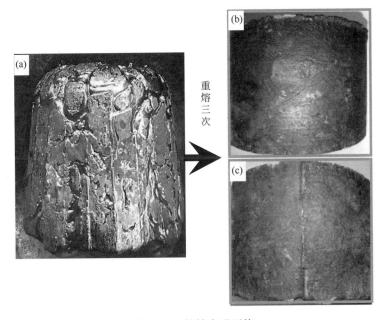

图 5-6　铸锭宏观形貌

（a）一次铸锭；（b）0.5Mo 合金三次铸锭；（c）2Mo 合金三次铸锭

两个铸锭都存在大量的缩孔和缩松。这种缩孔属于暗缩孔，形状以椭圆形、圆形为主。其产生的原因主要是随着温度降低，固态和液态共存于凝固区域。枝晶间通道变窄，合金流动性差，铸件中心区域的液态不易对较远的孔洞进行补缩，从而形成很多较为分散细小的缩孔及缩松。将两个铸锭进行对比，0.5Mo 合金铸锭中缩孔及缩松较为分散，平均孔洞直径较小；而 2Mo 合金铸锭中缺陷主要分布在中心区域，孔洞直径较大，最大孔洞直径接近 9mm，并且这种缩孔及缩松缺陷沿铸锭冒口处向下延伸到 30mm 左右才完全消失。出现这种差异的原因与 Mo 元素含量密切相关。娄贯涛等[19]在对 Ti-Al-Mo-1Zr 系合金进行研究时发现，伴随着 Mo 元素含量的增加，合金的液相线温度大幅提高，使得浇注过热度降低，合金流动性差，进而影响到冒口附近材料的缩孔率。

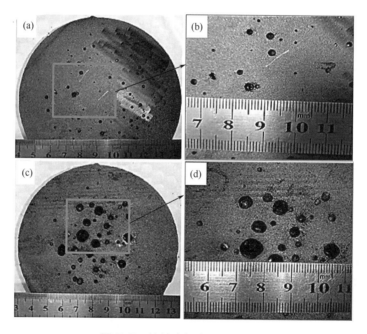

图 5-7　铸锭内部宏观形貌特征

（a）（b）0.5Mo 合金铸锭横切面；（c）（d）2Mo 合金铸锭横切面

5.2.2　铸态 Ti$_2$AlNb 合金微观形貌特征

图 5-8 为 Ti$_2$AlNb 合金铸态微观组织。从图中可以观察到，铸造组织由粗大晶粒组成，晶界轮廓清晰。两种合金的微观组织中晶粒大小并不均匀，相比 0.5Mo 合金，2Mo 合金的晶粒尺寸更加粗大。在高倍图像中可以发现，2Mo 合金的条状组织宽度

比 0.5Mo 合金更为细小，形态接近于针状，物相为 O 相，主要来源于铸锭冷却过程中的析出。

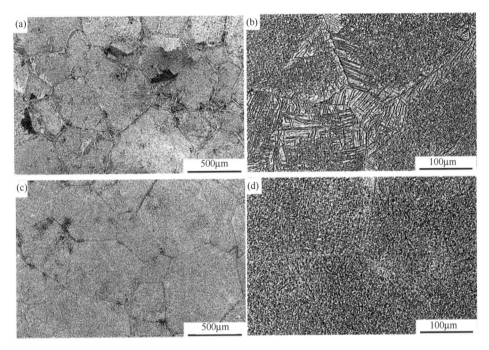

图 5-8　铸态 Ti₂AlNb 基合金微观组织 SEM 图
（a）（b）0.5Mo 合金；（c）（d）2Mo 合金

5.2.3　热等静压态 Ti₂AlNb 合金微观组织

热等静压工艺的优势在于，通过特殊构造的压力容器，在惰性气体条件下，对铸锭进行高温高压处理，进而得到致密均匀的微观组织。图 5-9 为热等静压处理后 Ti₂AlNb 基合金微观组织 XRD 衍射图谱，从中可以看出，热等静压处理后的合金微观组织主要由 O 相、B2 相及 α_2 相组成。此外，2Mo 合金中 α_2 相和 B2 相衍射峰的半峰宽及强度都要高于 0.5Mo 合金，表明 2Mo 合金中 α_2 相和 B2 相的相对含量要高于 0.5Mo 合金。

热等静压处理后的微观组织由大尺寸 B2 晶粒组成，细小 α_2/O 片层分布于 B2 晶粒内，如图 5-10 所示。相比铸态组织，热等静压态组织中片层分布更为均匀，0.5Mo 合金和 2Mo 合金中片层宽度分别为 0.3μm、0.1μm。除了大尺寸的片层，还有更为细小的针状二次片层相，这种结构有助于合金组织的细化。从图 5-11 中可以观察到，2Mo 合金中二次片层结构宽度明显要比 0.5Mo 合金更为细小，原因在于 Mo 元素能够有效地细化片层尺寸[20]。除此之外，在片层 α_2 相四周分布着环形 O 相，如图 5-11

中绿框所示。Boehlert[21]的研究表明，通过 B2+α₂→O 相包析转变，O 相会在 α₂ 相周围优先析出，并形成如图所示"环状"结构形貌特征。"环状" O 相作为扩散屏障，会增加热处理消除 α₂ 相的难度。

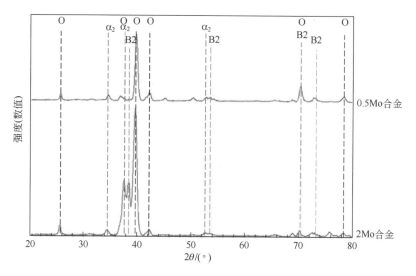

图 5-9　Ti₂AlNb 基合金 XRD 衍射图谱

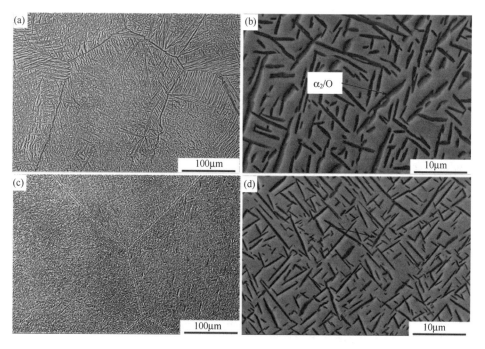

图 5-10　不同 Mo 含量条件下合金热等静压态微观组织

（a）（b）0.5Mo 合金；（c）（d）2Mo 合金

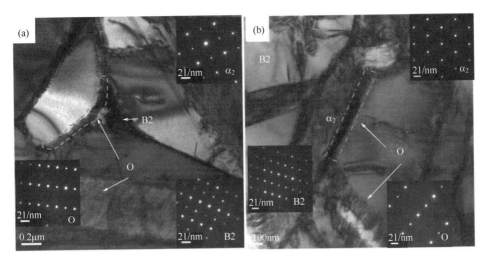

图 5-11　热等静压处理后微观组织透射照片

（a）0.5Mo 合金；（b）2Mo 合金

　　对局部微观组织进行 EDS 分析，得到合金元素在各相中的分布信息，如表 5-2 和图 5-12 所示。在同一合金内的微观组织中，Mo 与 Nb 元素为主要同晶型 B2 相稳定元素。相对其他相，Mo 和 Nb 元素在 B2 相内固溶比例最高，Mo 元素在 0.5Mo 合金和 2Mo 合金中分别达到了 0.78% 和 2.94%（原子分数）。α_2 相中 Al 元素的含量最高，0.5Mo 和 2Mo 合金相比，Al 元素的分布差别不大。2Mo 合金中 Mo 元素在各相中的固溶程度均高于 0.5Mo 合金。合金中添加的 Mo 元素，会占据 B2 相中 Al 或 Nb 的位置[22]，从而表现出 B2 相中 Al 元素含量的下降；而在 2Mo 合金中，过多的 Mo 元素稳定了更多的 B2 相，会导致合金微观组织中部分区域 Al 元素的偏聚，使得 α_2 相析出体积分数增加。同时，Bendersky 等[23]的研究表明，当合金中 Nb 元素含量大于 20%（原子分数）时，O 相从 B2 相中直接析出。

表 5-2　合金不同区域元素分布及相组成

合金	元素成分/（原子分数，%）			相
	Al	Nb	Mo	
0.5Mo 合金	30.73	15.52	0.27	α_2
	18.65	18.93	0.78	B2
	27.88	18.43	0.56	O
2Mo 合金	28.08	14.26	1.39	α_2
	19.04	18.42	2.94	B2
	27.78	18.88	2.44	O

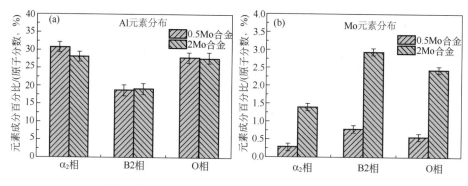

图 5-12 Al 和 Mo 元素在各相中的含量分布趋势图

（a）Al 元素；（b）Mo 元素

5.2.4 Ti₂AlNb 合金的相转变

通过 DSC 实验获得如图 5-13 所示的合金相转变曲线图，其中图 5-13（c）为 Muraleedharan 等[24]通过实验得到的 Ti-25Al-xNb 合金的二元相图。分析可知，Ti-25Al-19Nb 合金的 $T_{O\to O+B2}$、$T_{O+B2\to O+B2+\alpha_2}$、$T_{O+B2+\alpha_2\to B2+\alpha_2}$ 和 $T_{B2+\alpha_2\to B2}$ 转变温度依次为 710~715℃、955~965℃、1010~1015℃和1100℃。将图 5-13 中 0.5Mo 合金、2Mo 合金及 Ti-25Al-19Nb 合金的相变点整理至表 5-3 中，分析可知 Mo 元素对合金相变点的影响比较强烈。0.5Mo 合金相比 Ti-25Al-19Nb 合金的 $T_{O+B2+\alpha_2\to O+B2}$、$T_{O+B2+\alpha_2\to B2+\alpha_2}$ 相变点温度提高了近 30℃，而 2Mo 合金相比 Ti-25Al-19Nb 合金的 $T_{B2+\alpha_2\to B2}$ 相变温度提升了近 100℃。此外，由于 Mo 元素含量的增加，O+B2+α_2 相区范围变窄。

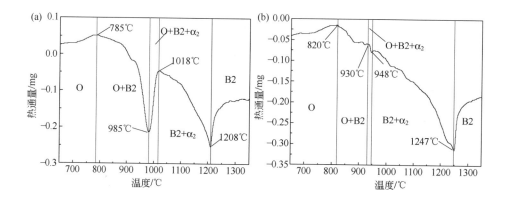

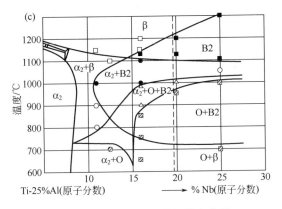

图 5-13　不同成分的合金相转变曲线

（a）0.5Mo 合金；（b）2Mo 合金；（c）Ti-25Al-xNb 二元相图[24]

表 5-3　相转变温度

相转变	0.5Mo 合金/℃	2Mo 合金/℃	Ti-25Al-19Nb 合金[24]/℃
$T_{O \to O+B2}$	656	785	710～715
$T_{O+B2 \to O+B2+\alpha_2}$	980	985	955～965
$T_{O+B2+\alpha_2 \to B2+\alpha_2}$	1040	1029	1010～1015
$T_{B2+\alpha_2 \to B2}$	1095	1208	1100

5.3　Mo 元素对 Ti₂AlNb 合金热加工行为的影响

材料的加工性是金属材料塑性成形能力非常重要的表征方式之一。当 Ti₂AlNb 合金中 Mo 元素含量发生改变时，势必会对其变形性能产生影响。本节主要以单轴压缩变形的方式，通过调整热压缩工艺参数，分析不同 Mo 含量 Ti₂AlNb 合金的热压缩变形行为，揭示 Ti₂AlNb 合金的组织演变规律及变形失稳机制。

5.3.1　变形温度对材料热压缩行为的影响

5.3.1.1　压缩峰值应力变化

Mo 元素含量对材料的强度有着强烈的影响，其作为强 β 相稳定元素，比 Nb 元素的影响高出近 4 倍[25]，高含量的 Mo 元素会导致 Ti₂AlNb 基合金微观组织发生较大改变。不同变形温度条件下合金的压缩峰值应力曲线如图 5-14 所示。从图中可以看到，伴随着变形温度升高，压缩峰值应力逐渐下降。0.5Mo 合金在变形温度 900℃时，压缩峰值应力为 300MPa 左右。伴随变形温度升高，峰值应力迅速下降，直到 950℃时峰值应力开始趋于平稳；2Mo 合金的压缩峰值应力随温度的变化趋势与

0.5Mo 合金基本一致，但相应峰值应力值都要高于 0.5Mo 合金；在 900℃条件下，2Mo
合金压缩峰值应力达到约 410MPa，比 0.5Mo 合金压缩峰值应力高 110MPa。当变形
温度达到 1150℃时，两种合金峰值应力趋于一致。

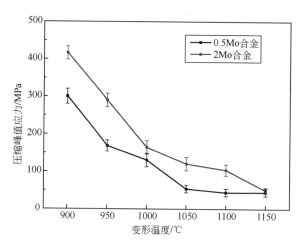

图 5-14　不同变形温度条件下合金的压缩峰值应力

5.3.1.2　微观组织演变

通常来说，变形温度是影响微观组织形貌特征的重要工艺参数之一。在压缩变
形过程中，绝热温升效应也是影响材料微观组织构成的重要因素。图 5-15 为应变速
率 $0.01s^{-1}$、应变量 0.6 时，不同温度条件下 0.5Mo 合金的微观形貌特征。图 5-15（a）
为合金在 900℃变形得到的微观组织。900℃处于 O+B2 两相区温度区间，除片层组
织 α_2/O 在外力作用下发生明显变形外，组织中的针状 O 相在高温下发生球化，部分
O 相还发生了 O→B2 的相转变，而且基体析出了一定含量的 B2 相。在 O+B2 两相
区，随着变形温度升高至 950℃，如图 5-15（b）所示，B2 相的析出量明显增加，片
层 α_2/O 的形貌特征变化不大。图 5-15（c）为处于 O+B2+α_2 三相温度区间内变形的
微观组织，由于三相温度区间狭窄，O+B2+α_2→B2+α_2 相变点仅为 1018℃。在变形
过程中，实际温度极易达到相变点，此时 O 相除了向 B2 相转变外，还会向 α_2 转变，
可以发现片层 α_2/O 上 α_2 相的比例增加，基体组织 B2 相的含量继续增加。随着温度上
升到 B2+α_2 两相区的 1050℃，如图 5-15（d）所示，片层相主要由 α_2 相组成，片层上
的 O 相基本消失。此外，基体上还分布着零散的球状和片层 α_2 相。如图 5-15（e）和
（f）所示，当温度上升至 B2 相区的 1100℃及 1150℃，片层和球状 α_2 相大量溶入基
体中，转变为 B2 相，微观组织结构主要由大尺寸的 B2 晶粒组成，由于 1100℃接近
于 B2+α_2→B2 相转变点，晶内还分布着纳米级尺寸的球化 α_2 相。如图 5-15（e）所
示，这种球状晶粒钉扎在 B2 晶界处，对 B2 晶粒的长大有较好的抑制作用[26]，因而
相比 1150℃条件下所获得的 B2 晶粒尺寸更小。此外，从图 5-15（f）中还能观察到

针状的 B2 相转变为亚稳态的 O 相[27]。

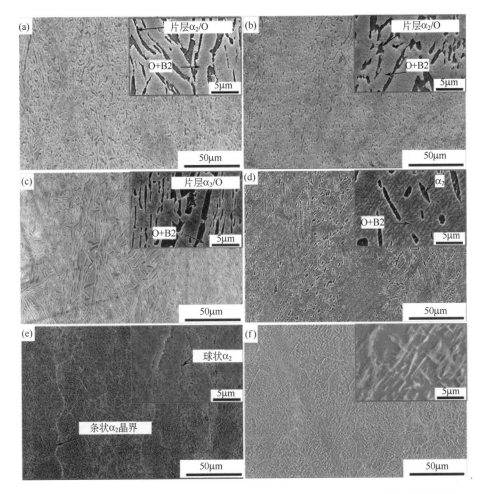

图 5-15 应变速率 0.01s⁻¹、应变量 0.6 时不同变形温度下 0.5Mo 合金的微观组织

（a）900℃；（b）950℃；（c）1000℃；（d）1050℃；（e）1100℃；（f）1150℃

图 5-16 为应变速率 0.01s⁻¹、应变量 0.6 时不同变形温度下 2Mo 合金的微观形貌特征，其中 900℃和 950℃位于 O+B2 两相区，1000℃位于 O+B2+α₂ 相变点，1050～1150℃位于 B2+α₂ 两相区。如图 5-16（a）所示，在 O+B2 两相区变形得到的微观组织主要以细片层 α₂/O 组成的片层组织为主。950℃时片层组织开始球化，片层上的 O 相向 B2+α₂ 相转变。1000℃时球化程度增加，1050℃时微观组织中分布着大量球化的 α₂/O 相及少量的板条 α₂/O 相。在 B2+α₂ 两相区，随着温度的继续升高，O 相已经完全转变为 B2+α₂ 相，大尺寸片层和球状 α₂ 相大量溶入基体中。1100℃下微观组织还保留部分粗大的片层 α₂ 相，当达到 1150℃时，大尺寸 α₂ 相基本消失，微观组织主

要由条状晶界 α_2 相+纳米级球状 α_2 相+基体 B2 相组成。

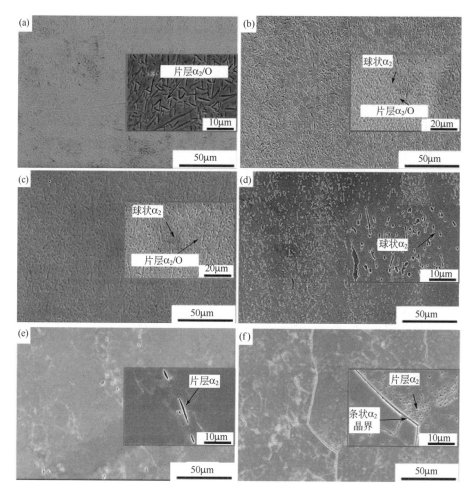

图 5-16　应变速率 0.01s⁻¹、应变量 0.6 时不同变形温度条件下 2Mo 合金的微观组织

（a）900℃；（b）950℃；（c）1000℃；（d）1050℃；（e）1100℃；（f）1150℃

　　分析（O+B2）相区变形后的微观组织，可以发现 2Mo 合金中 α_2/O 相呈现细小链状的形貌特征，而 0.5Mo 合金呈片层状形貌特征。将 2Mo 合金与 0.5Mo 合金相比，经压缩变形后，其微观组织发生了动态再结晶，片层组织也发生了合并长大。随着温度的升高，片层组织的球化方式也存在非常大的区别，其球化机制如图 5-17 所示，0.5Mo 合金中片层组织的球化方式主要通过 O→B2+α_2 相转变，少量的 O 相直接转变为 B2 相；而 2Mo 合金在高温下由于 Nb 和 Mo 元素的共同作用，B2 相主要依靠 O 相直接转变，片层组织逐渐溶解和球化，因此 2Mo 合金中球化后的片层组织尺寸明显小于 0.5Mo 合金，两种合金的相组成及形貌特征是影响其变形能力的重要因素。

不过，1150℃下 0.5Mo 合金和 2Mo 合金微观组织均由大尺寸的 B2 晶粒组成，B2 相的含量所占比例都超过了 90%，因而此温度下获得的压缩强度值较为接近。

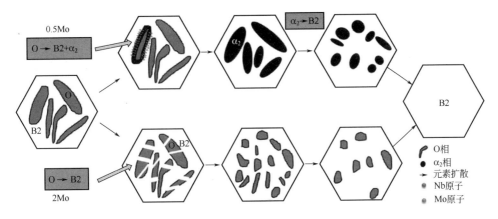

图 5-17　片层球化示意图

5.3.1.3　变形失稳机制

图 5-18 和图 5-19 分别为两种不同 Mo 元素含量 Ti₂AlNb 合金经应变速率同为 $0.01s^{-1}$、不同变形温度热模拟压缩变形后的应力-应变曲线及试样宏观形貌图。应力-应变曲线表明随着温度的升高，流变应力随之降低。0.5Mo 合金和 2Mo 合金在 900℃下，流变应力迅速增加到一个峰值后快速下降，该现象与变形过程中位错增殖所产生的加工硬化有很大关联[28]。在曲线的后半段发生了明显的应力失稳现象，表明试样内部发生了破坏，这在图 5-19 中也有明显体现。随着温度的升高，峰值应力逐渐减小，0.5Mo 合金在 1050℃时，应力达到峰值后随着应变的增加形成稳定的平台，而 2Mo 合金仅在 1150℃时才会出现该现象。

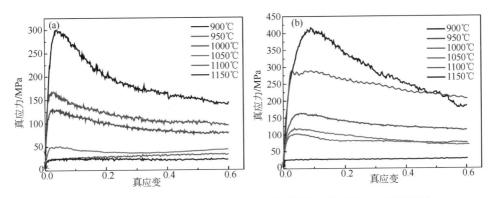

图 5-18　同一变形速率 $0.01s^{-1}$、不同变形温度条件下的应力应变曲线

（a）0.5Mo 合金；（b）2Mo 合金

图 5-19　经同一变形速率 0.01s^{-1}、不同变形温度条件下压缩后的试样宏观图片

根据图 5-19，0.5Mo 合金在 1000℃以下，试样发生了明显的破坏，900℃时，试样主要以破裂为主，950℃时，试样发生了剪切断裂；相比 0.5Mo 合金，2Mo 合金在 1150℃以下时都发生了非常明显的破裂，在应力-应变曲线上表现为平台段流变应力的波动起伏，其破裂程度随温度的升高而减弱，这同时表明高含量的 Mo 元素会对 Ti$_2$AlNb 基合金的塑性产生明显影响。此外，2Mo 合金在不同变形条件下均未观察到明显的剪切断裂形貌特征。

图 5-20 为 0.5Mo 合金在应变速率 0.01s^{-1}、不同温度条件下的裂纹形貌。从图 5-20（a）中可以看到，裂纹从表面向基体扩展延伸，表面层约 40μm 深度范围内的微观组织与材料基体微观组织有很大区别，在压缩过程中这种组织过渡区易导致应力集中，

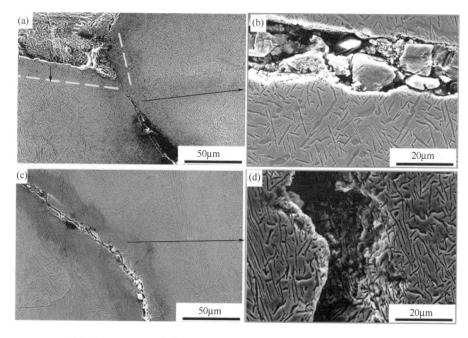

图 5-20　0.5Mo 合金在应变速率 0.01s^{-1}、不同温度条件下的裂纹
（a）（b）900℃；（c）（d）950℃

破裂区的裂纹宽度达到了 15μm 左右。导致这种破裂的主要因素与片层组织中的 α₂ 相有关。组织中分布着大量片层组织，而片层组织中的 α₂ 相为有序六方结构，滑移系较少，且片层组织 α₂ 相与 O 相相容性较差，不利于金属间化合物的塑性变形，因此在较低的温度下变形时，会导致材料过早发生破坏。

图 5-21 为 2Mo 合金在应变速率 0.01s⁻¹、不同温度条件下的裂纹形貌。2Mo 合金的裂纹形貌与 0.5Mo 合金差异很大。在不同变形温度下，裂纹的扩展方式以穿晶扩展为主，部分区域还伴有沿晶裂纹。随着温度的升高，裂纹的宽度和扩展程度降低，其主要与温度软化效应有关。2Mo 合金在 1050℃以下破坏机理与 0.5Mo 合金相同；超过 1050℃后，由于显微组织中的片层相基本球化，O 相大量减少，微观组织由片层和等轴状 α₂ 相与基体 B2 相组成。在较大的应力作用下，裂纹易在片层 α₂/B2 相界面处产生，并在基体中扩展，形成如图 5-21（d）、（e）所示的裂纹扩展形貌特征。

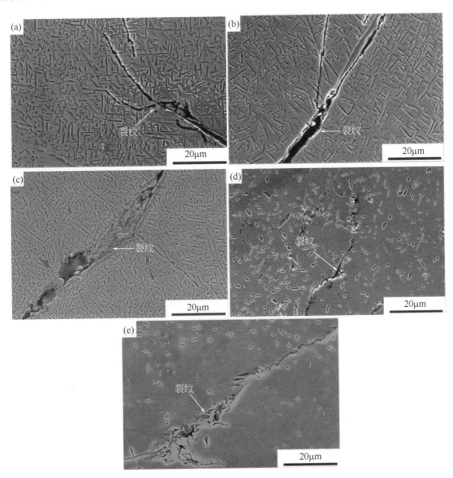

图 5-21　2Mo 合金在应变速率 0.01s⁻¹、不同温度条件下的裂纹
（a）900℃；（b）950℃；（c）1000℃；（d）1050℃；（e）1100℃

5.3.2 应变速率对材料热压缩行为的影响

5.3.2.1 压缩峰值应力变化

图 5-22 为不同应变速率条件下合金的压缩峰值应力变化情况，主要选取了温度为 1000℃和 1150℃的变形条件进行分析。从图中可以看到，随着应变速率的增加，压缩峰值应力逐渐增大，且两种合金的压缩峰值应力随着应变速率增大的趋势基本保持一致。在不同的变形温度条件下，其压缩峰值应力随应变速率的变化趋势有很大差别，如在 1000℃时压缩峰值应力呈线性增加，而在 1150℃时，在 $0.001\sim0.1s^{-1}$ 范围内增加缓慢，超过 $0.1s^{-1}$ 后迅速增加。这种现象表明，1150℃时，变形速率 $0.1s^{-1}$ 为应变速率峰值应力敏感点，这种应变速率强化效应与微观组织形貌、位错的增殖及再结晶有直接关系。

此外，2Mo 合金与 0.5Mo 合金相比，相同条件下的压缩峰值应力基本都高于 0.5Mo 合金，党宏丽等[29]的研究表明，Mo 元素与周围近邻基体原子之间的相互作用强于 Nb 元素，因而 Mo 元素相比 Nb 元素在钛合金中具有更高的固溶强化效应。不同 Mo 含量合金的压缩峰值应力值差异来源于 Mo 元素的固溶强化增量不同。

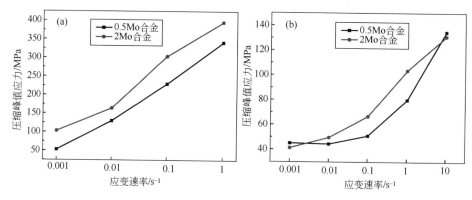

图 5-22　不同变形温度下合金的压缩峰值应力

（a）1000℃；（b）1150℃

5.3.2.2 微观组织演变

图 5-23 和图 5-24 分别为 0.5Mo 合金和 2Mo 合金在 1000℃、应变量 0.6、不同变形速率下的微观形貌特征。微观组织中最明显的变化是片层组织的球化和 B2 相的析出。在较低的应变速率下，晶粒有充分的时间发生动态回复和再结晶。而在高应变速率下，变形时间短，片层组织没有足够的时间进行分解。从图 5-23 可以观察到，0.5Mo 合金中的 α_2/O 片层随应变速率增大，其压扁弯曲程度逐渐增加，同时片层 α_2/O 上的 O 相转变为 α_2 和 B2 相，且随应变速率的减小，其转化程度随之加大。在应变速率为 $0.001s^{-1}$ 时观察到的形貌特征基本为形状规则的片状和球状，如图 5-23（a）所示。

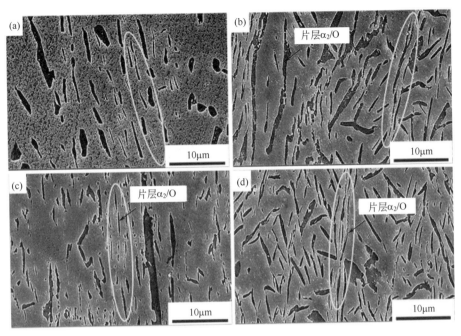

图 5-23　温度 1000℃、应变量 0.6 时不同应变速率下 0.5Mo 合金的微观组织图

（a）0.001s⁻¹；（b）0.01s⁻¹；（c）0.1s⁻¹；（d）1s⁻¹

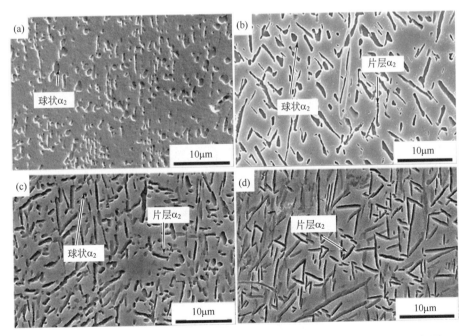

图 5-24　温度 1000℃、应变量 0.6 时不同应变速率下 2Mo 合金的微观组织图

（a）0.001s⁻¹；（b）0.01s⁻¹；（c）0.1s⁻¹；（d）1s⁻¹

当变形温度为 1000℃，随着应变速率降低，尽管 2Mo 合金片层的球化趋势与
0.5Mo 合金相一致，但球化后得到的等轴晶粒的直径明显要小于 0.5Mo 合金，且在
应变速率为 $0.001s^{-1}$ 时基本观察不到粗大的片层组织。这主要是由于片层上的 O 相
在强稳定元素 Mo 和 Nb 作用下，大量转变为 B2 相。此外，仅在应变速率为 $0.01s^{-1}$
时观察到完全压扁的片层形貌特征，这与材料的变形行为有关，在应变速率为 $1s^{-1}$
和 $0.1s^{-1}$ 时，微观组织来不及协调变形，试样发生破坏；而在应变速率为 $0.001s^{-1}$ 时，
由于发生相转变，B2 相的含量提高，且组织中已经基本没有片层相，此时变形的协
调主要依靠 B2 相。

图 5-25 和图 5-26 分别为 0.5Mo 合金和 2Mo 合金在 1150℃、应变量 0.6 时不同
变形速率下的微观形貌特征。1150℃下，α_2 相向 B2 相转变程度更高，微观组织中 α_2

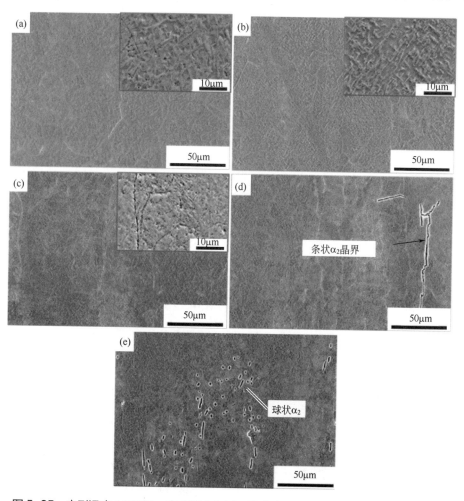

图 5-25　变形温度 1150℃、应变量 0.6 时不同应变速率下 0.5Mo 合金的微观组织
（a）$0.001s^{-1}$；（b）$0.01s^{-1}$；（c）$0.1s^{-1}$；（d）$1s^{-1}$；（e）$10s^{-1}$

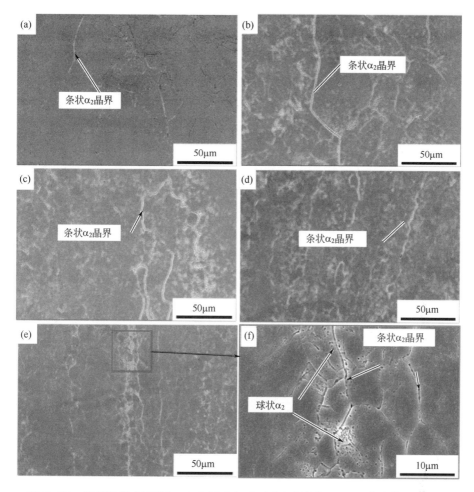

图 5-26　变形温度 1150℃、应变量 0.6 时不同应变速率下 2Mo 合金的微观组织
（a）$0.001s^{-1}$；（b）$0.01s^{-1}$；（c）$0.1s^{-1}$；（d）$1s^{-1}$；（e）（f）$10s^{-1}$

相的形貌特征及含量的变化是导致压缩强度随应变速率发生变化的主要原因。0.5Mo 合金中，1150℃处于 B2 相区，除了在应变速率 $10s^{-1}$ 下所得微观组织中残留着部分大尺寸片层和等轴形貌特征的 α_2 相外，如图 5-25（e）所示，其他应变速率下基本观察不到大尺寸的等轴 α_2 相，仅在应变速率为 $1s^{-1}$ 和 $0.1s^{-1}$ 时，能够观察到主要以纳米级等轴状和片层形貌特征存在的 α_2 相，这种片层的分布聚集在局部区域，这可能与 Al 元素的偏聚有关。随着应变速率的继续降低，微观组织中 α_2 相完全消失，如图 5-25（a）和（b）所示，组织主要由大尺寸的 B2 晶粒组成，这主要由于变形温度处于 B2 相区，发生 α_2→B2 相转变，同时在较低的变形速率下，给予了 α_2 相充足的相转变时间。其中，$0.001s^{-1}$ 和 $0.01s^{-1}$ 速率下观察到的针状组织为变形微观组织在快速冷却后所得到的 B2 转变组织。

2Mo 合金中各变形速率下微观组织形貌特征与 0.5Mo 合金差异较大，如图 5-26 所示。在应变速率为 0.01~10s^{-1} 时，所得微观组织形貌中都含有大量的片层组织和细小等轴状 α_2 相，仅在应变速率为 0.001s^{-1} 时，等轴 α_2 相才会大量减少，溶入基体 B2 中。这主要是由于加入的 Mo 元素会导致 B2 相变点升高，根据 DSC 曲线所得相变点在 1208℃，如图 5-13 所示，1150℃ 处于 2Mo 合金的 B2 转变点以下 58℃。在 0.5Mo 合金中，α_2 相含量随应变速率的增加而增加，压缩峰值应力也随之增加。当变形速率为 0.001s^{-1} 和 0.01s^{-1} 时，由于微观组织中 α_2 相基本消失，其压缩强峰值应力最小，且两者的压缩峰值应力较为接近。在 2Mo 合金中压缩峰值应力受到 α_2 相影响的趋势与在 0.5Mo 合金中保持一致，如图 5-22（b）所示。但由于 2Mo 合金中的 α_2 相含量高于 0.5Mo 合金，因而导致 2Mo 合金相比 0.5Mo 合金压缩峰值应力变化趋势更大。此外，应变速率 0.001s^{-1} 时，2Mo 合金组织与 0.5Mo 合金类似，均由以 B2 相为主的晶粒组成。

5.3.2.3 变形失稳机制

图 5-27 为同一变形温度、不同变形速率下合金的应力-应变曲线，随着应变速率

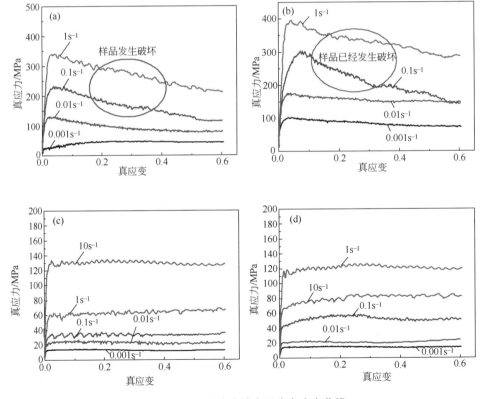

图 5-27　不同应变速率下应力应变曲线

（a）0.5Mo 合金，1000℃；（b）2Mo 合金，1000℃；
（c）0.5Mo 合金，1150℃；（d）2Mo 合金，1150℃

的增加，流变应力也随之升高。图 5-28 为变形后压缩试样的宏观形貌特征。从图中可以观察到，0.5Mo 合金在 1000℃下，应变速率分别为 $1s^{-1}$ 和 $0.1s^{-1}$ 时后半段应力-应变曲线波动剧烈，可判断试样发生了破坏失稳，在图 5-28 中也观察到试样中出现了主要以侧面边裂为主的失稳破坏，而在两相区（B2+α_2）温度 1150℃，应变速率 $0.001\sim10s^{-1}$ 均未失稳；从 2Mo 合金的应力应变曲线和试样宏观形貌中观察可得出，$1000℃/1s^{-1}$ 和 $0.1s^{-1}$ 以及 1150℃/（$1\sim10s^{-1}$）均发生了失稳破坏。

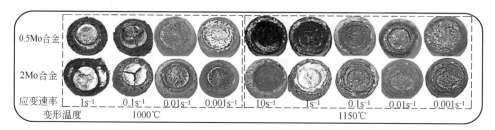

图 5-28　不同应变速率试样压缩后宏观形貌特征

　　除此之外，对比不同成分的 Ti₂AlNb 基合金，2Mo 合金在同一温度、不同应变速率下，流变应力都要高于 0.5Mo 合金；在 1000℃、应变速率 $1s^{-1}$ 和 $0.1s^{-1}$ 下，就应力应变曲线的波动程度而言，2Mo 合金比 0.5Mo 合金更为剧烈，这也说明了 0.5Mo 合金相对于 2Mo 合金具有更好的高温成形性能，高含量的 Mo 元素会导致 Ti₂AlNb 基合金更易在较高应变速率下发生破坏。

　　高的应变速率使得变形过程更为短暂，变形组织由于应变积累来不及有效释放畸变能，进而影响合金的压缩变形行为及变形后的微观组织形貌特征。不同应变速率条件下材料发生破坏的失稳机理也不尽相同。图 5-29 为 1000℃、不同应变速率下 0.5Mo 合金和 2Mo 合金压缩变形后的微观裂纹特征。从图中可以发现，0.5Mo 合金裂纹主要在晶界处扩展，2Mo 合金主要以穿晶裂纹为主，这表明 0.5Mo 合金变形过程中的失稳受微观组织相组成及其尺寸大小的影响，如裂纹易在 B2 相晶界处产生并扩展，而 2Mo 合金的失稳行为由相的本征脆性决定。

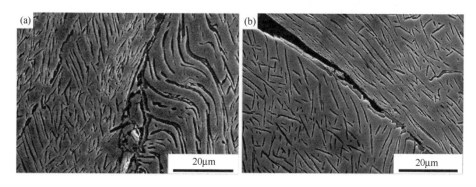

图 5-29

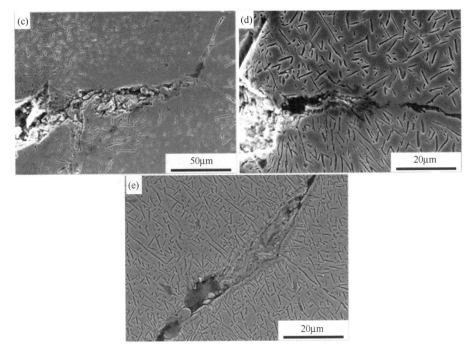

图 5-29 变形温度 1000℃、不同应变速率下的裂纹特征

（a）0.5Mo 合金，1s⁻¹；（b）0.5Mo 合金，0.1s⁻¹；（c）2Mo 合金，1s⁻¹；
（d）2Mo 合金，0.1s⁻¹；（e）2Mo 合金，0.01s⁻¹

从 2Mo 合金裂纹附近的元素面扫描图中可以发现，在裂纹附近有明显的 Al 元素聚集，如图 5-30 所示。研究表明，钛合金中的 Mo 元素会促进 Al 元素的偏析[30]。在凝固过程中，β 稳定元素 Mo 和 Nb 会聚集在树突臂，而 Al 元素被排除在枝晶区域，在连续过冷过程中，树突尖端层的 Al 含量会伴随着 Mo 含量的增加而增加，从而造成 Al 元素的偏析，Al 元素的偏聚会导致材料脆性的增加[31]。

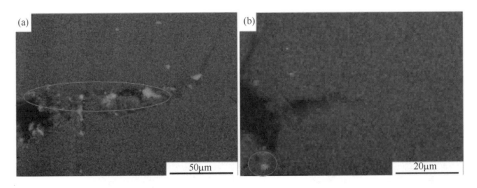

图 5-30 2Mo 合金在变形温度 1000℃、不同应变速率下裂纹附近 Al 元素面扫描图

（a）1s⁻¹；（b）0.1s⁻¹

图 5-31 为 1150℃、不同应变速率下 2Mo 合金压缩变形后的微观裂纹特征，虽然从应力-应变曲线上未发现明显的失稳行为,但从图 5-28 中可发现在应变速率 10s⁻¹ 和 1s⁻¹ 下,有非常明显的边部裂纹。对裂纹处的微观组织形貌进行观察发现,裂纹附近的表层与试样内部组织有很大区别,表层分布着大量的等轴 α₂ 相。因为组织的不均匀,当受到外应力加载时,裂纹会在表层萌生并扩展。

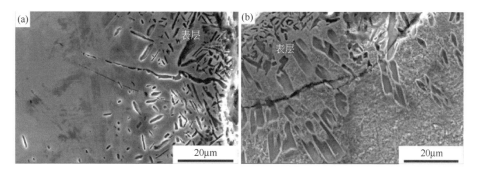

图 5-31　2Mo 合金在变形温度 1150℃、不同应变速率下的裂纹特征
（a）10s⁻¹；（b）1s⁻¹

为了更好地解释 2Mo 合金的边裂原因,给出了如图 5-32 所示的破裂机理示意图。2Mo 合金压缩试样边裂部位为侧面,如图 5-32 所示。钛基金属的微观组织对温度非常敏感,在 1150℃ 及 1100℃ 下（处于 B2+α₂ 两相区）,在 Nb、Mo 元素的综合作用

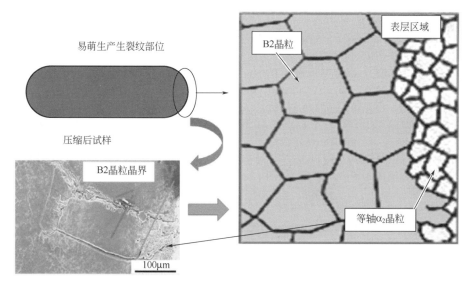

图 5-32　破裂机理示意图

下，表面区域的 O 相会直接转变为 B2 相，O 相中的 Al 元素在热作用下大量逸出并
发生偏聚，Mo 含量越高，这种偏聚越严重。偏聚区在 Al 的作用下稳定 α_2 相，并形
成等轴 α_2 晶粒聚集区，如示意图上白色区域所示。一方面，α_2 相为脆性相，表层区
域塑性较差；另一方面，等轴 α_2 晶粒聚集区与材料基体微观组织形成分层结构形貌
特征，这种结构易在大变形下产生应力集中。由于变形速率较快，变形过程中产生
的微观缺陷累积，从而发生破坏，在宏观上呈现为边裂。试样内部，由于大变形、
绝热温升，导致大量的 O 相和 α_2 相转变为 B2 相，图 5-26（e）中仅观察到纳米级的
α_2 相，α_2 相的含量非常低，因而易在表层区域产生裂纹源，表层产生的裂纹沿着 B2
晶粒的晶界向内部扩展延伸。

参考文献

[1] 张振兴. Ti-22.5Al-xNb 合金组织与性能研究[D]. 哈尔滨：哈尔滨工业大学，2011.

[2] Khadzhieva O G, Illarionov A G, Popov A A. Effect of aging on structure and properties of quenched alloy based on orthorhombic titanium aluminide Ti2AlNb[J]. The Physics of Metals and Metallography, 2014, 115(1): 12-20.

[3] Qi J Q, Chang Y, He Y Z, et al. Effect of Zr, Mo and TiC on microstructure and high-temperature tensile strength of cast titanium matrix composites[J]. Materials & Design, 2016, 99: 421-426.

[4] Tang F, Emura S, Hagiwara M. Modulated microstructure in Ti-22Al-11Nb-4Mo alloy[J]. Scripta Materialia, 1999, 40(4): 471-476.

[5] Hagiwara M, Tang F, Nakazawa S. The effect of quaternary additions on the microstructures and mechanical properties of orthorhombic Ti2AlNb-based alloys[J]. Materials Science and Engineering: A, 2002, 329: 492-498.

[6] Çetin M E, Polat G, Tekin M, et al. Effect of Y addition on the structural transformation and thermal stability of Ti-22Al-25Nb alloy produced by mechanical alloying[J]. Materials Testing, 2021, 63(7): 599-605.

[7] 司玉锋，陈玉勇，孔凡涛，等. 钇对 Ti-23Al-25Nb 合金压缩性能的影响[J]. 航空材料学报，2006（06）：1-5.

[8] Chen Y Y, Si Y F, Kong F T , et al. Effects of yttrium on microstructures and properties of Ti-17Al-27Nb alloy[J]. Transaction of Nonferrous Metals Society of China, 2006, 16(2): 316-320.

[9] 李博，王俊勃，刘江南，等. V 元素掺杂对粉末冶金 Ti2AlNb 合金显微组织的影响[J]. 钛工业进展，2022，39（02）：24-28.

[10] 胡新煜，张娇娇，王俊勃，等. 热处理对 Ti-22Al-25Nb-2V 合金显微组织及性能的影响[J]. 西安工程大学学报，2019，33（04）：446-451.

[11] Yang J P, Cai Q, Ma Z Q, et al. Effect of W addition on phase transformation and microstructure of powder metallurgic Ti-22Al-25Nb alloys during quenching and furnace cooling[J]. Chinese Journal of Aeronautics, 2019, 32(5): 1343-1351.

[12] 杨俊鹏. 粉末冶金 Ti-22Al-23.4Nb-1.6W 合金组织中 O 相形成规律[D]. 天津：天津大学，2018.

[13] Yang S J, Nam S W, Hagiwara M. Phase identification and effect of W on the microstructure and micro-hardness of Ti2AlNb-based intermetallic alloys[J]. Journal of Alloys and Compounds, 2003, 350: 280-287.

[14] 毛勇，李世琼，张建伟，等. Ti-22Al-20Nb-7Ta 合金的显微组织和力学性能研究[J]. 金属学报，2000（02）：135-140.

[15] Peng J, Li S, Mao Y, et al. Phase transformation and microstructures in Ti-Al-Nb-Ta system[J]. Materials Letters, 2002, 53(1-2): 57-62.

[16] 黄晟. 粉末冶金制备 Ti₂AlNb 合金力学性能研究[D]. 西安：西安工程大学，2021.

[17] Germann L, Banerjee D, Guédou J Y, et al. Effect of composition on the mechanical properties of newly developed Ti₂AlNb-based titanium aluminide[J]. Intermetallics. 2005, 13(9): 920-924.

[18] Du Y, Liu X, Li J, et al. Effect of Mo, V and Zr on the microstructure and mechanical properties of Ti₂AlNb alloys[C]. MATEC Web of Conferences. EDP Sciences, 2020, 321: 08003.

[19] 娄贯涛，孙建科，杨学东，等. Al、Mo 含量对铸造钛合金力学性能的影响[J]. 材料开发与应用，2003（04）：32-35.

[20] 王津，钟宏，张铁邦，等. Mo 对高 Nb-TiAl 合金凝固路径及凝固组织的影响[J]. 特种铸造及有色合金，2011，31（4）：376-379.

[21] Boehlert C J. The phase evolution and microstructural stability of an orthorhombic Ti-23Al-27Nb alloy[J]. Journal of Phase Equilibria, 1999, 20(2): 101-108.

[22] Singh A K, Kumar S, Banumathy S, et al. Structure of the B2 phase in Ti-25Al-25Mo alloy[J]. Philosophical Magazine, 2007, 87(34): 5435-5445.

[23] Bendersky L A, Roytburd A, Boettinger W J. Phase transformations in the (Ti, Al)₃Nb section of the Ti-Al-Nb system-I. Microstructural predictions based on a subgroup relation between phases[J]. Acta Metallurgica et Materialia, 1994, 42(7): 2323-2335.

[24] Muraleedharan K, Nandy T K, Banerjee D, et al. Phase stability and ordering behaviour of the O phase in Ti-Al-Nb alloys[J]. Intermetallics, 1995, 3(3): 187-199.

[25] Schwaighofer E, Clemens H, Mayer S, et al. Microstructural design and mechanical properties of a cast and heat-treated intermetallic multi-phase γ-TiAl based alloy[J]. Intermetallics, 2014, 44: 128-140.

[26] 薛晨. 等温锻造 Ti-22Al-25Nb 合金的显微组织演变与力学性能研究[D]. 西安：西北工业大学，2014.

[27] Kumpfert J, Leyens C. Microstructure evolution, phase transformations and oxidation of an orthorhombic titanium aluminide alloy[C]. TMS, Warrendale, PA(United States), 1997: 895-904.

[28] Yang J, Wang G, Jiao X, et al. High-temperature deformation behavior of the extruded Ti-22Al-25Nb alloy fabricated by powder metallurgy[J]. Materials Characterization, 2018, 137: 170-179.

[29] 党宏丽，王崇愚，于涛. γ-TiAl 中 Nb 和 Mo 合金化效应的第一性原理研究[J]. 物理学报，2007，56（5）：2838-2844.

[30] Yang Y, Fang H, Chen R, et al. A comparative study on microstructure and mechanical properties of Ti-43/46Al-5Nb-0.1B alloys modified by Mo[J]. Advanced Engineering Materials, 2020, 22(4): 1901075.

[31] 杨家典，罗鸿飞，王清，等. Al 含量对 β 锻造 TC25 钛合金环形锻件力学性能的影响[J]. 锻造与冲压，2019（7）：18-18.

6

Ti₂AlNb 合金的热加工及组织性能

6.1　Ti₂AlNb 合金的热加工研究进展

　　由于金属在高温时具有较低的变形抗力、良好的塑性以及高温软化现象，使得加工硬化率较低，热变形消耗能量少，材料失效倾向低，这些都是改善金属热加工能力的因素。金属材料在热变形过程中产生的复杂形变行为，与加工硬化、回复与再结晶过程密切相关（图 6-1）。同时，材料在变形过程中表现出来的应力-应变曲线是反映材料加工性能好坏的重要信息。

　　对于 Ti₂AlNb 合金，由于热变形抗力大，且显微组织对成形工艺敏感，导致有效的热加工工艺窗口较窄且成材率不高。在实验室条件下，一般采用热模拟压缩实验进行 Ti₂AlNb 合金高温变形行为的研究，分析温度、应变速率及变形量对材料热加工性能及微观组

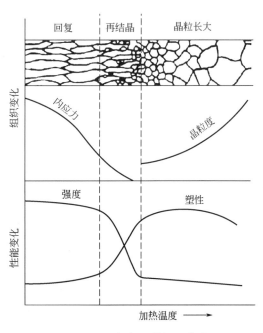

图 6-1　回复与再结晶示意图

织的影响。国内外众多研究者开展了针对 Ti₂AlNb 合金的热模拟压缩实验研究工作。Jia 等[1]对 Ti₂AlNb 合金热模拟压缩变形进行了研究，指出材料的流变应力强烈地受到变形温度和应变速率的影响，在应变速率高于 $0.1s^{-1}$ 和变形温度低于 980℃时出现

了明显的剪切带；Ma 等[2]研究了 Ti-22Al-25Nb 合金在 940~1060℃、0.001~10s^{-1}
条件下的热变形行为，构建了应变量在 0.6 时的热加工图，得到合金理想的热加工条
件为 940℃/0.001s^{-1}，此时可获得均匀分布着等轴晶粒的双态组织，如图 6-2（a）所
示。当应变速率超过 1s^{-1} 时，如图 6-2（b）所示，局部区域呈现纤维状形貌特征，
表明出现了局部组织流动并形成了绝热剪切带，这种局部组织流动在 Yang 等[3]的研
究中也有报道，这对材料的变形加工不利。

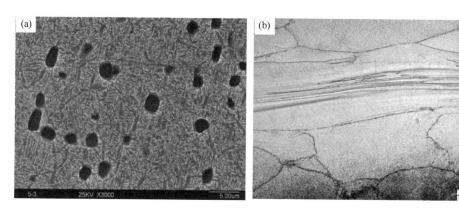

图 6-2 经不同热模拟压缩工艺处理后的微观组织图[2]

（a）940℃/0.001s^{-1}；（b）1060℃/10s^{-1}

Ti$_2$AlNb 合金微观组织对变形参数的敏感性与钛合金类似。Lin 等[4]通过热模拟
压缩试验发现，Ti$_2$AlNb 合金的高温流变行为对应变速率变化非常敏感，在高应变速
率条件下的变形具有较短的加工硬化阶段以及较高的软化速率（图 6-3）。

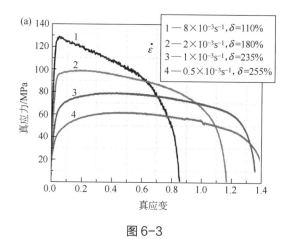

图 6-3

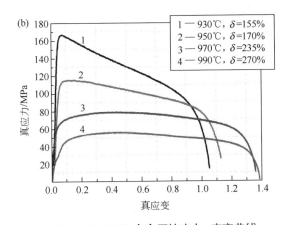

图 6-3　Ti₂AlNb 合金压缩应力-应变曲线

（a）970℃，不同应变速率；（b）1×10⁻³s⁻¹，不同变形温度[4]

　　变形过程中片层 α₂/O 相发生破碎、粗化及球化，其形貌由板条状演变成棒状或近等轴状。Jia 等[5]的研究结果也表明，伴随着温度的升高及应变速率的下降，微观组织球化率呈现明显的升高趋势，这种球化现象与片层组织破碎后的动态回复与再结晶有直接联系，并揭示了组织球化率随应变量的变化近似遵循 Avrami 方程。Jia 等[6]在另一篇报道中指出，提高变形温度会促进动态再结晶，且不连续动态再结晶和连续动态再结晶控制的形核机制在整个热变形过程中都同时存在。此外，伴随着应变量的增加，塞积在 B2 晶界附近的位错发生重新排列并形成低角度的亚晶界，随后高角度晶界吸收 B2 晶粒内部的位错而进一步生长。

6.1.1　热加工工艺对微观组织的影响

　　对于熔炼后的 Ti₂AlNb 合金，一般还需要通过后续的挤压、锻造、轧制等热成形方法对其进行加工。Boehlert[7]对 Ti-23Al-27Nb 合金进行了普通锻造和包套轧制，发现 Ti-23Al-27Nb 合金的 B2 相变点为 1070℃，轧制后的合金组织由拉长的 B2 晶粒、α₂/O 颗粒和板条 O 相组成，这些板条 O 相是在冷却过程中析出的。Li 等[8]对 Ti-23Al-27Nb 合金和 Ti-25Al-24Nb 合金进行了普通锻造和包套轧制，并研究了 O 相晶界的分布。结果表明，所有的 O/O 界面取向差都大于 15°，且在 60°和 90°附近存在峰值。界面取向差趋近于 60°的情况通常出现在 O 相为主的显微组织中，而界面取向差趋近于 90°的情况常常伴有 B2 相向板条 O 相的转变，如图 6-4 所示。

　　Semiatin 等[9]采用两种不同类型的轧制制度对 Ti-22Al-23Nb 合金进行热轧，其中一种是在 B2 相变点温度以下进行恒温热轧，另一种是在 B2 相变点温度以上先预热以溶解第二相，接着逐渐降温热轧。这两种轧制工艺都获得了细长 B2 晶粒和弥散分布的 O 相颗粒。采用第二种类型轧制，发现在 Ti-22Al-23Nb 合金的 B2 相晶界处析出大量 O 相，这些 O 相颗粒钉扎在 B2 晶界起到阻碍扩散作用，并抑制 B2 相的再结晶。

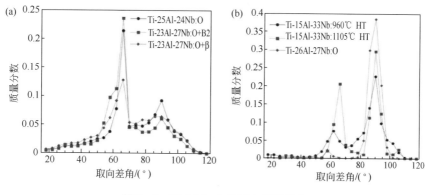

图 6-4　Ti₂AlNb 合金取向差角分布

（a）60°为主；（b）90°为主[8]

Boehlert[10]分别对 Ti-23Al-27Nb、Ti-25Al-25Nb 和 Ti-12Al-38Nb 合金进行普通锻造和轧制处理，首先用尺寸较小的 Ti-25Al-25Nb 合金铸锭进行热轧，发现高温预热处理导致 B2 晶粒生长速度过快，裂纹在 B2 相晶界处萌生；随后对尺寸稍大的铸锭在 932～1000℃进行锻造和热轧，该温度低于 Ti-23Al-27Nb 和 Ti-25Al-25Nb 合金的 B2 相转变温度，但高于 Ti-12Al-38Nb 合金的 B2 相转变温度，热成形后的 Ti-12Al-38Nb 合金晶粒尺寸明显大于其他两种合金，且热加工性能最好。

热加工工艺会影响材料的织构演变，进而影响到材料的力学各向异性。Dey 等[11]在 β 单相区对 Ti-22Al-25Nb 合金进行多道次热轧后空冷，结果表明，变形量为 50% 时，显微组织出现回复和再结晶，且存在少量的变形织构；当变形量为 80% 时，β 晶粒发生动态再结晶，导致(112)[$\bar{1}$10] 和(113)[$3\bar{6}$1] 等再结晶织构的形成（图 6-5）。Wu 等[12]在 900℃对 Ti-22Al-xNb 合金进行了多道次热轧，研究了基面和非基面织构的组成，结果表明，其基面织构主要为 (0002) [20$\bar{2}$0]、(0002) [11$\bar{2}$0] 和 (0002) [4$\bar{3}$10]，非基面织构主要为 (01$\bar{1}$5)[$\bar{2}$110] 和 (01$\bar{1}$6)[0$\bar{3}$31]。Suwas 等[13]对 Ti-24Al-11Nb 合金分别在 β 单相区和 β+α₂ 两相区进行轧制，发现轧制温度、变形量以及 α₂ 颗粒的体积分数均对 β 相织构演变有较大影响，通过 β→α₂ 和 O→α₂ 转变而来的 α₂ 相织构较强。

在不同的相区进行热加工，得到的微观组织也会有所不同。Emura 等[14]在 B2+α₂ 两相区对 Ti-22Al-27Nb 合金进行轧制，发现等轴晶粒的存在抑制了热加工过程中 B2 晶粒的长大，起到细化晶粒的作用，从而提高合金的强度和塑性。毛勇等[15]在 O+B2+α₂ 三相区对 Ti-22Al-20Nb-7Ta 合金进行热轧，在 O+B2 两相区热处理后合金

显微组织为等轴 α_2/O 相和板条 O 相构成的双态组织，这种组织具有良好的拉伸性能，Ti-22Al-20Nb-7Ta 合金的室温屈服强度和延伸率分别为 1200MPa 和 9.8%，高温屈服强度和延伸率分别为 970MPa 和 14.0%。程云君等[16]在 B2+α_2 两相区锻造得到 Ti-23Al-17Nb 合金饼材，随后对饼材纵截面不同区域的微观组织进行观察，发现心部易变形区有变形流线，难变形区晶粒基本为模糊晶。各区微观组织均为等轴的 α_2 相和 B2 相转变组织。α_2 颗粒尺寸大多在 10μm 以下，其尺寸随各区域变形程度不同而稍有变化。未见粗片和长条 α_2 相，说明变形比较充分，微观组织比多火次小变形量的自由锻饼材组织均匀。

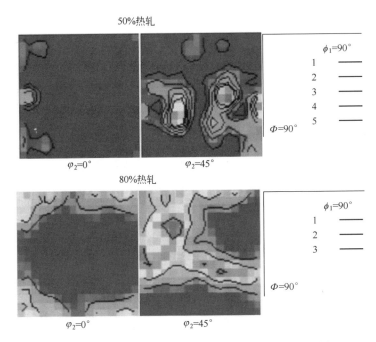

图 6-5　50% 和 80% 热轧板中 β 相 ODF 截面（$\varphi_2 = 0°$ 和 45°）[11]（见书后彩插）

上述相关研究工作主要是通过常规锻造或者轧制工艺制备 Ti$_2$AlNb 合金，通过调节热加工工艺改善合金的力学性能。不足之处在于，热加工过程中坯料温度迅速下降，变形抗力不断上升，合金内部残余应力大，容易出现加工裂纹等缺陷。此外，较高的加热、变形温度会导致坯料在热加工过程中发生高温氧化，从而不利于材料的加工成形。

6.1.2　热处理工艺对组织性能的影响

相组成对 Ti$_2$AlNb 合金的力学性能有重要影响。Ti$_2$AlNb 基合金中 α_2 相、B2 相和 O 相之间的力学性能差异较大。因此，可通过合适的热处理工艺对各相尺寸、形貌、体积分数等进行调控，从而优化 Ti₂AlNb 合金的力学性能。

α₂ 相为脆性相，随着 α₂ 相体积分数增加，Ti₂AlNb 合金的延伸率和蠕变强度都显著降低，屈服强度则显著提高；当 α₂ 相体积分数小于 8%时，Ti₂AlNb 合金具有较好的综合力学性能[17]。在较低温度或较短时间退火，α₂ 相尺寸较小。α₂ 相体积分数则与退火时间无关，只与退火温度有关[18]。Emura 等[19]在 B2+α₂ 两相区对 Ti-25Al-14Nb-2Mo-1Fe 合金进行热轧，得到了"梵高的天空"结构带，如图 6-6 所示。其中，白色带状组织为 α₂ 相，黑色区域为基体 B2 相，这种结构带易在贫 Nb 和贫 Mo 区域形成，通过调节热轧前锻造温度和轧后退火温度可以很好地控制结构带之间的间距。

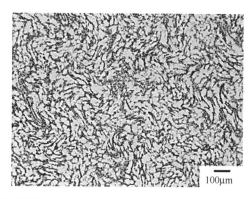

图 6-6　Ti-25Al-14Nb-2Mo-1Fe 合金经热轧退火后的微观组织[19]

相关研究[20]表明，有序 B2 相影响着 Ti₂AlNb 合金的综合力学性能。B2 相通过两种不同的方式控制断裂过程：第一，当 B2 相完全包裹住 α₂ 相和 O 相时，B2 相通过缓解 B2/α₂ 相和 B2/O 相界面处的应力集中，从而延缓 α₂ 相和 O 相中裂纹的形核；第二，当 α₂ 相和 O 相之间的 B2 相含量足够多时，会钝化 α₂ 相和 O 相产生的裂纹，从而防止裂纹继续扩展。O 相的形貌对合金性能也有很大影响，较大的初始 B2 晶粒尺寸和 O+B2 片层组织的存在有利于提高蠕变性能[21]。相关研究表明，适当提高合金自 B2 相区的冷却速率，可以得到细小的 O 相片层组织[22]，这种组织特征能够提升合金的高、低周疲劳性能。梁晓波等[23]研究了 β 锻造的 Ti-22Al-25Nb 合金热处理后的组织性能。发现在固溶处理后，组织中的 O 相板条发生溶解，形状变短、变粗。固溶+时效处理后，细小的二次 O 相板条再次从 B2 基体中析出。随着微观组织中初生 α₂/O 相数量的减少、二次 O 相板条数量增加，合金的抗拉强度不断升高，延伸率逐渐降低。

张建伟等[24]分析了 Ti₂AlNb 合金双态组织特征对力学性能的影响。结果表明，在 α₂ 相等轴颗粒形貌及体积分数基本一致的情况下，O 相板条体积分数的增加可提升合金高温持久性能，但会造成合金室温延伸率的下降；细化 O 相板条有利于同时改善合金室温和高温拉伸性能，但会损害合金的高温持久性能；通过 1060℃固溶处理/油淬＋850℃时效处理获得的双态组织具有较好的强度、塑性和高温持久性能。卢斌等[25]研究了冷轧 Ti-22Al-24Nb-0.5Mo 合金箔材（0.1mm 厚）的热处理工艺。结果表明，冷轧态箔材强度最高，塑性最差，这是由于未消除内应力造成的；经 880℃再结晶退火后，合金组织由等轴 O 相+B2 相组成，其中 O 相体积分数约为 50%，此时合金强度降低，塑性明显提高；960℃固溶处理后合金组织由少量等轴 α₂/O 相和 B2 相组成，与退火态相比，合金强度提高，塑性未明显降低。Erdely 等[26,27]通过热膨胀实验，构建了经过锻造及均匀化退火后 γ-TiAl 合金在 35～1200K/min 冷却速率条件下的连续冷却转变相图，用于指导热处理工艺路线的制定，如图 6-7 所示。

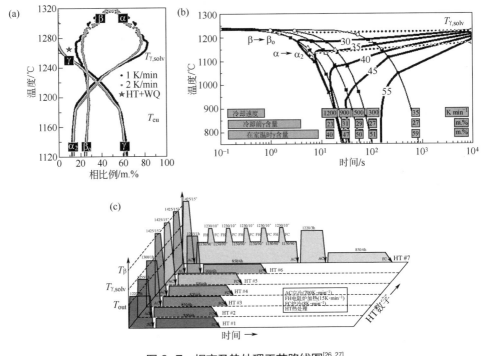

图 6-7　相变及热处理工艺路线图[26, 27]

（a）相变曲线；（b）合金 CCT 曲线；（c）热处理工艺路线

Kumpfert 等[28]研究了 Ti-22Al-25Nb 合金热处理过程中的相转变，CCT 曲线如图 6-8 所示。当合金在 B2 相转变温度以下固溶处理时得到 α₂+B2 相，在 900℃以下时效时，合金按照以下顺序发生系列相变：$\beta_{oR} \rightarrow \beta_{oR}+O' \rightarrow$ 亚稳 $O \rightarrow O+B2$ 相。过渡相 O'经原子短程扩散形成亚稳 O 相，在高温条件下亚稳 O 相进一步分解为 O+B2 相。

众所周知，热加工工艺决定了显微组织结构，而显微组织特征参数又决定了合金的力学性能。合金显微组织对热加工工艺及热处理工艺参数非常敏感，变形温度、变形量、冷却方式、热处理温度及冷却速率等参数的改变都会引起 Ti₂AlNb 合金显微组织的显著变化，进而影响其力学性能[29]。

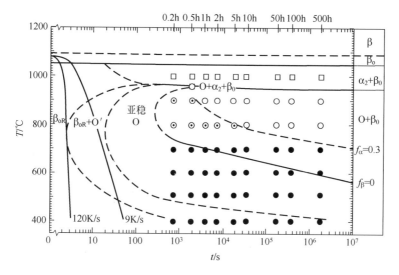

图 6-8　Ti-22Al-25Nb 合金的 CCT 曲线[28]

6.2　Ti₂AlNb 合金锻造及组织性能研究

为了优化提升 Ti₂AlNb 合金的力学性能，除了对合金体系及元素含量进行调整外，利用锻造、轧制等热加工方法进行控形控性也成为非常重要的处理手段之一。

众多研究者对 Ti₂AlNb 合金的变形加工、微观组织及力学性能进行了大量的研究工作[30]。Ti₂AlNb 合金铸锭经锻造处理后，可以细化粗大的铸态组织，为二次加工成形板材或零部件提供坯料。一般锻造温度选择在 O+B2+α₂ 三相区或较低温度的 B2+α₂ 两相区范围内，有利于防止晶粒粗化，并能把动态再结晶后细小的微观组织（由等轴的初生 α₂/O 颗粒+二次 α₂/O 板条和 B2 基体组成的双态组织）保留到室温，有利于力学性能的提高。本节将铸态 Ti-25Al-19Nb-0.5Mo 合金（0.5Mo 合金）在较低温度的两相区 B2+α₂ 范围进行等温锻造工艺处理，随后进行固溶时效（固溶 940℃/1.5h+时效 780℃/12h）处理以获得由等轴的初生 α₂/O 颗粒+二次 α₂/O 板条和 B2 基体组成的双态组织，并探讨锻造过程中 Ti₂AlNb 合金的微观组织演变规律及控制方法。

6.2.1　Ti₂AlNb 合金的等温锻造

6.2.1.1　锻后微观组织

图 6-9 为 0.5Mo 合金经等温锻造及固溶时效后的 XRD 图，从微观组织中检

215

测到了 α_2、O 和 B2 三种物相。根据 SEM 照片及 XRD 测试结果分析，α_2、O 和 B2 相的体积分数分别为 19.6%、56.3%、24.1%。图 6-10 为经 B2+α_2 两相区锻造后的 0.5Mo 合金微观组织。从图中发现，锻后组织为典型的等轴 α_2/O 颗粒+片层 α_2/O 和 B2 基体所组成的双态组织。典型的等轴 α_2 相如图 6-10（c）所示，平均尺寸约为 8μm，来源主要与高温锻造过程中片层相球化有关。片层组织由相对较为粗大的一次片层 α_2/O 相与二次细小的针状 O 相交织在一起组成。薛晨[31]的研究表明，经锻造及固溶处理后 Ti$_2$AlNb 合金首先析出相对较为粗大的一次片层 α_2/O 相，后期小的针状 O 相会在一次板条相空隙间析出，这时组织中同时存在较粗的和较细的两种板条相。其中，片层中的 O 相与等轴晶粒中环状 O 相起源于 β/B2→β/O+B2 和 β/B2+α_2→O 反应，发生在从高温逐渐冷却到室温的过程中[32]。此外，在图 6-10 中，从区域 A、B 和 C 拍摄的衍射斑 SAED 图案标定可分别确认为 α_2、O 和 B2 相。

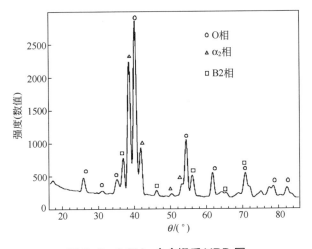

图 6-9　0.5Mo 合金锻后 XRD 图

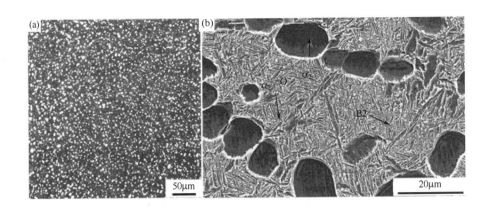

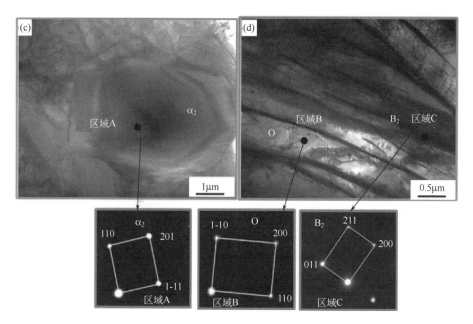

图 6-10　0.5Mo 合金锻后微观组织形貌特征

（a）光学显微照片；（b）SEM 照片；（c）（d）TEM 照片及物相标定

6.2.1.2　锻后力学性能

（1）变形行为

表 6-1 列出了温度为室温、600℃、750℃和 950℃下的拉伸性能测试数据，包括屈服强度、抗拉强度和延伸率。表 6-1 中的数据显示，随着温度升高，合金的抗拉强度随之降低，但延伸率升高。在室温下其抗拉强度为 985MPa，高温抗拉强度、屈服强度和延伸率在 600℃下分别为 694MPa、579MPa 和 2.4%，在 750℃下分别为 527MPa、407MPa 和 8.2%，在 950℃下分别为 185MPa、113MPa 和 26.5%，950℃时展现出最高延伸率。

图 6-11 为不同温度条件下的拉伸应力应变曲线。在室温至 950℃下，峰值应力随拉伸变形温度的升高而减小。室温变形时，应力-应变曲线仅展现出加工硬化趋势；在 600℃变形时，应力-应变曲线呈现出加工硬化和加工软化相当的情况，在 750℃变形时，应力-应变曲线呈现出加工软化大于加工硬化的趋势，但总的延伸率还较小。当变形温度低于 750℃时，在拉伸变形的初期，流动应力变化趋势（曲线的斜率）非常高，当变形温度超过 750℃达到 950℃后，趋势明显降低，这种现象表明在 750～950℃温度区间内，流变应力有一个温度软化敏感区。随着变形温度上升到 950℃，软化程度增强，这与相转变、动态再结晶以及位错的湮灭有关[33]。研究表明，加工硬化过程需要一定程度的塑性变形，且通常在再结晶温度以下起作用[34]。950℃远高于 0.5Mo 合金的再结晶温度（合金 O 相相变点约为 785℃，见表 5-3）。此外，在不同的拉伸温度下未检测到明显的稳定平台。

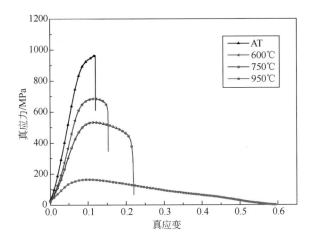

图 6-11 锻态 0.5Mo 合金拉伸应变应力曲线

表 6-1 锻态 0.5Mo 合金力学性能

温度/℃	抗拉强度/MPa	屈服强度/MPa	延伸率/%
室温	985	—	
600	694	579	2.4
750	527	407	8.2
950	185	113	26.5

（2）微观组织形貌特征

图 6-12 为不同的变形温度条件下 0.5Mo 合金拉伸后的微观组织。从图中可以看到，在室温至 600℃的拉伸过程中产生了高密度的位错，在变形过程中，B2/O 界面可以作为位错阱和源[35]，大量位错在 B2/O 界面处产生，并相互交织和缠结，这些观察结果也表明了位错的运动在室温至 600℃的拉伸变形中起着非常重要的作用，是产生加工硬化的直接原因。如图 6-12（c）、（d）所示，在 750℃和 950℃下，位错密度明显降低。从 750℃和 950℃拉伸后的微观形貌可以看出，在样品中只能观察到低密度的位错；与 750℃相比，在 950℃时观察到组织中存在大块状的 O 相晶粒，主要是由于片层 O 相已在高温拉伸变形过程中发生合并长大。因而，在 750℃以上进行拉伸时，其变形机制主要由动态回复与再结晶主导。

拉伸变形行为受到微观组织形貌特征的影响，其与变形温度密切相关。图 6-13 为不同温度条件下拉伸变形后的微观组织，可以发现随着变形温度的升高，片层 α_2/O 相的含量逐渐降低，而球化 α_2/O 相的含量逐渐增加。在室温下进行拉伸，相比变形前的微观组织，拉伸变形后的微观组织形貌变化不大，如图 6-13（a1）、（a2）和（a3）所示，这种现象主要是由于试样的微观结构来不及发生变形，在拉伸过程中迅速发生了宏观损伤。随着拉伸温度的升高，部分区域的片层在 600℃时发生扭曲变形，而等轴 α_2/O 相的形态和分布与拉伸前区别不大，如图 6-13（b1）、（b2）和（b3）所示，

但片层 α₂/O 在 600℃时出现球化的趋势，如图 6-13（b3）所示。随着温度上升至 750℃，此时变形温度处于 O+B2 相区，开始发生 O 相向 B2+α₂ 相的转变，球化程度比较明显，片层组织的长宽比大幅降低，如图 6-14 所示，此时将会导致薄片的弯曲变形更加困难[36]，如图 6-13（c1）所示。片层 α₂/O 的球化机理与传统钛合金较为相似[34]，变形过程中，层状结构被剪切变形带或亚晶粒划分为小区域，然后 B2 相楔入层状边界，从而发生破坏分离；同时部分片层上的 O 相在高温下转化为 B2+α₂ 相，片层结构开始钝化[37]，如图 6-14 所示，其体积分数也有所下降。此外，在 750℃下，等轴 α₂/O 形貌特征变化不明显，如图 6-13（c1）、（c2）和（c3）所示。

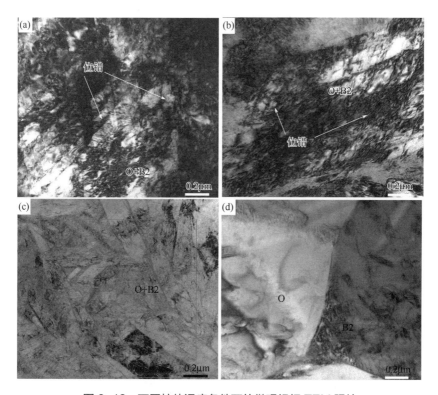

图 6-12　不同拉伸温度条件下的微观组织 TEM 照片

（a）室温；（b）600℃；（c）750℃；（d）950℃

950℃处于 O+B2+α₂ 三相区，拉伸过程中发生了明显的动态再结晶，片层 α₂/O 相基本球化，此时大量的 O 相转化为了 B2+α₂ 相，从图 6-14 中可以观察到，O 相的体积分数明显降低；同时等轴相的形态由于高温软化效应在应力作用下也发生了变形，从变形后的微观组织中可以观察到部分等轴组织呈略有变形的椭圆状形貌特征，如图 6-13（d1）、（d2）和（d3）所示。因而，根据不同变形温度下的微观组织形貌变化规律可知，片层 α₂/O 相的球化程度是影响拉伸变形行为的主要因素，当片层 α₂/O 相完全球化后，材料的硬化程度明显改变，峰值应力大幅下降。

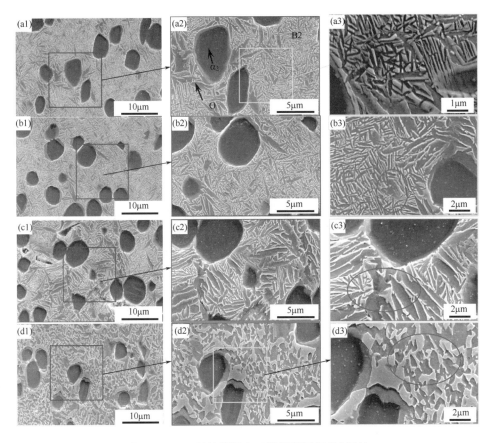

图 6-13　不同拉伸温度下微观组织 SEM 照片

（a1）（a2）（a3）室温；（b1）（b2）（b3）600℃；（c1）（c2）（c3）750℃；（d1）（d2）（d3）950℃

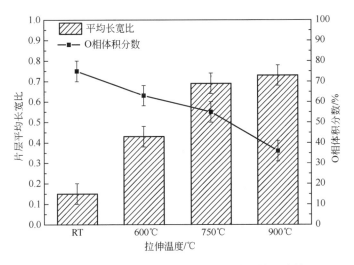

图 6-14　不同拉伸温度下片层长宽比及体积分数

（3）断裂机制

图 6-15 为拉伸变形后的断口形貌特征，分析断裂形态可得出，随着温度的升高，断裂从脆性断裂变为延性断裂。在室温下，可以清楚地看到，裂缝表面由冰糖形貌与河流形貌两种解理面特征组成[38]，这表明裂纹扩展为沿晶与穿晶混合的方式。在拉伸变形过程中，片层 α_2/O 相中的 α_2 相为脆性相，变形过程中 α_2 相发生断裂，断口成层状形貌特征，为穿晶破坏；而出现在等轴晶粒晶界处的裂纹，会沿着晶界传播，从而导致失效以沿晶破坏为主，如图 6-15（a）所示。另外，在部分区域还观察到具有不同高度、相同类型的解理平面构成的层状阶梯表面，这种形貌特征由裂纹沿等轴晶粒晶界解理破坏后通过二次分裂传播形成。

在 600℃下，观察到断口的形貌为准断裂破坏特征，见图 6-15（b）。从断口中同时观察到了陶瓷形状、层状阶梯断裂形貌和韧窝孔洞特征。断口的陶瓷形貌特征主要是由二次裂纹扩展形成，裂纹在片层晶界间进行扩展[39]。

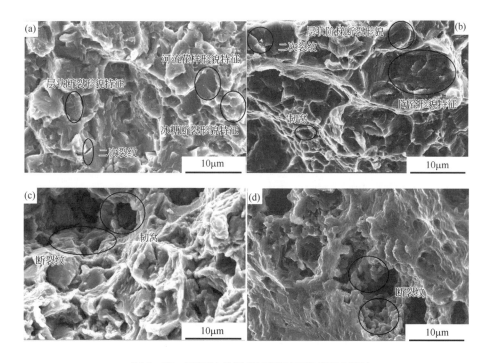

图 6-15　不同拉伸温度下断口形貌 SEM 照片

（a）室温；（b）600℃；（c）750℃；（d）950℃

在 750℃及以上时，可以观察到在断裂表面上存在着大量韧窝，如图 6-15（c）、（d）所示，这种形貌特征表明，韧性断裂是变形温度在 750～950℃的主要断裂机制，与塑性的提高相对应。通过比较 750℃和 950℃的断口形貌特征，发现韧窝周围的剪切唇有很大不同，在 750℃和 950℃的形貌特征分别为波状特征和层片状特征，这与拉伸变形过程中试样的微观组织结构有关。从图 6-13 的分析结果中可知，从 750℃开始，微观组织发生了明显的球化现象，当达到 950℃时，片层组织基本球化，这种片层 α_2/O 相的球化程度是导致断裂机制发生变化的主要因素。在高温下，Ti_2AlNb 合金双态组织的微裂纹首先在 α_2/O 晶界或 β/B2 基体上形成[40]，随着破坏的继续进行，裂纹会沿着球化特征的多边形晶界进行扩展。

Ti_2AlNb 合金中的 α_2 相为 DO_{19} 超晶格结构，与合金中 B2 相和 O 相相比，硬度最大，在室温下为脆性相。在室温下，拉伸前微观组织为双态组织特征，当受到外力作用时，一旦产生裂纹，裂纹将沿等轴 α_2 相和基体 B2 相的界面扩展，试样的宏观断裂形态表现为阶梯形状或冰糖形状的裂解面，同时在晶界处具有更高的位错密度，在拉伸行为上则表现为非常明显的加工硬化，由于室温下片层 α_2 相脆性大，当变形达到一定程度，试样很快就发生破坏。随着变形温度在 O 相区域升高到较高的温度（变形温度 600℃），位错密度逐渐降低，合金塑性相比于室温变形时得到改善。

当拉伸变形温度处于 O+B2 相的 750℃时，O 相开始转变为 B2+α_2 相，片层宽度尺寸表现出轻微的增加。与细小的片层组织相比，在大多数情况下粗大的片层组织对合金的强化作用较小，这种现象已在全片层 TiAl 合金中进行了研究和说明[41]。细小的片层晶粒，由于位错的滑动距离减小，晶界对晶粒中位错沿片层方向滑移的阻碍增加，从而导致材料的流变应力增加；反之，粗大的片层晶粒会减弱合金的强化作用[42]。当 O+B2+α_2 三相区发生变形时，在此条件下动态球化程度的增加破坏了大量原始片层，并析出大量的 B2 相。在温度软化效应、微观组织形貌特征及相组成的共同作用下，合金的变形抗力大幅降低。

6.2.2　锻态 Ti_2AlNb 合金连续温降过程中的组织演化

为了研究 B2 相的连续冷却相转变规律，将锻造后的样品加热至 B2 相区温度 1200℃后保温 30min，以保证微观组织全部转化为 B2 相，然后以 1.2～1200℃/min 冷却至室温，获取 B2 相连续冷却相转变 CCT 曲线，其工艺路线如图 6-16 所示。结

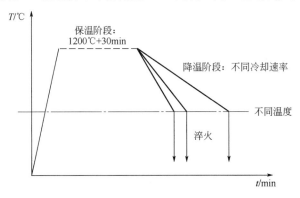

图 6-16　连续冷却转变实验示意图

合 CCT 曲线，选取特定的冷却速率冷却至不同相区间温度（称为终止温度），然后淬火保留其组织，以获得不同相组成的微观组织形貌特征，并结合显微硬度进行分析。其中，终止温度分别处于 B2+α₂ 相区、O+B2+α₂ 相区、O+B2 相区以及 O 相区。具体终止温度如图 6-17 所示。

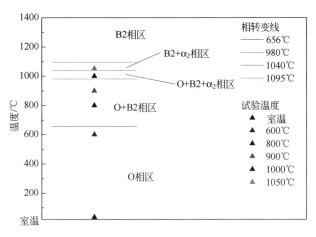

图 6-17　连续冷却转变实验的终止温度及相区间

6.2.2.1　连续冷却转变曲线

图 6-18 为 0.5Mo 合金加热到 1200℃后保温 30min，随后以 1.2～1200℃/min 进行冷却获得的连续冷却转变曲线。从图中可以看出，在一定的冷却速率范围内，α₂

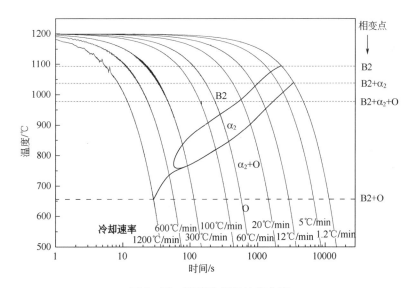

图 6-18　连续冷却相转变曲线

相转变存在一个特定区域，在这个区域的冷却速率范围内，试样冷却过程中首先发生 B2→α_2 转变，然后随着温度的下降处于 α_2+O 相共存区，残留的 B2 相与 α_2 相在此区域共同转变为 O 相；在更高的冷却速率下，如 600℃/min，此时发生 B2→O+α_2 转变；而当超过 1200℃/min 时，微观组织在冷却过程中会直接发生 B2→O 相转变，且此时 O 相为亚稳态。

6.2.2.2 不同终止温度对微观组织的影响

钛基金属的组织性能对热加工工艺十分敏感，其中温度是一个重要影响参数。结合上述连续冷却转变曲线，选取冷却速率为 100℃/min、20℃/min 和 5℃/min 三个条件，对其微观组织转变机理进行研究和分析。图 6-19 为合金在 1200℃（B2 相区）保温 30min 后淬火得到的显微组织，从图中可以看出，与锻后组织（图 6-10）相比，

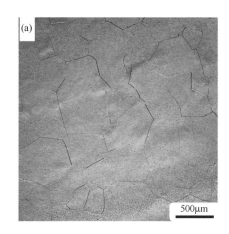

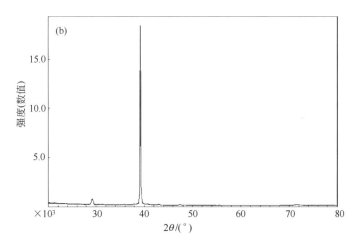

图 6-19　锻后 0.5Mo 合金经 B2 相区 1200℃保温后

（a）微观组织 SEM 照片；（b）XRD 图

微观组织中的片层相已经完全溶入 B2 晶粒中。从图 6-19（b）XRD 图中可知，微观组织中存在强烈的 B2 相峰，锻后组织中的 O 相和 α₂ 相完全转变为 B2 相溶入基体中，此时微观组织主要由 B2 晶粒组成，晶粒尺寸约为 420μm。

图 6-20 为冷却速度 100℃/min、不同冷却终止温度下所得到的微观组织。随着温度的降低，在终止温度为 1050℃和 1000℃时，除了 B2 晶粒，微观组织中未有其他相析出；800℃时，在 B2 相晶内和晶界都可以明显地观察到针状组织析出；随着终止温度继续降低至 600℃，晶内和晶界处针状组织大量增加。虽然 1000℃和 1050℃已经处于 α₂ 相的转变区，但是由于冷却速率过快，在相转变区所处时间较短，来不及发生相转变。

图 6-20　冷却速率 100℃/min、不同终止温度下所得微观组织

（a）1050℃；（b）1000℃；（c）800℃；（d）600℃

图 6-21 表示在冷却速率 100℃/min、终止温度 800℃及 600℃时的微观组织。针状组织析出不仅发生在晶界处，在晶内也有出现。与 800℃终止温度相比，600℃时针状组织含量更高，这种针状组织主要是由 O 相和 α₂ 相组成。此外，在 600℃时微观组织中的晶界，如图 6-21（d）所示，主要由片层形貌特征的 α₂/O 相组成。片层特征的晶界在服役过程中易成为失效源，裂纹会沿晶界发生扩展从而导致零部件较快发生失效；而由片层状晶粒错综交织成网篮结构特征的合金，会对裂纹产生阻碍，增加扩展行程，提高合金的蠕变性能和疲劳性能。

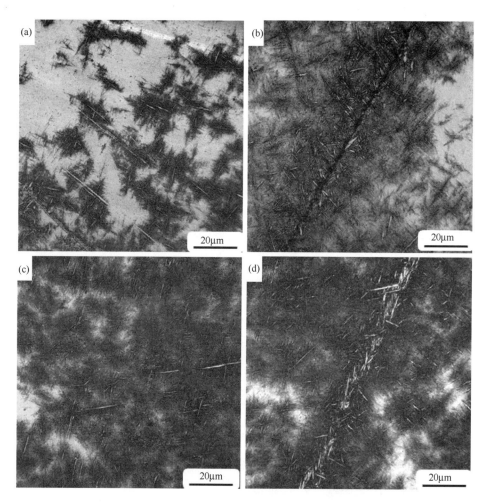

图 6-21　冷却速率 100℃/min、终止温度 800℃和 600℃下所得微观组织
（a）（b）800℃；（c）（d）600℃

图 6-22 为冷却速率 20℃/min、不同终止温度下所得到的微观组织。微观组织形貌随终止温度的变化规律与 100℃/min 时类似，当终止温度为 1050℃和 1000℃时微

观组织由 B2 晶粒组成，晶粒尺寸区别不大；终止温度为 800℃和 600℃时微观组织由大量片层 α₂/O 相生成，其中晶界处片层组织含量明显高于晶内。

图 6-23 为冷却速率 20℃/min、终止温度 800℃及 600℃时的微观组织。从图中可以看出，相比 100℃/min，800℃和 600℃下合金的微观组织中析出了更多的片层 α₂/O 相，晶界处含有大量错综交织的片层 α₂/O 相，并向晶内贯穿。除了观察到粗大的片层 α₂/O 相以外，在片层之间还有更细小的次生针状相生成，Wang 等[43]的研究表明这种粗细片层交错的组织结构特征具有优异的抗蠕变性能。

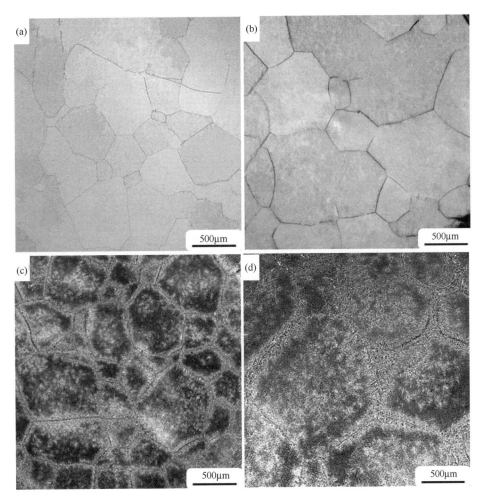

图 6-22　冷却速率 20℃/min、不同终止温度下得到的微观组织

（a）1050℃；（b）1000℃；（c）800℃；（d）600℃

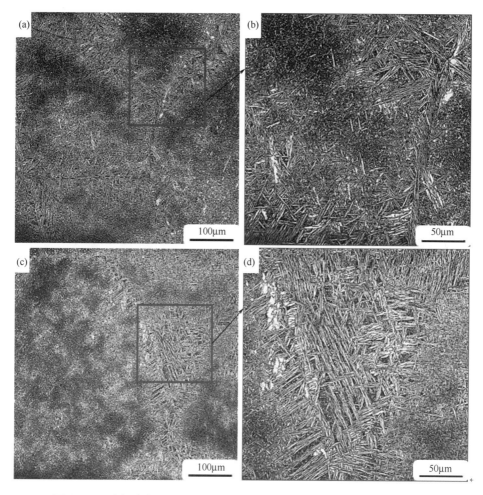

图 6-23　冷却速率 20℃/min、终止温度 800℃和 600℃下所得微观组织

（a）（b）800℃；（c）（d）600℃

随着冷却速率的继续降低，图 6-24 和图 6-25 分别为冷却速度 5℃/min、不同终止温度下所得到的微观组织。1050℃时片层组织由 α_2 相组成，如图 6-24（b）所示。由于 1000℃处于 O+B2+α_2 三相区，冷却过程中有一定含量的 O 相析出，其片层组织由 α_2 相及包围在片层表面的 O 相组成，如图 6-24（d）所示，在晶内未发现有其他相生成。此外，1000℃时片层组织相比 1050℃，片层的宽度和长度更大。当终止温度为 800℃和 600℃时，由于冷却速率较慢，给予了相转变较为充分的时间，微观组织基本由大量粗大片层 α_2/O 相及细小的片层 α_2/O 相组成，呈现出网篮组织形貌特征。图 6-25（c）为 800℃时的微观组织照片，黑色区域为 B2 相，亮白色区域为 α_2 相，灰色区域为 O 相。从图中可以看出，灰色 O 相覆盖区域最大，O 相主要由 B2+α_2 相转变而来；当终止温度为 600℃时，合金处于 O 相区，片层结构相对于 800℃复杂程度更高。

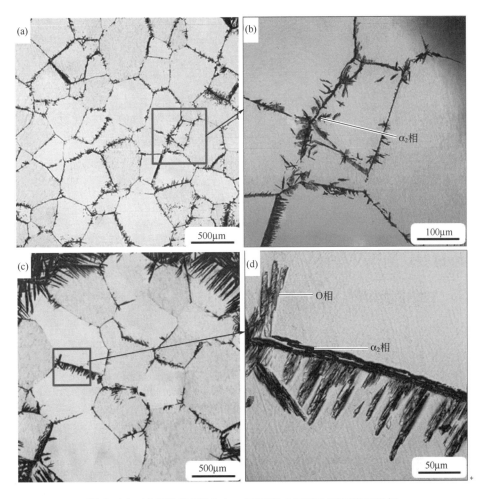

图 6-24　冷却速率 5℃/min、不同终止温度下所得微观组织

（a）（b）1050℃；（c）（d）1000℃

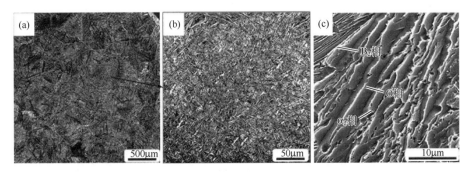

图 6-25

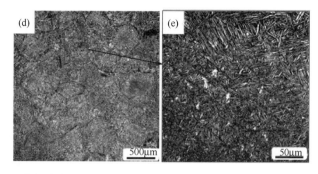

图 6-25　冷却速率 20℃/min、终止温度为 800℃和 600℃下所得微观组织

（a）（b）（c）800℃；（d）（e）600℃

6.2.2.3　冷却速率对微观组织的影响

图 6-26 为 900℃、不同冷却速率下的微观组织。从图中可以发现，在 100℃/min、20℃/min 和 5℃/min 下都观察到了明显的片层相析出，但片层相的含量和形貌特征区别明显。当冷却速率为 100℃/min 时，片层相在 B2 相晶界处大量析出的同时，在

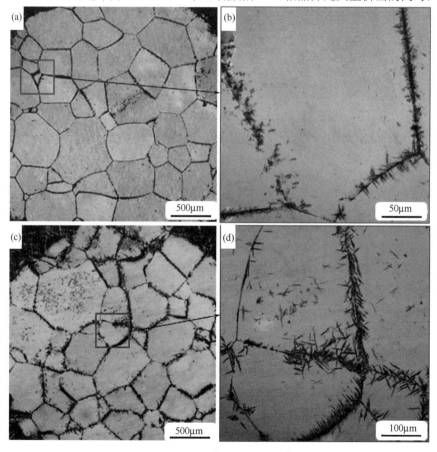

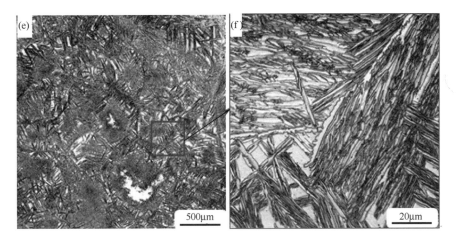

图 6-26　终止温度 900℃，不同冷却速率下的微观组织

(a)(b) 100℃/min；(c)(d) 20℃/min；(e)(f) 5℃/min

B2 晶内也存在一些形核点。当冷却速率为 20℃/min 时，片层相开始在 B2 相晶内析出，晶界处片层相向晶内延伸，其含量远高于 100℃/min 时的微观组织。随着冷却速率继续降低至 5℃/min，片层相已经基本覆盖整个 B2 晶粒，相互交错。从图 6-26（c）中可以观察到，微观组织中还存在白色 B2 相区域，表明 B2 相并未完全转变。

　　图 6-27 为终止温度是室温时，不同冷却速率下合金的微观组织。在冷却速度 5℃/min 时微观形貌特征与 600℃、5℃/min 时类似，大量片层组织相互交织，构成网篮组织形貌特征。此外，部分区域还存在层状集束区域，如图 6-27（a）所示，相比网篮组织与区域片层组织，集束区的片层更为粗大，这主要是由于片层在晶界生长过程中，合并了邻近细小片层组织。这种形貌特征在冷却速度为 20℃/min 时更为明显，如图 6-27（d）所示。从图 6-27（c）可以观察到，冷却速度为 20℃/min 时微观组织为典型魏氏，B2 晶粒内部错乱交织成细小的片层相，晶界附近析出片层相并向晶内生长形成集束区域。终止温度为室温、冷却速度为 100℃/min 的合金相比终止温度 900℃、冷却速度 20℃/min 的合金，片层组织析出量更高。

　　图 6-28 为终止温度是室温时，不同冷却速率合金的微观组织透射照片。由 TEM 衍射斑可知，冷却速度在 5℃/min 和 20℃/min 时微观组织中的片层组织主要由 α$_2$ 及 O 相组成，而在 100℃/min 时所得微观组织主要以亚稳态的片层 O 相为主。Fu 等[44]的研究表明，经过 650～850℃ 的时效处理，在初始 B2 相中能观察到魏氏结构的 O 相，Ti$_2$AlNb 合金中相变顺序为：B2→亚稳 O→O+B2 相，相变过程中产生亚稳态 O 相。Muraleedharan 等[45]的研究表明，Ti$_2$AlNb 合金在 900℃ 以下发生只通过原子位移和原子置换的成分恒定转换，B2 相结构直接转变为 O 相结构，由于冷却速度快，生成具有针状亚结构的板状 O 相。此外，在三种不同冷却速率下，除了存在针状亚结构的板状 O 相外，还含有 B2 相转变组织，这种组织在随后的时效处理中析出更为细小的二次片层 α$_2$/O 相。

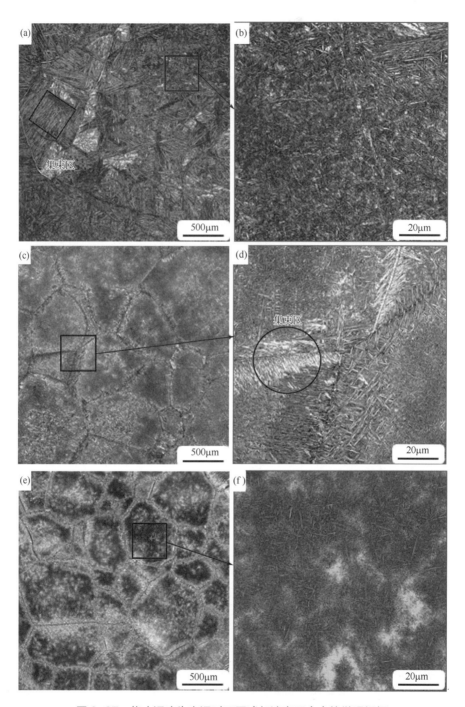

图 6-27　终止温度为室温时不同冷却速率下合金的微观组织

（a）（b）5℃/min；（c）（d）20℃/min；（e）（f）100℃/min

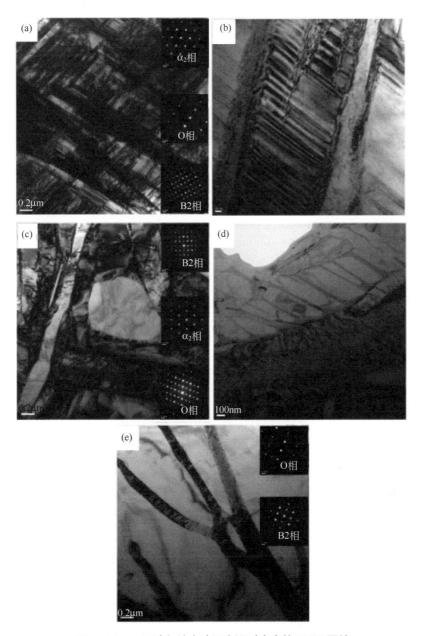

图 6-28　不同冷却速率冷至室温时合金的 TEM 照片

（a）（b）5℃/s；（c）（d）20℃/s；（e）100℃/s

图 6-29 为微观组织形貌特征与冷却速度之间的关系示意图。在较低的冷却速度下，相转变在进入两相 B2+α₂ 区后开始进行，α₂ 相首先在晶界处开始形核，伴随着温度的持续降低，片层 α₂ 相开始从晶界处向晶内生长，当温度降至三相 O+B2+α₂ 区后，发生 B2+α₂→O 相转变，如图 6-29 所示，O 相在片层 α₂ 相和 B2 晶界表面处

析出。当冷却速度达到 100℃/min 后，合金在高温下停留时间短，温度降至 O+B2
两相区后发生相转变。α_2 相在晶界和晶内形核并以条状析出，随着时间的推移，发
生了 B2+α_2→O 和 B2→O 两种相转变。一部分 O 相从片层 α_2 晶粒的晶界处析出，另
一部分片层 O 相从 B2 晶粒的晶界析出。当冷却速度达到一定程度，冷却过程中仅
发生 B2→O 的相转变方式，此时 O 相为亚稳态[46]，如图 6-18 曲线所示。

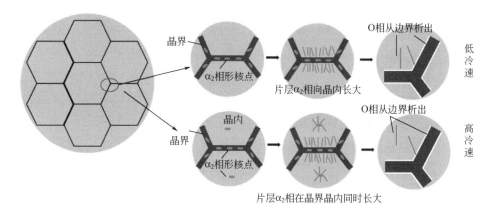

图 6-29　片层组织演化行为示意图

6.2.2.4　热处理后微观组织定量分析

Ti$_2$AlNb 合金中存在着大量的 β 相稳定元素(Nb 和 Mo)，为合金中存在 O+B2+α_2
三相组织提供了可能。研究表明，在 Ti$_2$AlNb 基合金中，与 B2 相相比，O 相的塑性
较差、断裂韧性较低（K_{IC} 约为 6MPa/m$^{1/2}$）。由于 B2 相滑移系多，可使得裂纹钝化，
在合金断裂和增塑方面起着重要作用，因此 B2 相为塑性相。图 6-30 为 0.5Mo 合金
从 B2 相区以不同冷却速度，冷却至不同温度所得合金组织的 XRD 衍射图，并归纳
为如图 6-31 所示的相含量变化曲线图。在不同的冷却速度下，相的转变和体积分数
遵循了 0.5Mo 合金相图的变化趋势。随着温度的降低，首先析出 α_2 相，且随着终止
温度的降低 α_2 相体积分数逐渐增加。O 相在终止温度 1000℃时开始生成，当降至 900
℃左右，发生 B2+α_2→O 相转变。研究表明，在一定的高温条件下，固溶态 α_2 相由
于固溶引起的应变能而发生分解，形成富 Nb 区和贫 Nb 区，富 Nb 区的 α_2 相通过点
阵及成分的微小变化从而形成 O 相[47]，此时 α_2 相体积分数开始降低，O 相体积分数
大幅度上升，如图 6-31 所示。100℃/min 时，如图 6-31（c）所示，在终止温度 900
℃时，O 相和 α_2 相体积分数同时增加，表明此时微观组织中 O 相和 α_2 相同时析出。
随着终止温度下降至 800℃，O 相体积分数大幅度上升。Sadi 等[48]研究表明，Ti$_2$AlNb
基合金从 B2/β 单相区热处理后冷却，冷却速度较高时易形成亚稳态的 O 相。此外，
相比较低冷却速度，100℃/min 冷却时室温下所保留的 B2 相体积分数相对最高。

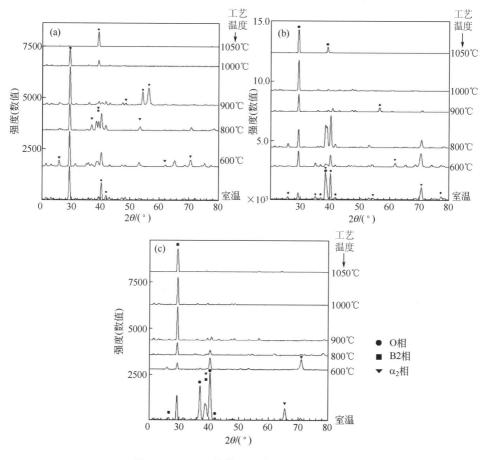

图 6-30   不同热处理工艺下 XRD 衍射图

（a）5℃/s；（b）20℃/s；（c）100℃/s

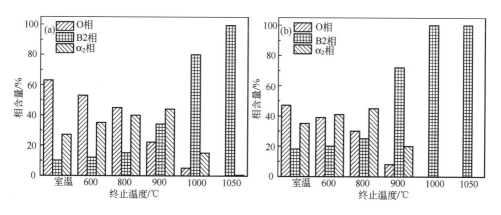

图 6-31

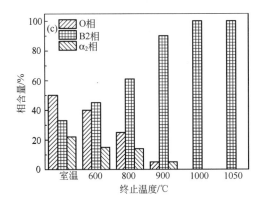

图 6-31　不同热处理工艺下相含量变化

(a) 5℃/s；(b) 20℃/s；(c) 100℃/s

　　为了更好地研究微观组织结构与力学性能之间的关系，对经热处理后的合金进行维氏硬度测试，结果如图 6-32 所示。从图中可以看出，1000℃以上，维氏硬度维持在 350 左右，这主要是由于在 1000℃以上时，在相应的冷却速度下相转变的时间较短，微观组织主要以软相 B2 相为主。B2 相含量在 70%以上，虽然有部分析出 O 相和 α_2 相，但对其硬度影响不大。随着终止温度的降低，合金的硬度值发生了明显改变。以 100℃/min 冷却时，在高温下停留时间较短，合金的硬度值波动不大。伴随着冷却速率的减小，硬度值相应增加。对于 Ti_2AlNb 基合金，O 相和 α_2 相的析出是导致合金硬度升高的最直接的强化机制[49]。对于不同的冷却速率而言，低冷却速率时析出的 O 相和 α_2 相含量更高，合金的维氏硬度值更高。在冷却速率均为 5℃/min 时，从三相区 O+B2+α_2 到 O 相区，硬度值急剧变化，这表明 O 相和 α_2 相的大量析出和 B2 相含量的降低对合金硬度有着强烈的影响。当温度达到 600℃时，α_2 相析出减缓，O 相析出增加，但此时硬度值的变化相对减缓，表明 O 相相对于 α_2 相的强化作用更低。

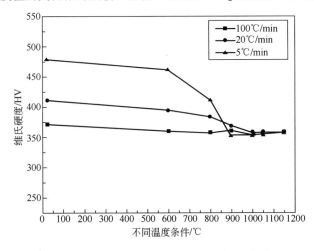

图 6-32　热处理工艺对维氏硬度的影响规律

6.3 Ti₂AlNb 合金动态力学行为

6.3.1 动态力学行为研究进展

Ti₂AlNb 合金结构件在实际服役过程中,除了承受静态载荷之外,还不可避免地需要承受高速冲击载荷。例如,航空发动机压气机叶片等应用于高速运动环境,当受到高速冲击时,易导致结构件在极短的时间内失效,具有不可预见性,且后果非常严重。因此,研究 Ti₂AlNb 合金在高速冲击载荷下的动态力学响应行为对于有效防止裂纹萌生和断裂失效,提高合金设备运行的可靠性和使用寿命,充分发挥 Ti₂AlNb 合金的潜在性能具有重要意义。

6.3.1.1 动态加载变形测试技术

一般而言,加载状态分为动态加载和静态加载,其差异主要在于加载速率的大小。通常人们按照应变速率的高低来划分加载状态[50]:当应变速率 $\dot{\varepsilon}$ 低于 $10^{-5}s^{-1}$ 时,加载状态属于静态加载范围;当应变速率 $\dot{\varepsilon}$ 大于 $10^{-5}s^{-1}$ 而小于 $10^{-3}s^{-1}$ 时,加载状态属于准静态加载范围,此时应变速率效应可以忽略不计;当应变速率 $\dot{\varepsilon}$ 高于 $10^{-3}s^{-1}$ 时,已经进入材料的应变速率敏感区域内,此时应变速率效应不能忽略,加载状态为动态加载。动态加载又可分为中应变速率加载($\dot{\varepsilon}$ 大于 $10s^{-1}$ 且小于 $10^{2}s^{-1}$)和高应变速率加载($\dot{\varepsilon}$ 大于 $10^{2}s^{-1}$ 且小于 $10^{4}s^{-1}$)。

动态载荷的主要特点是载荷强度高,载荷作用时间短。当加载速率达到一定极限后,材料就会表现出与静态载荷不同的力学特性[51]。常用的交通工具及军用武器都会在一些情况下受到冲击载荷的作用,而冲击载荷会在短时间内使材料发生变形,导致材料的内部组织产生极大的变化。因而要求材料应具有优良的动态力学性能,使其在高应变速率下依然能够保持足够的强度和韧性。

动态加载试验采用的主要研究方法为分离霍普金森压缩杆试验(Split Hopkinson Pressure Bar, SHPB),SHPB 的工作原理是一维波传播,可用于测试高应变速率范围 $10^{2}\sim 10^{4}s^{-1}$ 的材料。它的主要部件由气枪、撞击杆、入射杆和透射杆等组成,如图 6-33 所示。

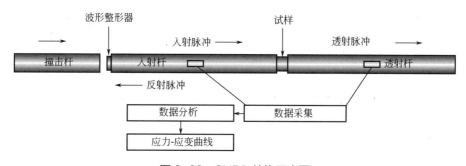

图 6-33 SHPB 结构示意图

撞击杆位于气枪室的枪管中。入射杆、透射杆和撞杆均由相同材料制成且具有相同横截面积。待测样品夹在入射杆和透射杆之间，撞击杆受气体压力推向入射杆。在撞击时，弹性压缩波沿着入射杆向样品传播。在到达样品时，其中的重复波传播使其塑性变形。部分波通过透射杆（透射脉冲），部分反射回入射杆（反射脉冲）。每个杆中的应变计安装在半惠斯通电桥配置中，以消除弯曲的影响并仅测量轴向应变。在入射杆和透射杆中产生的弹性应变分别用于计算试样中的应力和应变。

6.3.1.2 动态加载的力学响应

（1）应变速率对塑性变形机制的影响

位错运动是金属进行塑性变形的主要机制。当滑移系的分切应力大于其临界分切应力时，位错就会沿着滑移方向运动。位错运动时，单位长度所受到的力 F 可表示为

$$F = \tau b \qquad (6\text{-}1)$$

式中，b 为位错的柏氏矢量，τ 为滑移系所受的分切应力。如图 6-34 所示，多个位错同时运动即可导致材料的宏观塑性变形。若以 r 表示剪切应变，N 为位错的数量，那么 r 可表示为

$$r = \tan(\theta) = Nb/l = Nbl/l^2 \qquad (6\text{-}2)$$

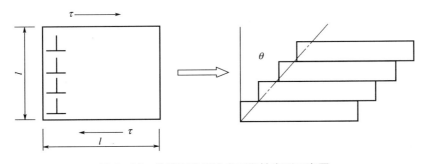

图 6-34　位错运动导致宏观塑性变形示意图

式中，$N/l^2 = \rho$，即位错密度，因此可得

$$r = \rho bl \qquad (6\text{-}3)$$

将式（6-3）两边对时间求导数，可得

$$\mathrm{d}r / \mathrm{d}t = \rho b\,\mathrm{d}l / \mathrm{d}t \qquad (6\text{-}4)$$

$$\dot{r} = \rho bv \qquad (6\text{-}5)$$

式中，$\dot{r}$ 表示材料的宏观塑性应变速率，v 表示位错运动速度。由此可知，金属材料的高速宏观塑性变形与微观位错的快速运动紧密相关[52]。实验研究表明，位错运动速度随着分切应力的升高而加快，而加速度则会随着分切应力的升高而降低，最大运动速度逐渐趋近于某极限值[53]。根据这些基本特征，可将位错运动速度的变化过程可划分为三个阶段：

第一阶段为位错运动的热激活作用机制（Thermally Activated Dislocation Motion），第二阶段为声子拖拽效应（Phonon Drag），第三阶段为相对效应（Relativistic Effect）。

在位错运动速度变化的第三个阶段，位错运动的极限速度趋近于弹性剪切波的传播速度。因为无论是刃型位错还是螺型位错，都不可能脱离其周围的弹性剪切应力场和应变场而单独存在，所以位错的运动速度必然滞后于弹性剪切波的传播速度。

提高应变率除了对位错运动产生上述影响外，还能够改变滑移和孪生这两个主要塑性变形机制的共存关系。虽然孪生能够促进滑移并提高塑性，但在金属发生塑性变形的过程中，滑移和孪生通常被认为是两种相互竞争的变形机制[54]。有报道称，降低变形温度和提高应变率都能够抑制以"热激活"为基本特征的位错运动，从而提高了材料塑性变形时的内部应力水平，并且促进了孪晶的形核和长大[55]。例如，FCC 金属（如 Cu、Ag、Al）及其合金具有较高的堆垛层错能，孪生只有在较高的应力水平下才能发生。在室温准静态变形过程中滑移系的开动会导致局部应力的松弛，因此无法达到孪生变形所需条件。在极低温度下由于滑移困难，孪生就会成为不可忽略的变形机制。BCC 金属如 α-Fe 若在室温下受到冲击载荷，高速变形时内部应力水平的提高也会导致孪晶的大量形成。Gray[56]将温度与应变率这两个主要外部因素对金属材料塑性变形机制的影响定性地表示在图 6-35 中。图 6-35 表明，位错开动所需的应力水平会随着温度的降低和应变率的提高而增大，孪生变形所需的应力与温度之间存在正比例关系。T_t 为变形机制转变温度，当变形温度高于 T_t 时，位错运动所需的应力水平较孪生变形更低，从而抑制了孪晶的形核。反之，当变形温度低于 T_t 时孪生变形所需的应力水平更低，因此降低变形温度会促进孪晶的形核。而应变率的提高会使变形机制转变温度 T_t 向高温段移动，因此在保持变形温度不变的前提下，提高应变率将有利于发生孪生变形。

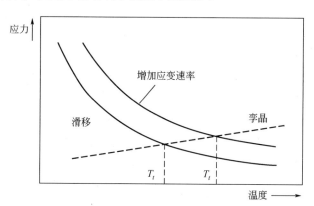

图 6-35　温度与应变率对位错运动和孪生变形应力条件的影响[56]

（2）应变率对剪切现象的影响

绝热剪切是材料在动态形变过程中（应变率高于 10^3s^{-1}）塑性变形局部失稳的

一种现象。对于金属材料来说，该现象普遍存在于高速切削、撞击、侵彻、爆炸焊接等涉及冲击载荷作用下的材料动态变形过程中[57]。一旦材料在服役或加工时发生绝热剪切，很容易在相应区域达到形成断裂所需的应变和应力条件，因此绝热剪切现象往往被认为是断裂破坏的前兆[58]。

Meyers 等[52]提出了旋转动态再结晶机制（Rotational Dynamic Recrystallization）来解释绝热剪切过程中的动态再结晶行为，该模型可用于不同合金在高应变速率变形条件下的绝热剪切行为。Hao 等[59]研究了 Ti-47Al-2Cr-2Nb 合金的动、静态加载行为，相比准静态加载，动态加载具有更强的应变强化效应，且合金在一定温度范围内其屈服强度几乎保持一致，如图 6-36 所示。在静态加载过程中，断裂机理为 α_2 相中孔洞聚集失效。而动态加载过程中由于加载速率快，位错来不及攀移，位错堆积和缠结很容易集中在片层晶界处，导致裂纹在片层界面处萌生和扩展，如图 6-37 和图 6-38 所示。

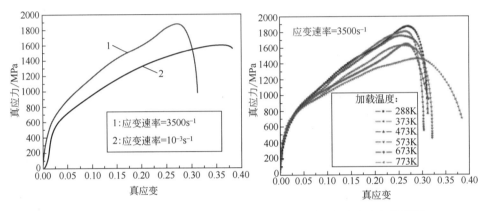

图 6-36　Ti-47Al-2Cr-2Nb 合金不同工艺条件下的应力应变曲线[59]

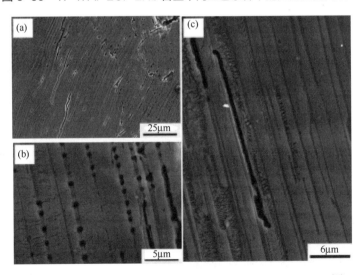

图 6-37　Ti-47Al-2Cr-2Nb 合金准静态加载下的微观裂纹[59]

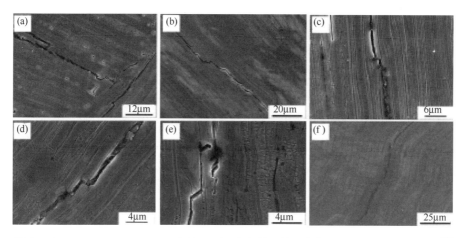

图 6-38　Ti-47Al-2Cr-2Nb 合金不同温度条件下的动态加载微观裂纹 SEM 照片[59]

（a）288K；（b）373K；（c）473K；（d）573K；（e）673K；（f）773K

早期，Banerjee 等[60]作为 O 相的发现者，对 O 相在较低应变速率条件下的变形行为进行了深入研究。高温条件下，Ti₂AlNb 合金在准静态载荷作用下表现为应力软化，由于 O 相结构与 α₂ 相极为相似，它们将两相中存在的滑移矢量进行了对比。发现由于 O 相的对称性低，α₂ 相中的 1/3<1126>位错与 O 相中的[102]和 1/2<114>位错等效。

Ti₂AlNb 基合金的动态力学性能取决于应变速率敏感性和微观结构演变。与准静态载荷相比，在动态载荷下，绝热效应、强烈的冲击波效应和局部变形导致了不同的动态力学行为[61]。Meyers[62]通过研究 Ti6Al4V 合金的动态行为，发现剪切变形带内的等轴和无变形晶粒是动态再结晶的结果。Hao 等[59]发现 Ti-47Al-2Cr-2Nb 合金在应变速率 3500s⁻¹时，随着温度的上升，其破坏机理从脆性剪切破坏转变为绝热剪切破坏；而 Ti₂AlNb 合金组织与传统的钛合金不同，其内部含有有序的正交 O 相[63]，O 相会增加 Ti₂AlNb 合金的抗蠕变性能和强度[64]。Jiao 等[65]发现，Ti-22Al-24Nb-0.5Mo 合金的异常 B2/O 粗板条对高温下的抗蠕变性能有害。另外，有研究表明，O-B2 界面在蠕变变形过程中可作为位错源[66]。

6.3.2　应变速率对合金动态力学行为的影响

在分离式霍普金森压缩杆上进行单轴动态力学响应试验，选用 Ti₂AlNb-0.5Mo 合金作为研究对象，初始组织状态分别为热等静压后的片层组织以及锻造处理后的双态组织。加载温度设定在室温至 400℃的温度范围内，应变速率为 1000s⁻¹、1500s⁻¹和 2000s⁻¹。压缩样品尺寸为 $\phi5\times5$mm。对于每个过程，重复压缩测试 3 次。在重复测试中，测试数据被判断在可接受的误差范围内则为有效，否则将继续进行附加测试。

6.3.2.1 应力应变曲线

动态变形过程中流变应力的变化主要与硬化和软化两种不同的主要变形机制有关。在硬化阶段，尽管由于分离式霍普金森压力杆的技术局限性出现了一些波动，但由于应变硬化，流动应力随应变而增加[67]。在高应变速率条件下，热量散发的时间更短[68]，其热软化会触发滑移带的形成，不同微观组织的变形机制有着很大的区别。

图 6-39 显示了在不同变形温度下 0.5Mo 合金的动态压缩应力-应变曲线，其中，片层组织由热等静压工艺处理获得，双态组织由等温锻造工艺获得。从图中曲线可以观察到，两种不同组织的试样在不同应变速率下获得的动态应力-应变曲线基本可以分为三个阶段。在第一个阶段中发生弹性变形，为动态压缩变形的初始阶段。第二阶段为塑性变形阶段，片层组织与双态组织动态力学行为区别较大。片层组织在不同应变速率下动态峰值应力差别不大，而双态组织动态峰值应力随应变速率的增加显著增大，应变速率在 $1000s^{-1}$、$1500s^{-1}$ 和 $2000s^{-1}$ 时动态峰值应力分别为 1223.25MPa、1476.19MPa 和 1825.85MPa。第三个阶段为破坏阶段，此时材料发生了失稳破坏，如表 6-2 所示。

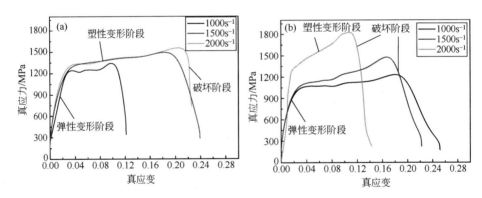

图 6-39　不同初始组织 0.5Mo 合金的动态压缩应力-应变曲线

（a）片层组织；（b）双态组织

表 6-2　不同初始组织在不同应变速率条件下动态力学性能

初始组织	工艺条件/s^{-1}	峰值应力/MPa	破坏临界点应变
片层组织	1000	1381.84	0.12
	1500	1473.49	0.18
	2000	1523.48	0.24
双态组织	1000	1223.25	0.25
	1500	1476.19	0.22
	2000	1825.85	0.13

6.3.2.2 绝热剪切敏感性

通过材料的绝热剪切敏感性可以对动态力学性能进行衡量，它体现了材料抵抗绝热剪切带形成及扩展的能力。基于试样发生剪切失效之前所吸收的能量，对材料的绝热剪切敏感性进行表征。通过对图 6-39 的应力-应变曲线求二阶导数，得到曲线斜率的拐点，即为试样发生剪切破坏的临界点。结合动态应力应变曲线数据，计算 0.5Mo 合金不同组织在不同应变速率下的动态加载能量，即发生剪切失效前所吸收的能量 E，即塑性变形吸收功，计算公式如下：

$$E = \int_{\varepsilon_1}^{\varepsilon_2} \sigma \mathrm{d}\varepsilon \qquad (6-6)$$

式中，ε_1 和 ε_2 分别为动态应力应变曲线中应变率急剧发生变化的点，其中 ε_1 为陡然上升点的应变值，ε_2 为陡然下降点应变值；σ 为动态流变应力。

获得如表 6-3 所示不同微观组织在不同应变速率下的吸收功，片层组织试样在发生剪切破坏前，吸收功伴随应变速率的增加而增加，在 2000s⁻¹ 时达到 304.46MJ/m³；双态组织试样在发生绝热剪切失效前，吸收功在 1000s⁻¹ 和 1500s⁻¹ 时大小差异不大，而在 2000s⁻¹ 时，吸收功发生大幅下降。通过试样发生绝热剪切失效前所吸收能量的多少来衡量材料的绝热剪切敏感性，可以发现与片层组织相比较，双态组织对绝热剪切较为不敏感。

表 6-3 不同微观组织在不同速率下的吸收功

初始组织	应变速率/s⁻¹	塑性变形吸收功 E/（MJ/m³）
片层组织	1000	135.42
	1500	239.81
	2000	274.46
双态组织	1000	248.63
	1500	247.90
	2000	289.03

6.3.2.3 微观组织特征

图 6-40 为双态组织试样在不同应变速率下的微观组织形貌。微观组织形貌在动态加载条件下发生了显著的变化，如在应变速率为 1000s⁻¹ 和 1500s⁻¹ 条件下，部分等轴晶粒和片层晶粒被压扁，而片层晶粒在平行于加载力方向上发生弯曲和破碎，如图 6-40（b）、(d) 中红圈所示区域；其中，应变速率为 1500s⁻¹ 时，在压扁后的等轴组织晶界处观察到锯齿状形貌特征，片层边界产生了明显的组织滑移；在 2000s⁻¹ 的变形速率下，微观组织中多处片层区域呈破碎特征，如图 6-40（f）红圈所示区域，层状晶粒的变形也比应变速率为 1000s⁻¹ 和 1500s⁻¹ 时的程度更大。

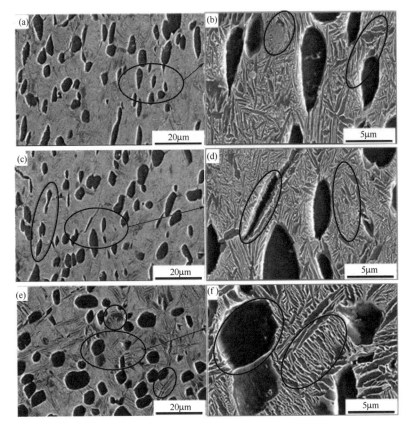

图 6-40 双态组织试样在不同应变速率下的微观组织 SEM 照片（见书后彩插）

(a)（b) $1000s^{-1}$；(c)（d) $1500s^{-1}$；(e)（f) $2000s^{-1}$

　　图 6-41 为片层组织试样在不同应变速率下的微观组织。图中显示，在不同加载条件下晶粒形貌发生改变的区域基本都集中在晶界处。从图 6-41（a）、（b）中可以观察到，当应变速率为 $1000s^{-1}$ 时，晶界处出现破碎组织；而在晶粒内部，片层晶粒受到压扁、发生弯曲并破碎，并且可以观察到贯穿晶粒至晶界的穿晶断裂层；当应变速率为 $1500s^{-1}$ 时，晶界内部的片层晶粒出现了明显的剪切滑移形貌特征，$2000s^{-1}$ 时微观组织中剪切滑移区域更加明显，且附近的片层破碎程度和弯曲变形程度更大。

　　图 6-42 为片层组织和双态组织分别在不同应变速率条件下的微观组织照片。在变形过程中，片层组织为了协调变形而发生弯曲，且在片层边界处出现大量位错，如图 6-42（a）所示；随着应变速率的提高，大量位错发生堆积，如图 6-42（b）和（c）红圈区域所示。对于双态组织试样，α_2/O 片层首先发生动态变形，可以从破碎的 α_2/O 片层中观察到大量位错，如图 6-42（d）和（e）所示。在相对较低的变形速率下，等轴晶粒的强化效应表现得不够明显。当变形速率达到 $2000s^{-1}$ 时，双态组织的平均应力值迅速升高到 1825.85MPa，远高于同等变形速率条件下的片层组织，且材料的绝热剪切敏感性有明显降低。

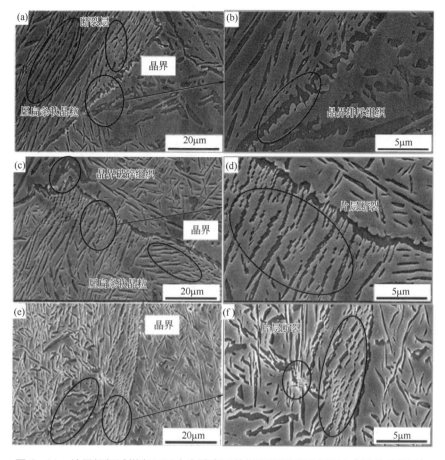

图 6-41　片层组织试样在不同应变速率下的微观组织 SEM 照片（见书后彩插）

（a）（b）1000s⁻¹；（c）（d）1500s⁻¹；（e）（f）2000s⁻¹

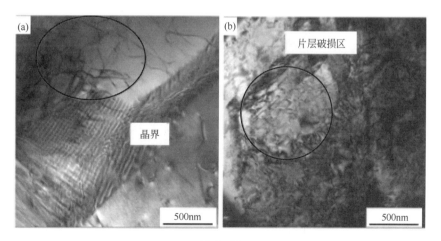

图 6-42

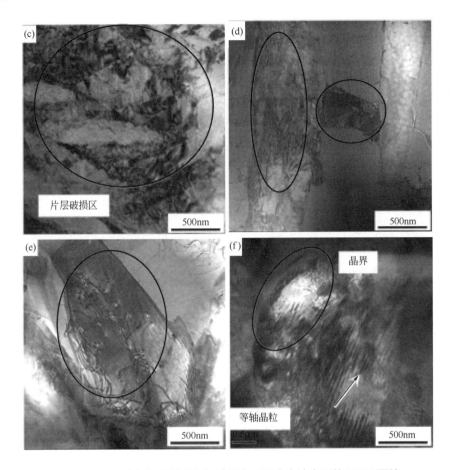

图 6-42　双态组织和片层组织试样在不同应变速率下的 TEM 照片

（a）片层组织，1000s^{-1}；（b）片层组织，1500s^{-1}；（c）片层组织，2000s^{-1}；
（d）双态组织，1000s^{-1}；（e）双态组织，1500s^{-1}；（f）双态组织，2000s^{-1}

6.3.3　温度对合金动态力学行为的影响

6.3.3.1　应力应变曲线

图 6-43 显示了在不同变形温度下 Ti$_2$AlNb 合金的动态压缩应力应变曲线。可以看出流变应力随着变形温度的升高而降低。在室温、200℃和400℃三种温度下临界塑性应变分别为 0.09、0.12 和 0.14，且高温下的动态应力峰值明显低于室温。

6.3.3.2　微观组织特征

图 6-44 为双态组织试样在应变速率为 2000s^{-1}、不同变形温度条件下动态加载后的微观组织。图 6-45 为双态组织试样在应变速率 2000s^{-1}、不同变形温度下各相晶粒尺寸。在 200℃和 400℃进行动态加载，等轴晶粒的平均直径仅有小幅下降，部分区域等轴晶粒受到挤压呈条状，如图 6-44 所示。特别是在 400℃进行动态加载时，有

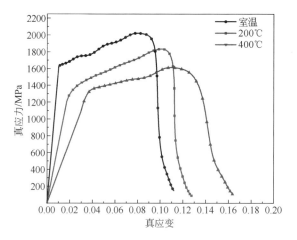

图 6-43　双态组织试样在不同变形温度下的应力应变曲线（应变速率：2000s^{-1}）

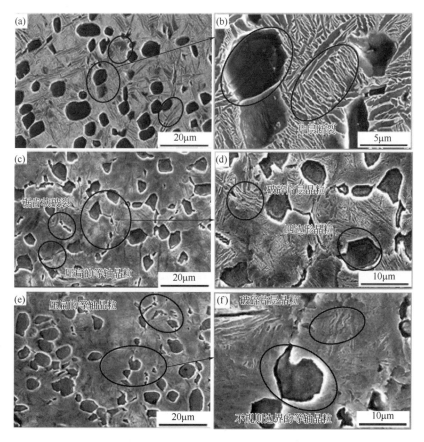

图 6-44　双态组织试样在应变速率 2000s^{-1}、不同加载
温度下的微观组织形貌（见书后彩插）

（a）（b）室温；（c）（d）200℃；（e）（f）400℃

部分等轴组织外形发生了较大改变，晶界扭曲并呈现不规则边界特征，如图 6-44（e）和（f）所示。片层晶粒由于受到加载力的作用，发生了破碎和扭曲变形，在室温下导致片层断裂，形成了片层断裂带，如图 6-44（b）所示。在 200℃和 400℃时，未观察到明显的片层断裂带形貌特征，这与变形过程中的动态回复有一定关联。在各温度下进行动态加载后，片层 O 相的平均宽度从变形前的 410nm 减小到 200nm，如图 6-45 所示；等轴晶粒尺寸与初态组织相比，未发生明显变化。这主要由于等轴晶粒大多是 α_2 相，α_2 相在 Ti$_2$AlNb 合金中为硬质相，在变形过程中晶粒尺寸变化不大。在动态加载过程中，还存在绝热温升现象。试样内部产生的应变能在很短的时间内不能全部扩散到大气中，导致材料局部温度升高。为了更好地阐明绝热温升对合金变形行为的影响，使用以下公式[69]计算绝热温升 ΔT：

$$\Delta T = \frac{\beta}{\rho C_p} \int_0^{\varepsilon_f} \sigma \mathrm{d}\varepsilon \tag{6-7}$$

式中，β 是描述塑性功转化为热量部分的泰勒-奎尼系数，在这种情况下，假设为 0.9；ρ 是合金的密度，当前的 Ti$_2$AlNb 合金为 5.0g/cm^3；C_p 是比热容，当前的 Ti$_2$AlNb 合金在 400℃为 0.55J/(g·K)；σ 为流动应力；ε_f 是真应变。根据式（6-7）计算，当动态加载温度为 400℃时绝热温度仅升高约 100℃，这时变形温度远低于 $T_{O\text{-}O+B2}$ 相转变点。这表明 400℃动态加载时很难发生动态再结晶及相转变，仅存在动态回复现象。

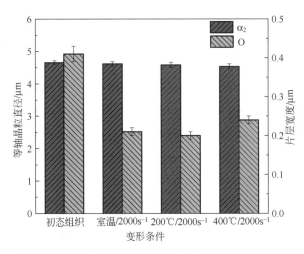

图 6-45　双态组织试样在应变速率 2000s^{-1}、不同加载温度下各相晶粒尺寸

图 6-46 为双态组织试样在应变速率 2000s^{-1}、不同动态加载温度下的透射形貌和相应的 SAED 花样。可以看出，高温下产生的位错密度要明显低于室温。此外，位错主要集中在片层相晶内和晶界处。Ti$_2$AlNb 合金中 B2 相、O 相和 α_2 相的力学性能差异较大，其中 α_2 相的强度最高且脆性最大，B2 相为塑性相[60]。在动态加载过程中，

首先发生变形的是片层 α₂/O 相，片层相随着应变增加而发生弯曲、破碎和旋转。位错在片层内部激活，且位错密度主要由片层晶粒的破裂和旋转程度所决定。晶界和晶粒内部的位错运动可以有效地控制晶粒的局部变形，从而降低晶界处的应力集中。

从片层区域获得如图 6-46（d）、（e）和（f）所示的高分辨图，图中给出了相应傅里叶变换（Fast Fourier Transform，FFT）模式的晶体结构，结果显示存在局部区域晶格畸变。高密度的位错通常会引起局部应力集中，从而导致晶界处晶格的严重扰动。

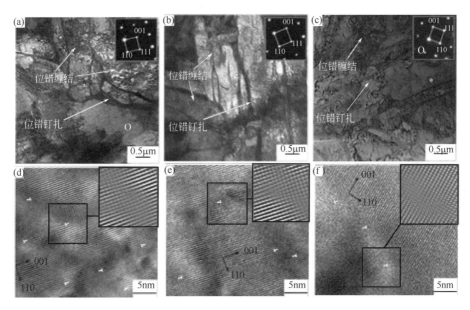

图 6-46 双态组织试样在不同温度下 TEM 照片及 FFT 晶体结构

（a）（d）室温；（b）（e）200℃；（c）（f）400℃

为进一步研究微观组织对 Ti₂AlNb 合金动态行为的影响，图 6-47 给出了在不同温度下动态压缩样品中片层 O 相的 TEM 明场图像。因为 α₂ 相的机械强度高于 O 相机械强度[70]，O 相板条承受了大部分变形量。在常温动态压缩后，片层 O 相中的高密度位错缠结在一起，如图 6-47（a）所示。在高温下，如图 6-47（b）和（c）所示，

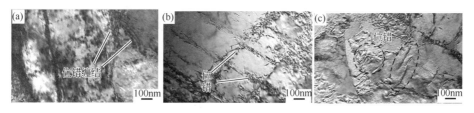

图 6-47 双态组织试样在不同温度下的 TEM 明场图

（a）室温；（b）200℃；（c）400℃

所观察到的位错都是随机排列的，且相对密度要低于室温。这种现象主要归因于，随着动态加载温度升高，位错运动的激活能降低，并在动态加载过程中改变了晶体滑移动力学。在具有多个滑移系统的 Ti$_2$AlNb 合金中，晶体滑移动力学的变化可以有效地改变相对强度，这也说明位错滑移在动态软化中起到了重要作用。

6.3.4　动态变形机制分析

图 6-48 为片层组织在动态加载过程中的变形示意图。在垂直方向上，彼此相邻的片层边界需要协调由动态载荷产生的不同方向上的变形，发生弯曲、破裂，破碎后的片层相对长宽比下降。文献[71]中指出，片层结构破裂的第一步是形成相内边界，它通常发生在层状结构的扭结带或剪切带上。随着累积应变的增加，层状破碎结构增多。当应变积累到一定程度后，片层内部和晶界处衍生出大量位错。片层结构由于强烈的剪切变形导致离散破裂，同时破裂激活了大量的位错。为了协调变形，破碎的片层晶粒还会发生旋转，如图 6-48（d）所示。

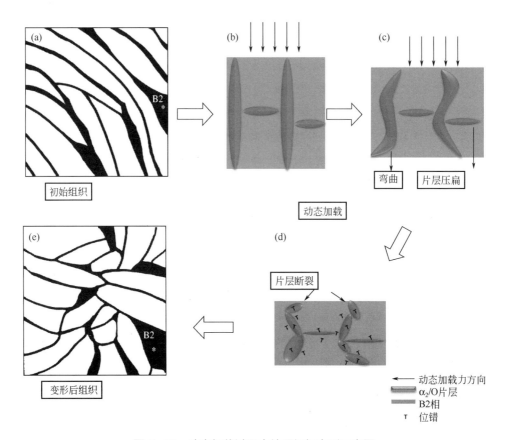

图 6-48　动态加载过程中片层组织变形示意图

图 6-49 为双态组织在动态加载过程中的变形示意图,图 6-50 显示了片层长度的变化趋势。与片层组织相比,双态组织中的等轴组织在动态变形过程中占有重要地位。当受到动态应力加载时,等轴晶粒首先发生旋转,压迫邻近的片层束发生弯曲变形;在更高的应变速率下,发生旋转的等轴晶粒和弯曲的片层束在剪切应力的作用下发生断裂,组织相互间产生滑移,形成如图 6-40(c)所示的微观组织形貌特征,

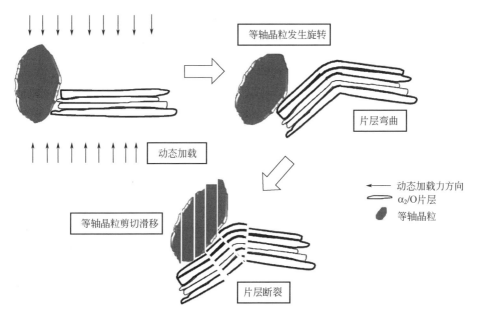

图 6-49 动态加载过程中双态组织变化示意图

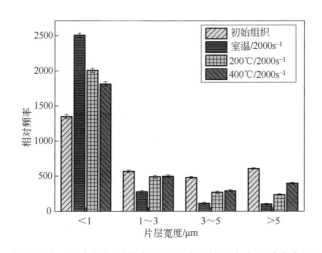

图 6-50 双态组织试样在不同温度下片层宽度尺寸分布图

片层长度也随之减小。如图 6-50 所示，在动态加载变形后，宽度小于 1μm 的片层相含量显著增加，这证明了层状结构通过破碎分解来协调变形。同时，高密度位错在等轴晶粒的晶界处增殖并缠结，阻碍塑性流动。应变速率越大，位错的增殖缠结程度越高，其流变应力也越大。此外，在高温动态加载时，材料发生动态回复，通过空位扩散实现位错攀移，使得位错密度降低，这在宏观上表现为流变应力降低。然而，由于加载温度较低，未达到相变点温度，合金变形过程中难以发生动态再结晶，高温下获得片层尺寸与室温相差不大，如图 6-50 所示。

6.4　Ti$_2$AlNb 热加工性能及包套轧制

通过铸锭冶金工艺制备 Ti$_2$AlNb 合金板材的流程如图 6-51 所示。在熔炼和均匀化处理后，对 Ti$_2$AlNb 合金进行等温锻造，有助于在轧制之前消除铸锭工艺所带来的缩孔、疏松及微裂纹等微观缺陷[72, 73]。本节以锻造态 Ti$_2$AlNb 合金为基础，研究锻态 Ti$_2$AlNb 合金的热变形行为，并结合热加工图，对 Ti$_2$AlNb 合金包套轧制工艺、微观组织演变及力学性能进行深入、系统地分析。

图 6-51　铸锭冶金法制备 Ti$_2$AlNb 基合金板材路线图

6.4.1　锻态 Ti$_2$AlNb 合金的热加工性能

本节对锻造态 0.5Mo-Ti$_2$AlNb 合金进行热模拟压缩试验，基于 DMM 动态材料模型，建立合金在高温变形时的热加工图，确定安全加工区域与失稳区域，为 Ti$_2$AlNb 基合金的热变形工艺提供安全的热加工窗口。

6.4.1.1　热变形行为

图 6-52 为 0.5Mo 合金在不同变形温度、不同应变速率下热模拟压缩变形时得到的应力-应变曲线。在应变初期，材料的流变应力急速增大，呈现明显的加工硬化趋势。应变量达到一定程度后，硬化与软化效应达到平衡，此时出现应力平台，为稳态流变阶段。在恒变形温度下，流变应力随着应变速率的增加而增大，这种变化趋势与位错密度、位错运动速率等紧密相关；在同一应变速率下，随着温度的升高，流变应力逐渐减小，这种温度软化效应归功于位错的湮灭、动态回复与再结晶等软化因素。

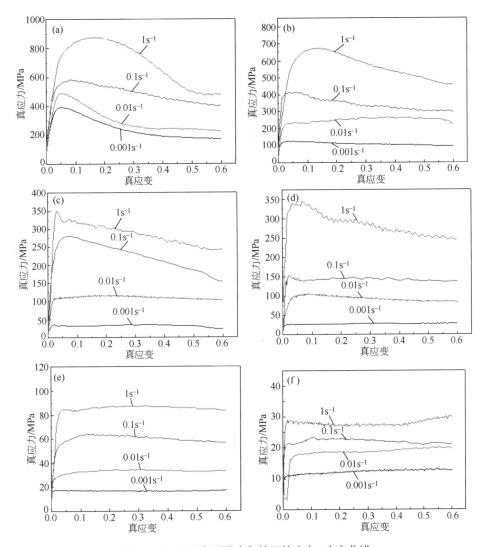

图 6-52 不同变形温度条件下的应力-应变曲线

（a）850℃；（b）900℃；（c）950℃；（d）1000℃；（e）1050℃；（f）1100℃

6.4.1.2 变形温度对微观组织的影响

图 6-53 是 0.5Mo 合金在应变速率 0.01s⁻¹，不同变形温度下的微观组织。在 850℃ 和 900℃时，α_2/O 片层组织和 B2 相沿着垂直压缩方向弯曲及压扁变长。950℃时，O 相开始转化为 α_2 相，片层相发生球化，片层组织的球化与动态再结晶有关，片层 α_2/O 相在发生完全再结晶后会经过破碎分离和球化这两个过程；等轴晶粒由于温度软化效应，在压缩应力的作用下发生变形，相比 900℃和 850℃，其变形程度更大。1000℃时，片层组织消失，此时主要由等轴 α_2 晶粒和基体 B2 相组成，为了协调变形，变形机制主要为等轴晶粒的变形和旋转；0.5Mo 合金 O+B2+α_2 三相区较窄，B2+α_2 相

转变点为1040℃。由于压缩过程中绝热温升的作用，在1000℃变形时试样内部温度易达到B2+α₂相区，此时O相消失，部分α₂相转变为B2相。伴随着温度的升高，片层晶粒和等轴晶粒先后溶解，1050℃和1100℃时，组织以B2晶粒为主，高速冷却后，生成大量B2相转变组织和针状亚稳态O相，如图6-53（e）和（f）所示。

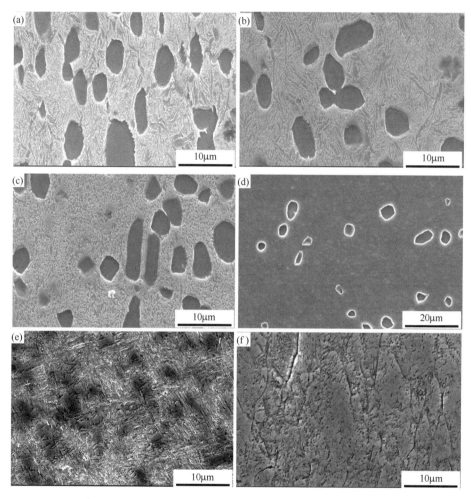

图6-53　应变速率0.01s⁻¹，不同热变形温度下的微观组织
（a）850℃；（b）900℃；（c）950℃；（d）1000℃；（e）1050℃；（f）1100℃

　　图6-54是0.5Mo合金在应变速率0.01s⁻¹，变形温度分别为850℃、900℃和950℃时的透射照片。在850℃和900℃变形时，片层O相内都出现了大量位错，其变形机制以位错的滑移为主；变形过程中，由于相邻片层相互挤压，位错会穿过片层晶界向相邻片层迁移，如图6-54（a）和（b）所示；950℃时，观察到大量动态再结晶α₂相，如图6-54（c）所示。部分动态再结晶晶粒呈片层状，主要由于变形过程中为了

适应变形，球化的晶粒发生变形时颗粒被拉长。其中，高温变形过程中，B2 相滑移系最多，主要起协调变形作用。

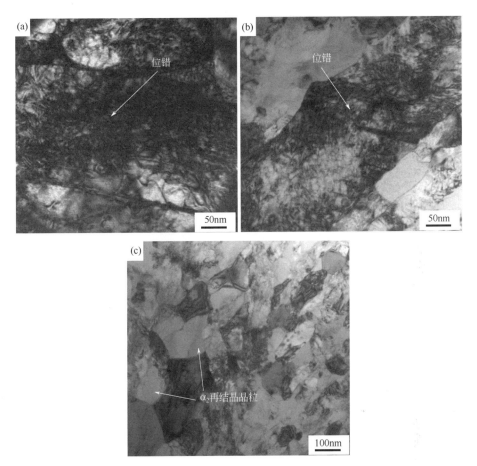

图 6-54　应变速率为 0.01s⁻¹，不同变形温度下的微观组织 TEM 照片

（a）850℃；（b）900℃；（c）950℃

6.4.1.3　应变速率对微观组织的影响

图 6-55 是 0.5Mo 合金在 950℃，不同应变速率下的微观组织。950℃时，微观组织中的片层 α_2/O 相随着应变速率的降低而逐渐球化。在应变速率 1s⁻¹ 时，微观组织与变形前组织（图 6-10）相比，等轴晶粒尺寸相差不大，但片层粗化且宽度增加。随着应变速率达到 0.01s⁻¹，片层组织基本球化。0.001s⁻¹ 时，球化后的晶粒发生合并长大。

图 6-56 是 0.5Mo 合金在 950℃、不同应变速率下微观组织透射照片。从图中可以发现，在 950℃进行热压缩模拟，片层组织受到压应力发生弯曲变形，位错在板条内部形成和塞积；随着变形的进行，弯曲变形的片层组织在剪应力的作用下发生断裂。此时，由于片层尖端与其他部位的界面能存在一定的差异，为了降低界面能，

在 Ostwald 熟化机制下发生界面迁移，促进片层球化。同时，随着应变速率的降低，高温扩散时间充足，有利于片层组织破碎并球化。

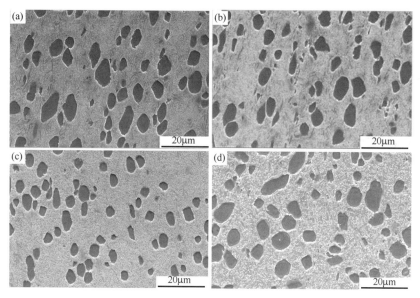

图6-55　热变形温度950℃，不同应变速率下的微观组织

（a）1s⁻¹；（b）0.1s⁻¹；（c）0.01s⁻¹；（d）0.001s⁻¹

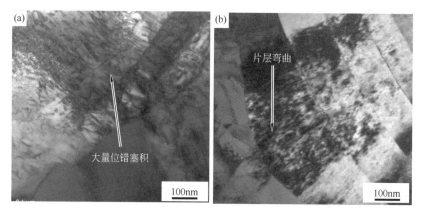

图6-56　热变形温度950℃，不同应变速率下TEM图

（a）0.01s⁻¹；（b）0.1s⁻¹

6.4.1.4　热加工图分析

基于 Ti_2AlNb 合金热加工图与变形量之间的内在关系，并结合板材实际加工生产的工艺及设备条件，选取变形量分别为0.4、0.5和0.6所对应的流变应力进行热加工图的构建。

首先，根据0.5Mo合金的流变应力应变曲线绘制了不同应变量下 $\ln\sigma$-$\ln\dot{\varepsilon}$ 曲线，如图6-57所示。

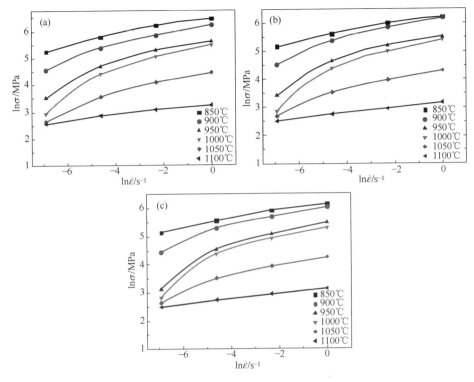

图 6-57　不同变形量下 ln σ-ln ε̇ 关系的三次样条曲线

（a）ε=0.4；（b）ε=0.5；（c）ε=0.6

　　采用功率耗散因子 η，构建了随变形温度和应变速率变化的功率耗散图，其中不同的 η 值分别代表不同的变形机制，其与微观组织演化紧密相关。不同变形量下的功率耗散图如图 6-58 所示，在不同的应变量条件下，η 值的变化趋势基本一致，在功率耗散图的底部区域均出现了一个 η 高点。

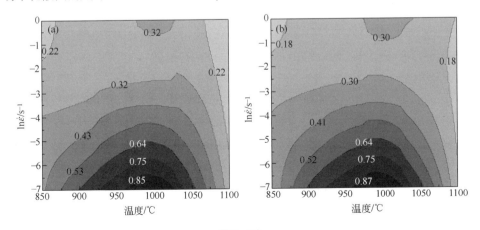

图 6-58

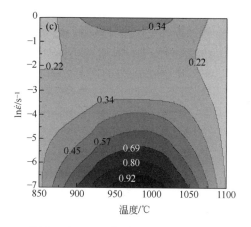

图 6-58 不同变形量下的功率耗散图

（a）ε=0.4；（b）ε=0.5；（c）ε=0.6

图 6-59 为 0.5Mo 合金在应变量分别为 0.4、0.5 和 0.6 时的热加工图，图中阴影

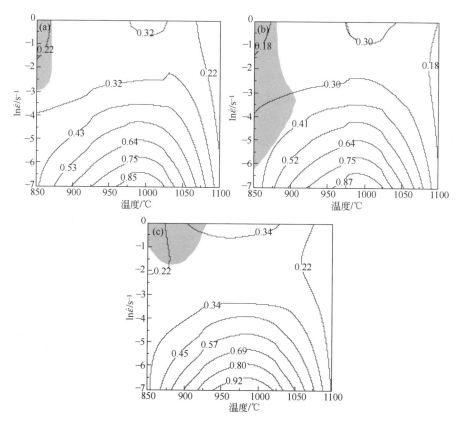

图 6-59 不同变形量下的热加工图

（a）ε=0.4；（b）ε=0.5；（c）ε=0.6

部分表示合金在高温变形过程中的塑性失稳区。从图中可以看到，材料失稳区主要集中在低温区及高应变速率区，并且随着应变量的增加，失稳区域扩大。在制定热加工工艺时应尽量优先选用安全区域的工艺参数。众所周知，安全区域内的 η 值越大，能量耗散越少，材料的可加工性越好，根据热加工图 6-59 可总结出如表 6-4 所示的 0.5Mo 合金热加工安全区，可为合金的热加工工艺优化提供理论依据。

表6-4　0.5Mo 合金安全加工区间划分

应变量	变形参数	
	变形温度/℃	应变速率/s⁻¹
0.4	850～870	0.05～1
	870～1100	0.001～1
0.5	850～905	0.001～0.002
	905～1100	0.001～1
	880～905	0.05～1
0.6	865～925	0.001～0.05
	925～950	0.001～0.15
	950～1100	0.001～1

6.4.2　Ti₂AlNb 合金包套轧制及组织性能

分析热加工图可知，0.5Mo 合金的热加工区间非常窄，微观组织对变形温度非常敏感；此外，当变形温度超过 800℃时，Ti₂AlNb 合金高温抗氧化性能变差，在轧制过程中受到氧化的部位易成为裂纹源，从而导致板材开裂。为了解决上述问题，研究者们采用了包套轧制工艺，不仅能够避免试样与轧辊发生直接接触，一定程度上保证了轧制过程中温度的整体均匀性，还可以避免高温下试样与空气的直接接触而发生严重的氧化。

6.4.2.1　包套轧制工艺

将锻态 0.5Mo 合金切割成尺寸为 90mm×60mm×10mm 的坯料，包套材料采用 304 不锈钢，对 Ti₂AlNb 合金进行包套处理，其外形尺寸如图 6-60 所示，六个面间隙均填充硅酸铝纤维保温棉作为隔热层。

根据热加工图制定了如表 6-5 所示的包套轧制加工工艺，分别在 O+B2 相区、O+B2+α₂ 相区和 B2+α₂ 相区选取具有代表性的轧制温度 950℃、1000℃和 1050℃。轧制道次为 6 道次，总压下率控制在 80% 左右，轧制速度（轧辊线速度）设定为 50mm/s，通过式（6-8）计算出各道次平均应变速率 $\dot{\varepsilon}_r$，即为整个（不锈钢壳体和

259

0.5Mo 合金）轧制过程中的应变速率。此外，各道次轧制后回炉，在 800℃保温 10min 以去除内应力。在最后一个轧制道次后，板材空冷至室温。

$$\dot{\varepsilon}_r = \frac{\Delta h \vartheta}{h_0 \theta}$$

(6-8)

式中，Δh 为轧前厚度；h_0 为压下量；ϑ 为轧制线速度；θ 为接触弧长度，$\theta = \sqrt{\Delta h r}$，轧辊半径 r 尺寸为 159.79mm。

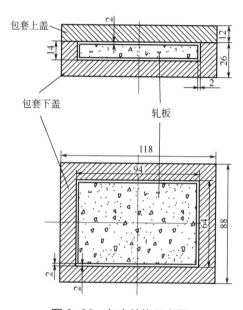

图 6-60　包套结构示意图

表 6-5　0.5Mo 合金包套轧制工艺参数

道次	0	1	2	3	4	5	6
厚度/mm	36	25.56	17.89	12.7	8.76	6.04	4.49
压下量/mm	0	10.44	7.67	5.19	3.94	2.72	1.55
压下率/%	0	29	30	29	31	31	25
道次中间回炉保温时间/min	120	10	10	10	10	10	10
应变速率/s^{-1}	0	0.36	0.43	0.50	0.62	0.74	0.82

图 6-61 为经不同变形温度轧制后的 0.5Mo 合金板材表面形貌，在 1050℃、1000℃和 950℃轧制变形后的板厚实际测量值分别为 1.81mm、1.95mm 和 2.12mm，造成这种差异的主要因素与不同条件下合金高温软化程度差异有关。从图中可以看出，各个温度区间轧制后得到的轧板表面均未发现明显裂纹，板材宏观形貌较为完整。

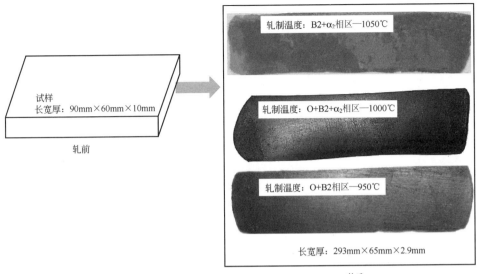

图 6-61　经不同温度轧制后 0.5Mo 合金轧板宏观形貌

6.4.2.2　热轧板材的微观组织

图 6-62 为不同变形温度轧制后的板材中心处微观组织。三种相区轧制后所得的微观组织差异较大，其中相形态、成分、含量等均不相同。在 O+B2 两相区（950℃）轧制所得的微观组织中未发现明显的大尺寸 B2 晶粒。如图 6-62（a）所示，组织中含有大量等轴 α_2/O 相，颗粒内为 α_2 相，颗粒边缘围绕着环状 O 相，这些环状 O 相通过 B2+α_2 两相冷却过程中的包析反应获得[74]，在基体 B2 相上还含有片层 α_2/O 相，与轧前组织相比（图 6-10），片层组织发生了明显的球化；在 O+B2+α_2 三相区（1000℃）轧制时，微观组织中除了含有发生变形的大尺寸等轴晶粒外，还分布着部分尺寸较小的等轴晶粒，片层 α_2/O 相在热轧过程中发生了动态回复与再结晶，大量的片层组织溶入基体中，这一现象与薛晨[31]关于锻造过程中组织的演变规律相一致；随着轧制温度继续升高至 B2+α_2 相区（1050℃），由于绝热温升效应，合金高温轧制过程中极易达到 B2 相变点 1095℃，α_2 相和 O 相溶入基体 B2 中。由于缺少了等轴晶粒的钉扎作用，在高温轧制过程中，B2 晶粒迅速长大，形成图 6-62（c）所示的大尺寸 B2 晶粒，并在之后的炉冷过程中逐渐析出大量片层 O 相和少量片层 α_2 相，即这种组织结构形貌特征为典型的魏氏组织。从相组成来看，如图 6-63 所示的轧后板材 XRD 图，950℃和 1000℃轧制后微观组织相组成较为类似，主要变化在于 O 相的含量，O+B2+α_2 三相区轧制获得的微观组织中 O 相要低于 O+B2 两相区；而在 B2+α_2 两相区获得的 B2 相含量最高，α_2 相含量最低，由于轧前保温和热轧过程中易发生 α_2→B2 转变，轧完快速冷却后组织中残余 α_2 相较少。

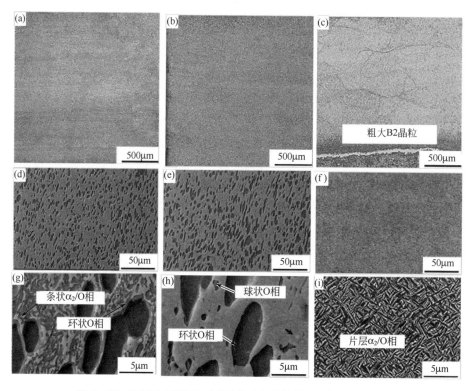

图 6-62 不同变形温度下试样轧后空冷的微观组织 SEM 照片

（a）（d）（g）950℃；（b）（e）（h）1000℃；（c）（f）（i）1050℃

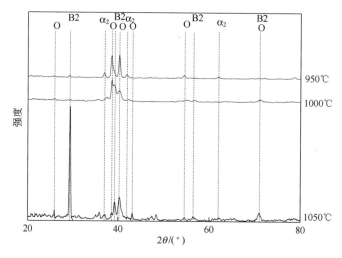

图 6-63 不同轧制温度下合金的 XRD 图

6.4.2.3 热轧板材的力学性能

不同的变形温度对微观组织影响非常大，Ti₂AlNb 合金的力学性能强烈依赖于热轧温度等工艺参数。表 6-6 为不同轧制温度下板材的室温拉伸性能。随着变形温度的升高，合金的室温抗拉强度和屈服强度逐渐减小，而延伸率逐渐增大，在三相区 O+B2+α₂ 轧制时达到最大值。在 B2+α₂ 两相区轧制时，抗拉强度和延伸率同时迅速下降。对比三种变形温度的作用，发现在 O+B2 两相区温度 950℃和O+B2+α₂ 三相区温度 1000℃时热轧获得的综合拉伸性能相对较好。当 Ti₂AlNb 合金在 O+B2+α₂ 三相区轧制时，由于片层 O 相的逐渐球化，组织细化程度下降，导致强度和塑性同时下降。尽管 Ti₂AlNb 合金在 B2+α₂ 两相区轧制之后含有更高含量的 B2 相，但出现了大尺寸的 B2 晶粒，过大的 B2 晶粒对合金的强度和塑性非常不利。

表 6-6　不同变形温度条件下的轧后板材室温拉伸性能

变形温度/℃	抗拉强度/MPa	屈服强度/MPa	延伸率/%
室温	985.00	936.00	1.20
950	957.90	903.20	3.24
1000	903.38	863.70	2.60
1050	367.35	—	0.54

图 6-64 为不同变形温度下的室温拉伸断口 SEM 照片。在三种变形温度条件下，断口形貌有较大差异。950℃时断口处韧窝尺寸较大且浅。1000℃时，除了出现大量尺寸不一的孔洞外，还存在类似于片层的裂纹扩展特征，这种断口为穿晶、沿晶混合准解理断裂。而在 1050℃时，断口呈现穿晶解理断裂特征，断口形貌为典型的河流花样。这种断裂形式与微观组织密切相关，变形温度的升高会导致片层相的球化，并生成大晶粒 B2 相，从而降低材料的塑性。因此，合理地调整热轧工艺参数尤其是轧制温度，尽可能保障合金具有较小的 B2 晶粒和等轴组织，以减少片层相的球化是提高合金强度和塑性的关键。

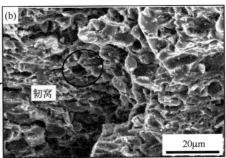

图 6-64

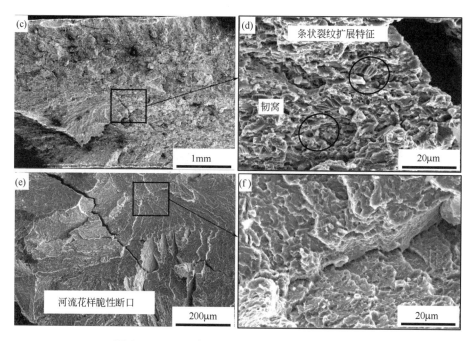

图 6-64　不同变形温度下轧后板材的拉伸断口

（a）（b）950℃；（c）（d）1000℃；（e）（f）1050℃

参考文献

[1] Jia J, Zhang K, Liu L, et al. Hot deformation behavior and processing map of a powder metallurgy Ti-22Al-25Nb alloy[J]. Journal of Alloys and Compounds, 2014, 600: 215-221.

[2] Ma X, Zeng W, Xu B, et al. Characterization of the hot deformation behavior of a Ti-22Al-25Nb alloy using processing maps based on the Murty criterion[J]. Intermetallics, 2012, 20(1): 1-7.

[3] Yang J, Wang G, Jiao X, et al. Hot deformation behavior and microstructural evolution of Ti22Al25Nb1.0B alloy prepared by elemental powder metallurgy[J]. Journal of Alloys and Compounds, 2017, 695: 1038-1044.

[4] Lin P, Hao Y, Zhang B, et al. Strain rate sensitivity of Ti-22Al-25Nb (at%) alloy during high temperature deformation[J]. Materials Science and Engineering: A, 2018, 710: 336-342.

[5] Jia J, Zhang K, Lu Z. Dynamic globularization kinetics of a powder metallurgy Ti-22Al-25Nb alloy with initial lamellar microstructure during hot compression[J]. Journal of Alloys and Compounds, 2014, 617: 429-436.

[6] Jia J, Yang Y, Xu Y, et al. Microstructure evolution and dynamic recrystallization behavior of a powder metallurgy Ti-22Al-25Nb alloy during hot compression[J]. Materials Characterization, 2017, 123: 198-206.

[7] Boehlert C J. The phase evolution and microstructural stability of an orthorhombic Ti-23Al-27Nb alloy[J]. Journal of Phase Equilibria, 1999, 20(2): 101-108.

[8] Li D, Boehlert C J. Processing effects on the grain-boundary character distribution of the orthorhombic phase in Ti-Al-Nb alloys[J]. Metallurgical and Materials Transactions A, 2005, 36(10): 2569-2584.

[9] Semiatin S L, Smith P R. Microstructural evolution during rolling of Ti-22Al-23Nb sheet[J]. Materials Science and Engineering: A, 1995, 202(1-2): 26-35.

[10] Boehlert C J. The effects of forging and rolling on microstructure in O+BCC Ti-Al-Nb alloys[J]. Materials Science and Engineering: A, 2000, 279(1-2): 118-129.

[11] Dey S R, Suwas S, Fundenberger J J, et al. Evolution of hot rolling texture in β(B2)-phase of a two-phase (O+B2) titanium–aluminide alloy[J]. Materials Science and Engineering: A, 2008, 483: 551-554.

[12] Wu Y T, Yang C T, Koo C H, et al. A study of texture and temperature dependence of mechanical properties in hot rolled Ti-25Al-xNb alloys[J]. Materials Chemistry and Physics, 2003, 80(1): 339-347.

[13] Suwas S, Ray R K. Texture evolution during β→O→α₂ and β→α₂ phase transformations in a Ti3Al-Nb alloy[J]. Materials Science and Engineering: A, 2005, 391(1-2): 249-255.

[14] Emura S, Araoka A, Hagiwara M. B2 grain size refinement and its effect on room temperature tensile properties of a Ti-22Al-27Nb orthorhombic intermetallic alloy[J]. Scripta Materialia, 2003, 48(5): 629-634.

[15] 毛勇, 李世琼, 张建伟, 等. Ti-22Al-20Nb-7Ta 合金的显微组织和力学性能研究[J]. 金属学报, 2000, 36（2）: 135-140.

[16] 程云君, 韩积亭, 张建伟, 等. Ti-23Al-17Nb 合金锻制饼材的组织与性能[J]. 中国有色金属学报, 2010, 20（S1）: 215-218.

[17] Lin P, He Z, Yuan S, et al. Instability of the O-phase in Ti-22Al-25Nb alloy during elevated-temperature deformation[J]. Journal of Alloys and Compounds, 2013, 578: 96-102.

[18] Hagiwara M, Emura S, Araoka A, et al. Enhanced mechanical properties of orthorhombic Ti₂AlNb-based intermetallic alloy[J]. Metals and Materials International, 2003, 9(3): 265-272.

[19] Emura S, Tsuzaki K, Tsuchiya K. Improvement of room temperature ductility for Mo and Fe modified Ti₂AlNb alloy[J]. Materials Science and Engineering: A, 2010, 528(1): 355-362.

[20] Wu J, Xu L, Lu Z, et al. Microstructure design and heat response of powder metallurgy Ti₂AlNb alloys[J]. Journal of Materials Science & Technology, 2015, 31(12): 1251-1257.

[21] Cowen C J, Boehlert C J. Microstructure, creep, and tensile behaviour of a Ti-15Al-33Nb (at.%) beta+orthorhombic alloy[J]. Philosophical Magazine, 2006, 86(1): 99-124.

[22] Chen X, Weidong Z, Wei W, et al. The enhanced tensile property by introducing bimodal size distribution of lamellar O for O+ B2 Ti₂AlNb based alloy[J]. Materials Science and Engineering: A, 2013, 587: 54-60.

[23] 梁晓波, 程云君, 张建伟, 等. 热处理对 β 锻造 Ti-22Al-25Nb 合金组织和性能的影响[J]. 中国有色金属学报, 2010, 20（S1）: 611-615.

[24] 张建伟, 张海深, 张学成, 等. Ti-23Al-17Nb 合金双态组织的控制及其对力学性能的影响[J]. 稀有金属材料与工程, 2010, 39（02）: 372-376.

[25] 卢斌, 王永, 杨锐. Ti-22Al-24Nb-1Mo O 相合金箔材的加工与性能[J]. 中国有色金属学报, 2010, 20（S1）: 257-259.

[26] Erdely P, Werner R, Schwaighofer E, et al. In-situ study of the time-temperature-transformation behaviour of a multi-phase intermetallic β-stabilised TiAl alloy[J]. Intermetallics, 2015, 57: 17-24.

[27] Schwaighofer E, Clemens H, Mayer S, et al. Microstructural design and mechanical properties of a cast and heat-treated intermetallic multi-phase γ-TiAl based alloy[J]. Intermetallics, 2014, 44: 128-140.

[28] Kumpfert J, Leyens C. Microstructure evolution, phase transformations and oxidation of an orthorhombic titanium aluminide alloy[C]. TMS, Warrendale, PA(United States), 1997: 895-904.

[29] Zhao H, Lu B, Tong M, et al. Tensile behavior of Ti-22Al-24Nb-0.5 Mo in the range 25-650℃[J]. Materials

265

Science and Engineering: A, 2017, 679: 455-464.

[30] Boehlert C J. Part III. The tensile behavior of Ti-Al-Nb O+bcc orthorhombic alloys[J]. Metallurgical and Materials Transactions A, 2001, 32(8): 1977-1988.

[31] 薛晨. 等温锻造 Ti-22Al-25Nb 合金的显微组织演变与力学性能研究[D]. 西安：西北工业大学，2014.

[32] Muraleedharan K, Gogia A K, Nandy T K, et al. Transformations in a Ti-24Al-15Nb alloy: Part I. Phase equilibria and microstructure[J]. Metallurgical Transactions A, 1992, 23(2): 401-415.

[33] Ma X, Zeng W, Xu B, et al. Characterization of the hot deformation behavior of a Ti-22Al-25Nb alloy using processing maps based on the Murty criterion[J]. Intermetallics, 2012, 20(1): 1-7.

[34] Li A B, Huang L J, Meng Q Y, et al. Hot working of Ti-6Al-3Mo-2Zr-0.3 Si alloy with lamellar α+β starting structure using processing map[J]. Materials & Design, 2009, 30(5): 1625-1631.

[35] Hayes R W. Minimum strain rate and primary transient creep analysis of a fine structure orthorhombic titanium aluminide[J]. Scripta Materialia, 1996, 34(6).

[36] Wang K, Zeng W, Zhao Y, et al. Dynamic globularization kinetics during hot working of Ti-17 alloy with initial lamellar microstructure[J]. Materials Science and Engineering: A, 2010, 527(10-11): 2559-2566.

[37] Jia J, Zhang K, Liu L, et al. Hot deformation behavior and processing map of a powder metallurgy Ti-22Al-25Nb alloy[J]. Journal of Alloys and Compounds, 2014, 600: 215-221.

[38] Peng J, Li S, Zhang J. Study on the time-dependant fracture behavior of Ti$_2$AlNb based alloy[J]. Materials Science and Engineering: A, 2003, 343(1-2): 36-42.

[39] Wang W, Zeng W, Xue C, et al. Microstructural evolution, creep, and tensile behavior of a Ti-22Al-25Nb (at%) orthorhombic alloy[J]. Materials Science and Engineering: A, 2014, 603: 176-184.

[40] Ward C H. Microstructure evolution and its effect on tensile and fracture behaviour of Ti-Al-Nb α$_2$ intermetallics[J]. International Materials Reviews, 1993, 38(2): 79-101.

[41] Kim Y W. Strength and ductility in TiAl alloys[J]. Intermetallics, 1998, 6(7-8): 623-628.

[42] Wei W, Weidong Z, Chen X, et al. Designed bimodal size lamellar O microstructures in Ti$_2$AlNb based alloy: Microstructural evolution, tensile and creep properties[J]. Materials Science and Engineering: A, 2014, 618: 288-294.

[43] Wang W, Zeng W, Xue C, et al. Microstructure control and mechanical properties from isothermal forging and heat treatment of Ti-22Al-25Nb (at.%) orthorhombic alloy[J]. Intermetallics, 2015, 56: 79-86.

[44] Fu Y, Cui Z. Effects of plastic deformation and aging treatment on phase precipitation in Ti2AlNb alloy[J]. Journal of Materials Engineering and Performance, 2022, 31(4): 2633-2643.

[45] Muraleedharan K, Nandy T K, Banerjee D, et al. Transformations in a Ti-24Al-15Nb alloy: Part II. a composition invariant β$_o$→O transformation[J]. Metallurgical Transactions A, 1992, 23(2): 417-431.

[46] Wang G, Yang J, Jiao X. Microstructure and mechanical properties of Ti-22Al-25Nb alloy fabricated by elemental powder metallurgy[J]. Materials Science and Engineering: A, 2016, 654: 69-76.

[47] Kazantseva N V, Demakov S L, Popov A A. Microstructure and plastic deformation of orthorhombic titanium aluminides Ti$_2$AlNb. III. Formation of transformation twins upon the B2→O phase transformation[J]. The Physics of Metals and Metallography, 2007, 103(4): 378-387.

[48] Sadi F A, Servant C, Cizeron G. Phase transformations in Ti-29.7 Al-21.8 Nb and Ti-23.4 Al-31.7 Nb (at.%) alloys[J]. Materials Science and Engineering: A, 2001, 311(1-2): 185-199.

[49] Chen X, Xie F Q, Ma T J, et al. Microstructural evolution and mechanical properties of linear friction welded Ti$_2$AlNb joint during solution and aging treatment[J]. Materials Science and Engineering: A, 2016, 668: 125-136.

[50] 赵亚溥. 裂纹动态起始问题的研究进展[J]. 力学进展，1996，26(3)：362-378.

[51] Munitz A, Dayan D, Pitchure D, et al. Dynamic mechanical analysis of pure Mg and Mg AZ31 alloy[C]. Magnesium Technology 2004 as held at the 2004 TMS Annual Meeting, 2004: 103-106.

[52] Meyers M A, Nesterenko V F, LaSalvia J C, et al. Shear localization in dynamic deformation of Materials: Microstructural evolution and self-organization[J]. Materials Science and Engineering: A, 2001, 317(1-2): 204-225.

[53] Regazzoni G, Kocks U F, Follansbee P S. Dislocation kinetics at high strain rates[J]. Acta Metallurgica, 1987, 35(12): 2865-2875.

[54] Gray G, Kaschner G C, Mason T. The influence of interstitial content, temperature, and strain rate on deformation twin formation[C]. TMS, Warrendale, PA(United States), 1999: 157-170.

[55] 宋维锡. 金属学[M]. 北京：冶金工业出版社，1989.

[56] Gray III G T. Deformation twinning: Influence of strain rate[R]. Los Alamos National Lab., NM (United States), 1993.

[57] Staker M R. The relation between adiabatic shear instability strain and material properties[J]. Acta Metallurgica, 1981, 29(4): 683-689.

[58] Deng X G, Hui S X, Ye W J, et al. Construction of Johnson-Cook model for Gr2 titanium through adiabatic heating calculation[J]. Applied Mechanics and Materials, 2014, 487: 7-14.

[59] Hao Y J, Liu J X, Li J C, et al. Investigation on dynamic properties and failure mechanisms of Ti-47Al-2Cr-2Nb alloy under uniaxial dynamic compression at a temperature range of 288 K-773 K[J]. Journal of Alloys and Compounds, 2015, 649: 122-127.

[60] Banerjee D. The intermetallic Ti₂AlNb[J]. Progress in Materials Science, 1997, 42(1-4): 135-158.

[61] Li B, Joshi S, Azevedo K, et al. Dynamic testing at high strain rates of an ultrafine-grained magnesium alloy processed by ECAP[J]. Materials Science and Engineering: A, 2009, 517(1-2): 24-29.

[62] Meyers M A. Deformation, phase transformation and recrystallization in the shear bands induced by high-strain rate loading in titanium and its alloys[J]. 材料科学技术学报（英文版），2006, 22(6): 737-746.

[63] Lei Z, Dong Z, Chen Y, et al. Microstructure and tensile properties of laser beam welded Ti-22Al-27Nb alloys[J]. Materials & Design, 2013, 46: 151-156.

[64] Boehlert C J. The tensile behavior of Ti-Al-Nb O+bcc orthorhombic alloys[J]. Metallurgical and Materials Transactions A, 2001, 32(8): 1977-1988.

[65] Jiao X, Liu G, Wang D, et al. Creep behavior and effects of heat treatment on creep resistance of Ti-22Al-24Nb-0.5Mo alloy[J]. Materials Science and Engineering: A, 2017, 680: 182-189.

[66] Yang S J, Nam S W, Hagiwara M. Abnormal acceleration of creep deformation rate above 700℃ in the orthorhombic based Ti-22Al-27Nb alloy[J]. Journal of Alloys and Compounds, 2004, 368(1-2): 197-210.

[67] Yang Y, Jiang F, Zhou B M, et al. Microstructural characterization and evolution mechanism of adiabatic shear band in a near beta-Ti alloy[J]. Materials Science and Engineering: A, 2011, 528(6): 2787-2794.

[68] Biswas N, Ding J L. Numerical study of the deformation and fracture behavior of porous Ti₆Al₄V alloy under static and dynamic loading[J]. International Journal of Impact Engineering, 2015, 82: 89-102.

[69] Mishra A, Kad B K, Gregori F, et al. Microstructural evolution in copper subjected to severe plastic deformation: Experiments and analysis[J]. Acta Materialia, 2007, 55(1): 13-28.

[70] Gogia A K, Nandy T K, Banerjee D, et al. Microstructure and mechanical properties of orthorhombic alloys in the Ti-Al-Nb system[J]. Intermetallics, 1998, 6(7-8): 741-748.

[71] Seshacharyulu T, Medeiros S C, Morgan J T, et al. Hot deformation and microstructural damage mechanisms in extra-low interstitial (ELI) grade Ti-6Al-4V[J]. Materials Science and Engineering: A, 2000, 279(1-2): 289-299.

267

[72] Xue C, Zeng W, Wang W, et al. Quantitative analysis on microstructure evolution and tensile property for the isothermally forged Ti$_2$AlNb based alloy during heat treatment[J]. Materials Science and Engineering: A, 2013, 573: 183-189.

[73] Peng J, Mao Y, Li S, et al. Microstructure controlling by heat treatment and complex processing for Ti$_2$AlNb based alloys[J]. Materials Science and Engineering: A, 2001, 299(1-2): 75-80.

[74] Banerjee D, Gogia A K, Nandi T K, et al. A new ordered orthorhombic phase in a Ti$_3$Al-Nb alloy[J]. Acta Metallurgica, 1988, 36(4): 871-882.

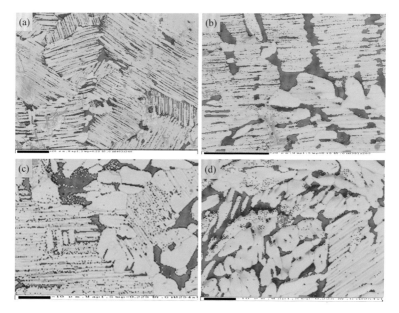

图2-12　热等静压态TNM合金EBSD相组成

（a）TNM1；（b）TNM2；（c）TNM3；（d）TNM4

其中绿色为γ相，红色为α₂相，蓝色为β相

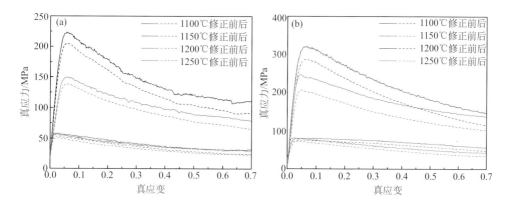

图3-3

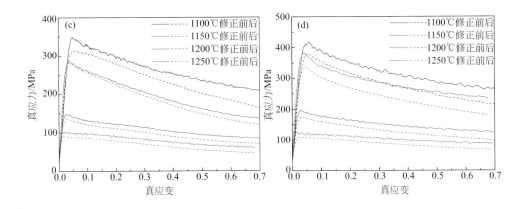

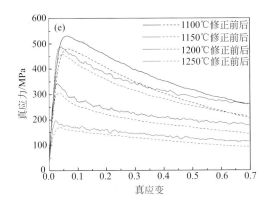

图3-3　摩擦修正前后的真应力－真应变曲线

（a）0.01s⁻¹；（b）0.05s⁻¹；（c）0.1s⁻¹；（d）0.5s⁻¹；（e）1s⁻¹

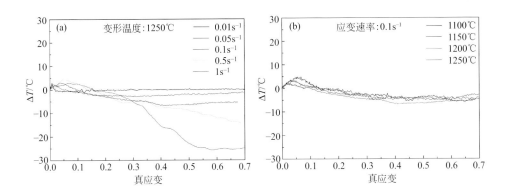

图3-4　热变形过程中的温差

（a）变形温度1250℃；（b）应变速率0.1s⁻¹

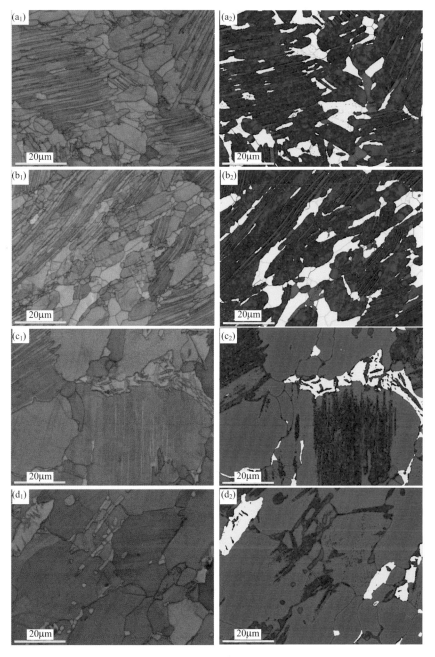

图3-12　应变速率为0.01s⁻¹时各温度下的EBSD组织

（左-衬度图，右-相分布图）

（a₁）（a₂）1100℃；（b₁）（b₂）1150℃；（c₁）（c₂）1200℃；（d₁）（d₂）1250℃

（EBSD图中蓝色为γ相，红色为α₂相，黄色为β相）

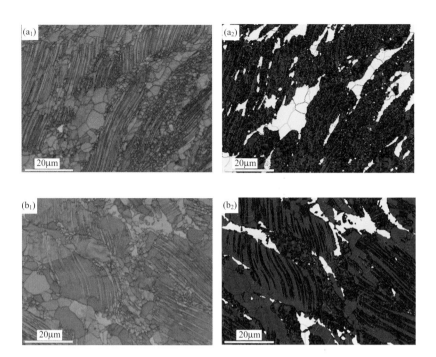

图3-15 不同压缩条件下的EBSD微观组织

（左-衬度图，右-相分布图）

（a_1）（a_2）1150℃ +0.05s^{-1}；（b_1）（b_2）1250℃ +1s^{-1}

（EBSD图中蓝色为γ相，红色为$α_2$相，黄色为β相）

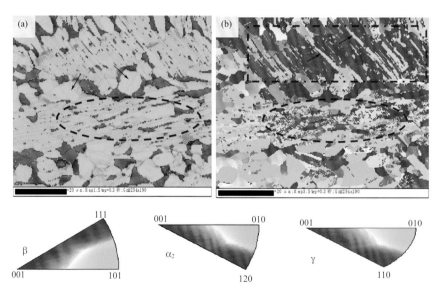

图3-28 R7轧制板材微观组织EBSD图片

（a）相图；（b）IPF图

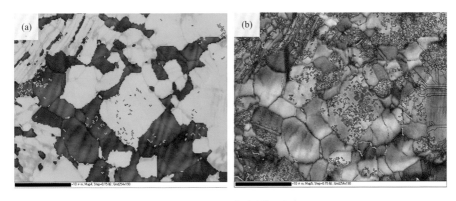

图3-30　R11板材微观组织

（a）EBSD相图，其中红色为α_2相，绿色为γ相，蓝色为β相；（b）取向差角分布图

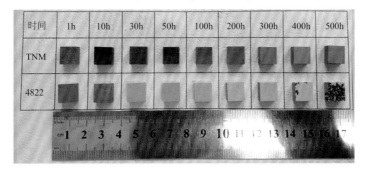

图4-8　合金等温氧化后的宏观表面形貌

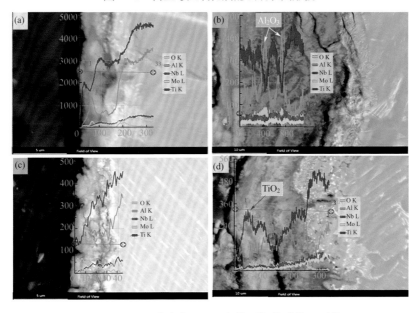

图4-36　TiAl合金在800℃氧化后氧化膜截面形貌

（a）热等静压态，96h；（b）热等静压态，240h；（c）热处理态，96h；（d）热处理态，240h

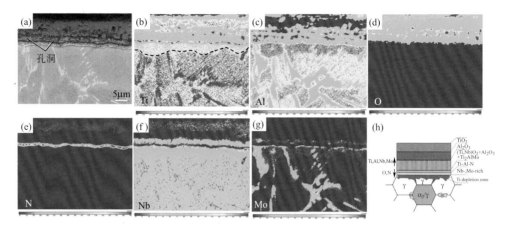

图4-59　TiAl合金基体在950℃氧化50h后的横截面微观组织及EMPA分析

（a）SEM图像；（b）Ti；（c）Al；（d）O；（e）N；（f）Nb；（g）Mo；（h）氧化层结构模型

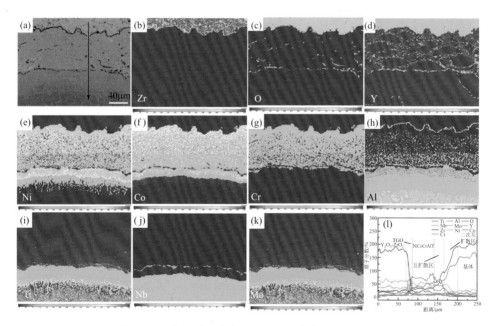

图4-62　复合涂层氧化100h后的横截面微观组织

（a）SEM形貌；（b）Zr；（c）O；（d）Y；（e）Ni；（f）Co；（g）Cr；（h）Al；（i）Ti；（j）Nb；

（k）Mo；（l）元素线扫描结果

（a）中标记的箭头显示了进行线扫描分析的位置和方向

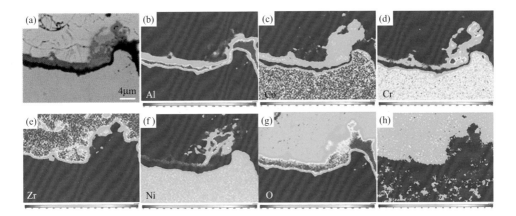

图4-64　在950℃/100h氧化后的TGO微观结构（EPMA分析）

（a）选区形貌；（b）Al；（c）Co；（d）Cr；（e）Zr；（f）Ni；（g）O；（h）Y

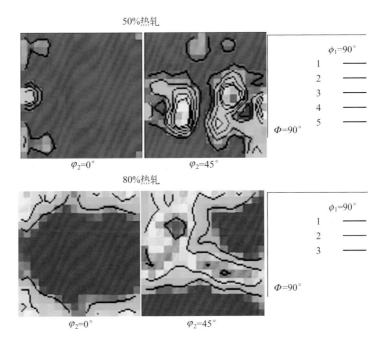

图6-5　50%和80%热轧板中β相ODF截面（$\varphi_2 = 0°$和45°）

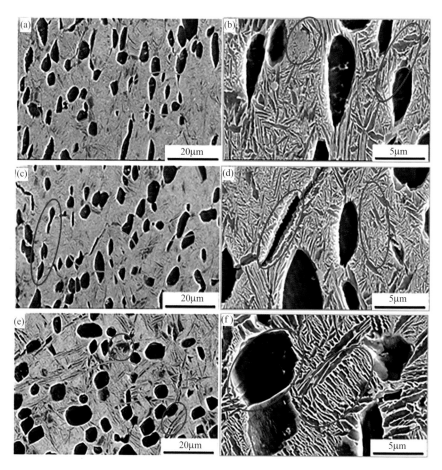

图6-40 双态组织试样在不同应变速率下的微观组织SEM照片

（a）（b）1000s^{-1}；（c）（d）1500s^{-1}；（e）（f）2000s^{-1}

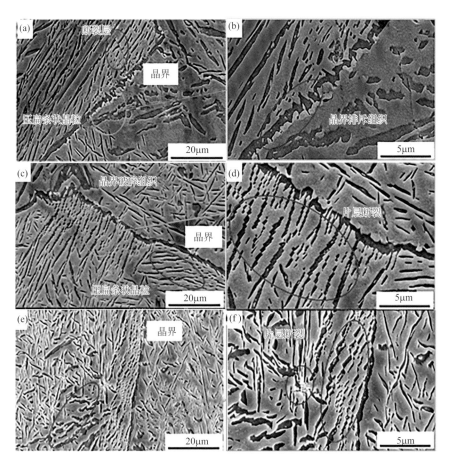

图6-41 片层组织试样在不同应变速率下的微观组织SEM照片

（a）（b）1000s⁻¹；（c）（d）1500s⁻¹；（e）（f）2000s⁻¹

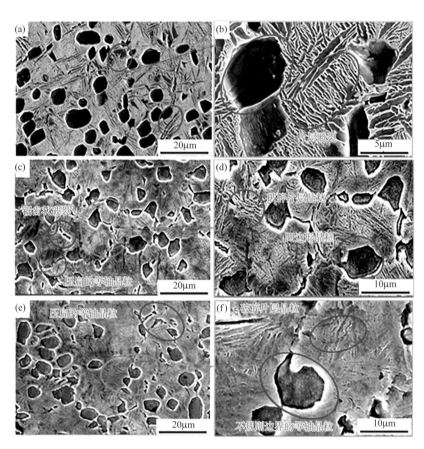

图6-44　双态组织试样在应变速率2000s⁻¹、不同加载温度下的微观组织形貌

（a）（b）室温；（c）（d）200℃；（e）（f）400℃